"双碳"目标下的能源结构转型

刘昭成　张明磊　袁振邦／编著

U0263346

中国石化出版社

·北京·

内 容 提 要

　　本书主要内容包括绪论，国际"双碳"经验与能源结构转型经验、趋势，我国"双碳"政策分析与能源结构转型历程，我国"双碳"路径分析，我国能源结构转型与新型能源体系建设，新型电力系统实践与"双碳"目标下中国低碳电力展望等。

　　本书针对"双碳"目标，立足公众科普与技术传播，可供能源行业从业者了解能源结构转型技术，也可作为学术研究者、环境保护机构以及对能源结构转型感兴趣的公众读者等的参考读物。

图书在版编目（CIP）数据

"双碳"目标下的能源结构转型 / 刘昭成，张明磊，
袁振邦编著. — 北京 ：中国石化出版社，2024.11.
　ISBN 978-7-5114-7740-8

Ⅰ. F426.2

中国国家版本馆 CIP 数据核字第 2024FQ6983 号

中国石化出版社出版发行

地址:北京市东城区安定门外大街 58 号
邮编:100011 电话:(010)57512500
发行部电话:(010)57512575
http://www.sinopec-press.com
E-mail:press@sinopec.com
北京艾普海德印刷有限公司印刷
全国各地新华书店经销
*
787 毫米×1092 毫米 16 开本 12.75 印张 295 千字
2024 年 11 月第 1 版　2024 年 11 月第 1 次印刷
定价:68.00 元

《"双碳"目标下的能源结构转型》
编 委 会

主　编　刘昭成　湖南湘投能源投资有限公司

张明磊　中国电建集团成都勘测设计研究院有限公司

袁振邦　中能建国际建设集团有限公司

副主编　罗　勇　山东电力工程咨询院有限公司

冯　卫　贵州乌江水电开发有限责任公司构皮滩发电厂

宋崇硕　贵州中烟工业有限责任公司

朱　攀　杭州金桔生态科技有限公司

编　委　刘明正　广东省有色金属地质局九三二队

马俊鹏　宁夏回族自治区电力设计院有限公司

阳建龙　中国能源建设集团国际工程有限公司

顾奕凯　宁波浙环科环境技术有限公司

李罕阳　杭州金桔生态科技有限公司

胡　媛　杭州金桔生态科技有限公司

潘雪君　杭州勤皓环保科技有限公司

前言

　　能源是国民经济的基础产业和战略性资源，又是保障和促进经济增长与社会发展的重要物质基础，能源低碳发展关系人类未来。2020 年，《巴黎协定》签署五周年之际，习近平总书记在第 75 届联合国大会一般性辩论上宣布："中国将提高国家自主贡献力度，采取更加有力的政策和措施，二氧化碳排放力争于 2030 年前达到峰值，努力争取 2060 年前实现碳中和。"2021 年，党中央、国务院先后出台了《关于完整准确全面贯彻新发展理念做好碳达峰碳中和工作的意见》和《2030 年前碳达峰行动方案》两个"碳达峰、碳中和"的顶层设计文件。我国全社会正式拉开了全民助力"双碳"目标达成的序幕。

　　中国作为全球碳排放量最大的发展中国家，与欧美等发达国家相比，实现"双碳"目标需付出更多努力。从排放总量看，我国碳排放总量约为美国的 2 倍、欧盟的 3 倍，实现"碳中和"所需的碳减排量远高于其他经济体；从发展阶段看，欧美各国已实现经济发展与碳排放脱钩，而我国尚处于经济上升期、排放达峰期，需兼顾能源低碳转型和经济结构转型，统筹考虑控制碳排放和发展社会经济的矛盾；从碳排放发展趋势看，匈牙利、英国等在 1990—2000 年实现了"碳达峰"，美国、加拿大等在 2000—2010 年实现了"碳达峰"，这些国家距离 2050 年实现"碳中和"有 50~70 年的窗口期，而我国计划从 2030 年前碳排放达峰到 2060 年实现"碳中和"的时间仅为 30 年，明显短于欧美等国。我国为实现"碳中和"目标面临的挑战和所要付出的努力亦远远大于欧美国家。基于这样的背景，加上能源的总量不足和结构偏差早已成为中国经济持续发展的瓶颈制约，因此，我国能源结构转型的需求非常急迫。

　　我国能源结构转型是一个综合性的过程，需要从多个方面入手，包括优化能源结构、加强新能源产业发展、推动能源清洁高效和集约节约利用、加强能源国际合作等。对我国能源结构调整的研究，将是实现"双碳"目标的重要保证，是保证经济发展和保护环境的双重需要，也将为我国能源发展战略提供理论指导，以及对实现人与自然和谐共生的中国式现代化提供实践指导。

本书针对我国提出的"双碳"目标，立足公众科普与技术传播，以期帮助公众和能源行业从业者了解能源结构转型技术，帮助企业培养低碳转型的人才队伍。本书共有六章，包括绪论，国际"双碳"经验与能源结构转型经验、趋势，我国"双碳"政策分析与能源结构转型历程，我国"双碳"路径分析，我国能源结构转型与新型能源体系建设，新型电力系统实践与"双碳"目标下中国低碳电力展望等内容。

本书在编写过程中参考了相关的权威报告与书籍，在此谨向参考文献的作者和行业专家表示衷心的感谢。

由于时间仓促，编者水平有限，书中难免存在疏漏和谬误之处，敬请读者批评指正，以期改善。

目录

第1章 绪 论

1.1 基本概念

1.1.1 "碳"与二氧化碳

1. "碳"

"双碳"中的"碳"实际上就是指温室气体，它在《联合国气候变化框架公约（United Nations Framework Convention on Climate Change，UNFCCC）》有明确的定义和涵盖范围。温室气体指的是大气中能吸收地面反射的长波辐射，并重新发射辐射的一些气体，如水蒸气、二氧化碳、大部分制冷剂，它们的作用是使地球表面变得更暖，类似于温室截留太阳辐射，并加热温室内空气的作用。温室气体中以氢氟氯碳化物类、全氟碳化物及六氟化硫这三类气体造成温室效应能力最强，但对全球升温的贡献百分比来说，二氧化碳由于含量较多，所占的比例也最大，约为25%。

因为所有温室气体的全球增温趋势（Global Warming Point，GWP）都以二氧化碳为基准，所以我们就将温室气体排放统称为碳排放。除了化石能源燃烧外，制冷剂的使用也是重要的碳排放源。

1997年《<联合国气候变化框架公约>京都议定书》中提出了公约管控的温室气体包括二氧化碳（CO_2）、甲烷（CH_4）、氧化亚氮（N_2O）、氢氟碳化物（HFCs）、全氟碳化（PFCs）、六氟化硫（SF_6）。此外，2012年《<京都议定书>多哈修正案》又将三氟化氮（NF_3）纳入公约管控范围。因此，"双碳"中的"碳"是指《联合国气候变化框架公约》管控的7种温室气体。

2024年1月19日，我国生态环境部印发了《大气污染物与温室气体融合排放清单编制技术指南（试行）》，里面对温室气体进行了定义，温室气体核算物质包括二氧化碳（CO_2）、甲烷（CH_4）、氧化亚氮（N_2O）和氢氟碳化物（HFCs）。

2. 二氧化碳

二氧化碳（Carbon Dioxide），一种碳氧化合物，化学式为CO_2，常温常压下是一种无色无味或无色无臭而其水溶液略有酸味的气体，是空气组成的一部分，也是一种常见的温室气体。

随着大气中二氧化碳浓度的增加，越来越多地吸收地面反射的红外线，大量进入大气层的太阳辐射能保留在地面附近的大气中，从而使地球表面变得更暖，类似于温室截留太阳辐射，这一过程被称为温室效应，如图1.1所示。

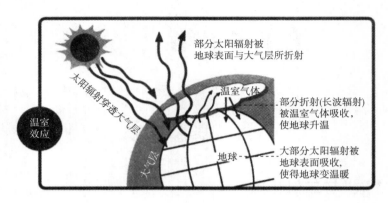

图1.1　温室效应示意图

温室效应导致气候变化，而气候变化的后果十分严重，包括极端天气、干旱、飓风、洪涝、森林大火、冰川消融、永久冻土层融化、珊瑚礁死亡、海平面上升、农作物歉收、生态系统改变、致命热浪、更广泛的健康危害等种种情况，将威胁人类在地球上的生存和发展。

因此，人类需要以控制地表温度上升为目的，控制温室气体在大气中的浓度，使得全球气候处于适合人类居住的范围内。由于二氧化碳在所有温室气体中占有绝对优势，它就成了控排和减排的主要对象。

1.1.2　"碳达峰"与"碳中和"

1. "碳达峰"

联合国气候变化政府间专门委员会(Intergovernmental Panel on Climate Change，IPCC)将"碳达峰"定义为："某个国家(地区)或行业的年度CO_2排放量达到了历史最高值，然后由这个历史最高值开始持续下降，也即CO_2排放量由增转降的历史拐点。""碳达峰"的目标包括达峰的年份和峰值。2020年9月22日，我国宣布，中国二氧化碳排放力争2030年前达到峰值，努力争取2060年前实现"碳中和"，这是我国首次提出"双碳"目标。根据中央文件，"碳达峰"意味着到2030年碳排放在峰值后不再增加，在达到年增长率为零的拐点后将逐渐下降。在未来实现"碳达峰"，不仅意味着气候的改善，也意味着中国逐步向绿色和低碳经济迈进。

2. "碳中和"

IPCC将"碳中和"定义为："通过应用CO_2去除技术将人类活动造成的CO_2排放量进行吸收，以使空气中的CO_2量达到平衡。"即在一定时刻，碳的排放和吸收会相互抵消，通过节能减排、能源替代、产业调整、植树造林等二氧化碳固定技术吸收和减少温室气体，从而达到二氧化碳"零"排放的目标。与"碳中和"相关的术语解析见表1.1。

表 1.1　与"碳中和"相关的术语解析

序号	术语	具体说明
1	CO_2 净零排放	在规定时期内人为 CO_2 移除在全球范围抵消人为 CO_2 排放时,可实现 CO_2 净零排放
2	净零排放	当一个组织一年内所有的温室气体排放量与温室气体清除量达到平衡时,就是净零排放
3	气候中和 (气候中性)	人类活动对气候系统没有净影响的状态概念,要实现这一种状态需要平衡残余排放与排放(CO_2)移除以及考虑人类活动的区域或局地生物地球物理效应,如人类活动可影响地表反照率或局地气候
4	碳均	指万元 GDP 所产生的碳排放量
5	能均	指万元 GDP 所消耗的能源量
6	碳汇	是指通过植树造林、森林管理、植被恢复等措施,利用植物光合作用吸收大气中的 CO_2,从而降低 CO_2 在大气中浓度的过程、活动或机制
7	负排放	泛指从大气中去除 CO_2 并储存在陆地或海洋中的方法,包括种树等自然方法和机器吸碳等技术,这被称为直接空气捕获
8	温室气体	是指大气中那些吸收和重新放出红外辐射的自然和人为的气态成分,包括二氧化碳、甲烷、一氧化碳、氟氯烃及臭氧等 30 余种气体

注:GDP—Gross Domestic Product,国内生产总值。

1.1.3　能源与能源结构转型

关于能源的概念,英国的《大英百科全书》指出,能源是一个包括着所有燃料、流水、阳光和风的术语,人类用适当的转换手段便可让它为自己提供所需的能量。一般认为,能源是指可以直接获得或通过加工间接利用的能量资源,主要包括煤炭、石油、天然气、可再生能源等。其中,可再生能源是指能在短时间内可以得到不断补充或再生的能源,主要包括太阳能、水能、风能、地热能等。相反,煤炭、石油、天然气等在自然界中不能循环利用的能源称为不可再生能源,又称化石能源。而基于二氧化碳排放量大小,还可将能源分为高碳能源、低碳能源和清洁能源三类。其中,高碳能源是指在能源使用过程中排放二氧化碳较多的能源,主要包括煤炭、石油等;低碳能源是指在使用过程中排放的二氧化碳比高碳能源少的能源,主要指天然气;清洁能源是指直接使用能源时基本不产生二氧化碳排放的能源,主要包括风能、氢能等可再生能源。

能源结构转型指一种能源被另一种能源所替代,从而导致能源结构的调整。在"碳中和"的背景下,当前全球能源格局正在重塑。"碳中和"的提出受到了国际社会的广泛认可与参与。如今全球积极推动绿色经济复苏,绿色产业已成为重要投资领域,清洁低碳能源发展迎来新机遇。能源系统目前正以分散化、去中心化的趋势特征加速变革。全球能源供需版图的调整,推动了消费重心东倾、生产重心西移的态势。近十年来亚太地区能源消费占全球的比重不断提高,北美地区原油、天然气生产增量分别达到全球增量的 80% 和 30%

以上。全球能源格局重塑，众多国家积极发展新能源，并努力使其替代化石能源。"碳中和"政策推动下，我国也步入了能源结构转型的重要窗口期。

1.2 "碳达峰"与"碳中和"的关系与目标

1.2.1 "碳达峰"与"碳中和"的关系

"碳达峰"与"碳中和"的关系具体如下：

（1）"碳达峰"是 CO_2 排放量由增转降的历史拐点；

（2）"碳达峰"目标包括达峰年份和达峰峰值；

（3）"碳达峰"是"碳中和"的基础和前提；

（4）"碳达峰"时间的早晚和峰值的高低直接影响"碳中和"实现的时长及实现的难度。

1.2.2 "碳达峰"与"碳中和"的目标

我国提出"碳达峰""碳中和"的发展目标，一方面是中国作为国际上的二氧化碳排放大国，要履行《巴黎协定》(The Paris Agreement)的义务，承担大国责任；另一方面，从国内来说，也符合中国自身可持续发展的需求。

1. 中国"碳达峰""碳中和"的承诺

2020 年第七十五届联合国大会上，我国向世界郑重承诺，力争在 2030 年前实现"碳达峰"，努力争取在 2060 年前实现"碳中和"。2021 年全国两会的政府工作报告也明确提出要扎实地做好"碳达峰"和"碳中和"的各项工作以实现我国的郑重承诺。如图 1.2 所示。

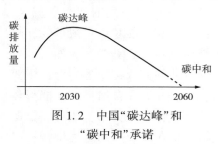

图 1.2 中国"碳达峰"和"碳中和"承诺

这一公开承诺，标志着我国作为世界上最大的发展中国家，作为煤炭生产、消费、贸易量最大和以煤炭消费为绝对主体的能源大国，向世界庄严承诺要在 40 年之后实现"碳中和"目标，为实现《巴黎协定》确定的目标(将全球平均气温升幅较工业化前水平控制在显著低于 2℃ 的水平，并向升温较工业化前水平控制在 1.5℃ 努力)做出重大贡献。

2. 对"碳达峰""碳中和"的理解

对于"碳达峰""碳中和"可以从以下三个层面来理解。

（1）从国际关系层面来看

从国际关系层面来看，"碳达峰""碳中和"目标是参与和引领全球治理的有力抓手。中国一直在不断地提出全球结构性矛盾的解决方案，比如在构建人类命运共同体的倡议中，就包括了气候问题。在新型冠状病毒肺炎疫情之后，我国要加强绿色"一带一路"的政策引导和能力建设，进一步突出"一带一路"绿色发展理念，推进重点绿色投资项目，打造惠及沿线国家和地区的绿色产业链。由此可见，我国提出的"30 碳达峰；60 碳中和"目标，是我国作为一个大国对国际社会的承诺。"30碳达峰；60碳中和"目标的提出对地缘政治、全球治理、世界秩序等都将产生重大影响，这充分体现了我国的大国担当精神，将实现我国在全球能源领域中的引领作用。

（2）从国家发展战略来看

当前，我国能源消费结构以煤炭为主导，然而，长期依赖煤炭作为主要能源来源，不仅会带来严重的环境污染问题，还终将面临煤炭资源枯竭的挑战。从国家发展战略的高度来看，转型发展成为必然之路。

此外，我国经济正处于快速发展阶段，对石油、天然气进口的依赖程度较高，这使得能源安全问题愈发凸显。鉴于此，积极开发和利用国内丰富的新能源资源，如太阳能、风能等，以减少对石油、天然气的依赖，将对保障我国未来的能源安全具有深远的意义。

（3）从经济转型和民生福祉保障来看

从经济转型和民生福祉保障来看，自"十二五"提出的节能减排到"十三五"的绿水青山就是金山银山，再到"十四五"的"碳达峰""碳中和"推进及执行，可以看出我国经济正从高速度向高质量发展的高层次上转变，并涵盖了对经济转型的升级，以及让人民生活更健康、更安全等方面的综合考量。

3. 提出"碳达峰""碳中和"目标的意义

做好"碳达峰""碳中和"工作，不仅影响我国绿色经济复苏和高质量发展、引领全球经济技术变革的方向，而且对保护地球生态、推进应对气候变化的国际合作具有重要意义。具体来说，我国提出"碳达峰""碳中和"目标，具有以下意义：应对全球气候变化、释放经济发展的信号、对空气质量改善产生深远影响、促使能源格局的彻底改变。

（1）应对全球气候变化

我国是人口大国、经济大国，同时也是碳排放大国，我国能做到什么程度将在一定程度上决定着全球应对气候变化能够达到的程度。我国应对全球气候变化而定的目标对于全球气候变化而言具有决定性的影响。

（2）释放经济发展的信号

"碳达峰""碳中和"目标的提出将决定我国未来经济的走向和面貌。要实现这一目标，未来整个经济结构会发生天翻地覆的变化，国民经济也会受到全面的影响。

比如，太阳能、风能、生物质能、潮汐能、地热能和海洋能等可再生能源行业将会迎来很大的发展机遇，而煤炭采掘、煤炭燃烧发电等高排碳行业将会逐渐被淘汰。

（3）对空气质量改善产生深远影响

对我国来说，温室气体和常规污染物的排放是同根同源的。在以煤为主的能源结构下，减少温室气体的排放量，就是在减少常规污染物的排放量。"碳中和"目标的提出，实际上是对空气质量改善目标提出了更高、更具体的要求。

（4）促使能源格局的彻底改变

从能源领域来看，要实现"碳中和"目标，必须走全面清洁低碳的道路，能源领域应大幅度地提高风能、太阳能、水能、生物质能、潮汐能、地热能和海洋能等非化石能源在能源使用中的占比。这意味着，我国要彻底改变以煤为主的能源格局。清洁能源以及可再生能源将逐步地提高占比，从而使能源格局发生彻底的改变。

4. 实现"碳中和"的三个阶段

可以将"碳中和"的发展路径大致分为图 1.3 所示的三个阶段。

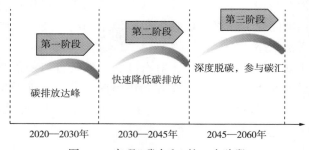

图 1.3　实现"碳中和"的三个阶段

（1）第一阶段（2020—2030 年）

2020—2030 年这一阶段的主要目标为碳排放达峰。在 2030 年达峰目标下的基本任务如下：降低能源消费强度、降低碳排放强度、控制煤炭消费、大规模发展清洁能源、继续推动以电动汽车对传统燃油汽车的替代为主的终端消费电气化进程、倡导节能和引导消费者行为。

（2）第二阶段（2030—2045 年）

2030—2045 年这一阶段的主要目标为快速降低碳排放，主要减排途径如下：①以可再生能源为主，大面积完成工业、建筑、交通等行业终端消费零碳电气化，完成第一产业的减排改造；②以碳捕集、利用与封存(CCUS)等技术为辅。

（3）第三阶段（2045—2060 年）

2045—2060 年这一阶段的主要目标为深度脱碳、参与碳汇，从而完成"碳中和"目标。在深度脱碳到完成"碳中和"目标期间，工业、发电端、交通和居民侧的高效清洁利用潜力基本已经开发完毕，此时就应当考虑碳汇技术，以 CCUS（Carbon Capture，Utilization and Storage，为碳捕集、利用与封存的简称，是应对全球气候变化的关键技术之一）等兼顾经济发展与环境问题的负排放技术为主。

5. 实现"碳中和"的原则

实现"碳达峰""碳中和"是一项复杂的系统工程，需要传统的生产方式、生活方式和消费方式从根本上加以改变，需要统筹考虑各行业投入产出效率、产业国际竞争力、国计民生关注程度、发展迫切程度、治理成本及治理难度等多种因素，从而谋划实施最优的"碳达峰""碳中和"战略路径。因此，我国要实现"碳达峰""碳中和"应遵循如下原则：把握好降碳与发展的关系、把握好"碳达峰"与"碳中和"的节奏、把握好不同行业的降碳路径、把握好公平与效率的关系、把握好国内发展与国际合作的关系。

（1）把握好降碳与发展的关系

实现"碳达峰"与"碳中和"的时间点与全面建设社会主义现代化国家的两个阶段基本一

致，因此，在实施过程中要做好以下两方面工作，以更好地支撑建设美丽中国和实现中华民族伟大复兴两大目标：

① 要注重降碳，在世界经济"绿色复苏"的背景下优选国际间比较优势影响最小、对我国发展势头影响最小、最可持续的低碳发展方向，探索建立碳排放预留机制；

② 要注重发展，对于充分参与国际竞争的行业和产品、"卡脖子"关键核心技术，在其发展突破初期，要从有限的碳排放空间中预留部分容量，避免丧失发展机遇。

（2）把握好"碳达峰"与"碳中和"的节奏

碳排放高质量达峰和尽早达峰是实现"碳中和"的前提，但不能脱离我国所拥有的各种生产要素，不能超越社会主义经济发展阶段而过分地追求提前达峰，这样不仅会大幅增加成本，还可能会给国民经济带来负面影响。

国家"十四五"规划纲要明确了实施以碳强度控制为主、碳排放总量为辅的制度，支持有条件的地区和领域率先达到碳排放峰值，因此，我国应根据"30 碳达峰；60 碳中和"目标制定科学的发展时间表，对于条件成熟的地区、领域，达峰时间可以稍有提前，但不宜过早，更不能不考虑客观条件而全部提前，尤其是要防止各地区出现层层加码的现象。

（3）把握好不同行业的降碳路径

受产品性质差异、技术路线、用能方式、碳排基数等因素的影响，不同行业不同领域在"碳达峰""碳中和"进程中发挥的作用也有所不同。我们要在总量达峰最优框架下测算出哪个行业哪个领域能最先达峰，哪个行业哪个领域减排对社会的影响最大，哪个行业哪个领域的减排成本最低，然后再制定出最经济有效的降碳顺序和路径，具体措施如下：①要推进减碳基础较好的电力行业、建筑行业等率先达峰，2030 年这两个行业的碳排量应比2020 年明显降低，对碳减排做出正面的贡献；②工业领域、交通领域也要在 2030 年前后达峰，其中工业领域要推动钢铁、水泥、冶金、炼油等高耗能行业率先达峰。

（4）把握好公平与效率的关系

要想实现"碳达峰""碳中和"的目标，我们应采用行政手段与市场手段相结合的方式推进碳减排工作，其中市场手段用于搭建碳交易平台，行政手段用于制定碳减排的规则规范。具体如下：

① 既要考虑不同领域不同行业之间的碳排放差异，避免"一刀切"，又要对同一行业内的国有、民营、外资企业一视同仁，在统一的标准和规则下开展降碳减排工作；

② 要加快推进碳交易市场的建设，建立完善的碳税体系和全国性碳配额交易市场；

③ 要探索把碳汇交易纳入碳交易市场体系，通过碳交易真正把"绿水青山"变成"金山银山"。

（5）把握好国内发展与国际合作的关系

把握好国内发展与国际合作的关系的措施如下：

① 在国内发展方面，要顺应全球低碳经济发展的趋势，加快制定实施低碳发展的战略，积极发展绿色低碳产业，在全民中树立勤俭节约的消费观念和提倡文明简朴的生活方式，推进我国能源变革和经济发展方式脱碳化转型；

② 在国际合作方面，要坚持公平、共同但有区别的责任原则，建设性地参与和引领应

对气候变化的国际合作，倡导建立国际气候交流磋商机制，参与全球碳交易市场的活动，积极开展气候变化南南合作，与"一带一路"沿线国家携手探索气候适宜型低碳经济发展之路。

6. 实现"碳达峰""碳中和"面临的挑战

近年来，我国在积极实施应对气候变化方面已取得了突出成绩，但要在未来 40 年先后实现"碳达峰""碳中和"的目标，还面临着艰巨的挑战，具体如图 1.4 所示。

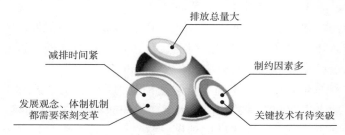

图 1.4　实现"碳中和"面临的挑战

（1）排放总量大

我国经济体量大、发展速度快、用能需求高，能源结构中煤占比较高，这使得我国碳排放总量和强度处于"双高"状态。

2019 年我国煤炭消费比重达到 58%，碳排放总量在全球中的比重达到 29%，人均碳排放量比世界平均水平高了 46%。

尽管过去 10 年煤炭的使用总量有所下降，但在一次能源中的占比仍然非常高。煤炭在我国能源产业结构中的主导位置短期内无法改变，这无疑增加了实现"碳达峰""碳中和"的难度。要想把煤炭总使用量降下去，首先应当是全力去除散煤，接下来是极大减少工业过程用煤，不增加新的煤电装机，并在 2030 年后逐步有序地减少煤电发电和装机。

（2）减排时间紧

我国目前仍处于工业化和城镇化快速发展的阶段，能源结构和产业结构都具有高碳特点，要用不到 10 年时间改变能源结构和产业结构，实现"碳达峰"，然后再用 30 年左右时间实现"碳中和"，意味着碳排放达峰后就要快速下降，也就是说"碳达峰"和"碳中和"之间几乎没有缓冲期，因此，我国要实现减排目标需要付出艰苦的努力。

（3）制约因素多

碳减排既是气候环境问题，同时也是发展问题，涉及社会、经济、能源、环境等方方面面，因此，需统筹考虑能源安全、社会民生、经济增长、成本投入等诸多因素，这些制约因素对我国能源转型和经济高质量发展提出了更高的要求。

（4）关键技术有待突破

目前，很多关键技术还有待突破。比如，清洁能源如何实现有效存储，电动车如何大幅度提高续航里程、缩短充电时间、处置废旧电池等难题都在攻关之中。

（5）发展观念、体制机制都需要深刻变革

无论是局部污染物还是温室气体的减排，目前都是政府投资、社会受益的发展模式。

由于私人投资尚无回报机制，企业没有投资动力，很难长期持续地发展，国家需要通过创立排放交易市场而建立完善投资回报机制，具体如下：

① 建立可执行的生态环境和气候变化目标，以此划定自然资本规模边界；

② 依据生态环境和气候变化目标将环境资产（如碳资产）主要分解给企业等市场主体，分解时要体现责任和权益；

③ 作为新的要素市场，创立和发展碳排放交易市场，使市场主体分配到的环境资产（如碳资产）可以上市交易，从而在交易市场中发现环境资产的价格；

④ 在碳排放交易市场价格的指导下，投资者和技术研发者形成稳定持续的预期，从而做出投资和研发决策，源源不断进行低碳投资和开展低碳技术创新研发；

⑤ 优化现有绿色信贷产品，创新绿色信贷品种，推广新能源贷款、能效贷款、合同能源管理收益权质押贷款等能源信贷品种，创新绿色供应链、绿色园区、绿色建筑、绿色生产、个人绿色消费等绿色信贷品种，降低绿色信贷资金成本，扩大绿色信贷规模。

我们要在社会主义现代化建设的宏伟蓝图中科学谋划"碳中和"路径与方案，就必须立足国情和发展的实际来进行研究思考，其中的关键点是要坚持新发展理念和系统观念，统筹好近期与长远、发展与减排、全局与重点，以开辟出一条高效率减排的"碳达峰""碳中和"之路。

1.3　经济发展与碳排放的关系

2019 年，在我国 110 亿 t 二氧化碳排放总量中，化石能源的二氧化碳排放约有 99 亿 t。从经济学基本原理来看，化石能源二氧化碳排放总量主要由 4 个因素决定：经济总量、产业结构、技术水平和能源结构。到 2030 年这 4 个变量将发展到何种水平呢？摸清楚经济发展与碳排放的关系，就可以大致估算出 2030 年时化石能源二氧化碳的排放总量。

1. 经济总量

经济总量是影响碳排放的最重要因素。北京大学国家发展研究院"中国 2049"课题组曾对此作出预测研究，在 2021—2030 年间，我国潜在实际 GDP 年均增长率在 5% 左右。这意味着到 2030 年，中国 GDP 总量约为 170 万亿元，是 2020 年 GDP 总量的 1.67 倍；到 2060 年，中国 GDP 总量约为 420 万亿元左右，是 2020 年 GDP 总量的 4.12 倍。

在上述假设下，给定其他 3 个因素不变，化石能源二氧化碳排放总量将从 2020 年的 99 亿 t 增长至 2030 年的 152 亿 t，约增加 53 亿 t。

2. 产业结构

产业结构也是影响化石能源碳排放量非常重要的因素之一。工业部门是化石能源"大户"，这意味着在 GDP 总量相同的情况下，工业部门占比越高，碳排放量越多。

（1）产业结构变迁规律

产业结构有其自身发展变化规律。无论从历史看，还是从经济发展理论看，随着经济持续发展，工业 GDP 占比继续升高，当人均 GDP 达到 1.5 万~2 万 2017 年 PPP（Purchasing

Power Parity，购买力平价）国际美元时，工业 GDP 占比会达到 40%最高峰，然后开始下降。

上述工业 GDP 占比最高的发展阶段，美国约在 20 世纪 50 年代完成，欧洲约在 20 世纪 60 年代完成。目前大部分发达国家经济体的工业 GDP 占比在 15%～20%之间。德国、日本和韩国这类工业制造力较强的国家，其工业 GDP 占比约为 25%～33%。

产业结构变化的背后有两大驱动因素：

一是需求结构变化。收入比较低时，人们的需求主要以填饱肚子的食品为主；随着收入增长，车子、房子等工业消费品开始进入人们的消费；当收入实现进一步增长，人们的需求将聚焦在好的教育、好的医疗服务、旅游休闲等服务性商品上，因此，随着收入增长，国民经济需求结构会发生变化，导致产业结构随之发生变化。

二是生产成本发生变化。人均收入比较低时，劳动力成本也比较低，这时一国的优势往往集中在劳动密集型制造业。随着经济增长，人均收入上升，劳动力成本也会不断上升。此时，工业部门的生产会通过增加使用资本或机器人来实现对劳动力要素的替代。因此，工业部门的生产不但有规模经济特性，而且技术水平进步率较快，这就导致随着经济增长，工业产品价格不断下跌。比如今天的笔记本电脑跟几十年前的笔记本电脑相比，价格大幅下降，但质量不断上升。相比之下，服务品的主要投入要素就是劳动力，其成本会随着经济增长和劳动力成本的上升一直上升。行业 GDP 占比是以价值进行核算的，所以，即便服务品和工业品产量不变，上述价格变化会导致随着经济增长，服务业 GDP 占比上升，工业 GDP 占比下降。此外，生产成本变化也会导致经济体在全球贸易中的生产比较优势发生变化，从而影响产业结构。产业结构变化的内在规律大致如此。

（2）过去 10 年我国产业结构调整

过去 10 年，我国产业结构发生了剧烈调整。2011 年我国人均 GDP 约为 1 万 2017 年 PPP 国际美元，工业 GDP 占比约为 46.5%；2020 年我国人均 GDP 约为 1.6 万 2017 年 PPP 国际美元，工业 GDP 占比约为 37.8%。不难看出，10 年间我国工业 GDP 占比下降了近 9 个百分点，速度非常快。工业 GDP 占比从最高点下降同等幅度，发达国家经济体基本上都用了 30 年时间，而中国仅用 10 年就完成，这在一定程度上引发中国过早去工业化的讨论。

这种现象背后有很多原因。一是劳动力要素变化。我国的劳动人口数量在 2013—2014 年间达到顶峰，此后一路下降。在 2014—2020 年这段时间内，我国劳动力人口减少了约 4000 万。过去这些年，经常有机器人代替工人、农民工工资上涨这类新闻见诸报端，说到底这也是劳动力人口减少带来的结果。劳动力人口数量减少导致劳动力价格上升，服务业价格随之上升，产业结构也随之发生变化。二是近年来我国采取了诸如"去产能"、环境治理等强行政干预政策，这对工业增长形成一定制约，进而影响产业结构变化。

（3）不同行业的碳排放

目前我国碳排放量最大的是火电、钢铁、水泥和交通四个行业，其碳排放量占比分别为 44%、18%、14%和 10%。火电为整个国民经济服务；钢铁和水泥的产量约占全球 57%左右，虽然产量非常大，但出口量很少，主要是满足国内需求。65%的钢铁产量用于建筑业，水泥则基本全部用于建筑业。由此不难看出，中国钢铁业和水泥业产量如此高，碳排放量如此高，主要是由建筑业的强大需求所驱使。

（4）超高速城市化下的建筑需求和交通运输需求

为何我国建筑业的需求如此高？这就需要参考另一个数据——城市化率。1990 年我国的城市化率约为 26.8%，2020 年这一比率上涨到 63.8%。这意味着 30 年时间内，我国城市化率增长近 40 个百分点。自 2000 年以来，我国的城市化率几乎是以每 10 年增长 14 个百分点的速度迅猛推进。这意味着，在我国 14 亿人口中，每 10 年就有 2 亿多人进城。毫无疑问，这必定会带来强劲的建筑需求和交通运输需求。

2000 年，我国房屋施工面积约为 6.6 亿 m^2，这一数字在 2020 年已增长到 93 亿 m^2，增长了近 14 倍。汽车保有量也是如此，2000 年约为 0.22 亿辆，到 2020 年已增长到 3.5 亿辆。房屋施工面积和汽车保有量的高速增长，说明我国已经进入高速城市化的发展阶段。

每个发达经济体都会经历快速城市化的发展阶段，但一旦城市化率进入 70%~75% 这个区间，城市化的增速就会慢下来，建筑业的需求也会大幅下降。目前，我国的城市化率已达 64%。按照上述发展规律，在 10 年的时间内，我国将步入城市化增速回落的发展阶段，城市化进程也会随之慢下来。

我国目前的城市化发展轨迹与韩国比较接近。韩国同样是后发达国家，城市化的速度非常快，甚至要快过以前所有的发达国家。1960—1992 年，韩国城市化以每年平均新增 1.5 个百分点的速度，连续 30 年一路高歌猛进。1991—1992 年，韩国城市化率达到 75% 后，增速开始回落。此后 7 年时间内，韩国城市化增速从每年新增 1.5% 下降至 0.2% 左右。韩国走过的城市化进程再次印证了城市化的基本规律，对我国也是一个非常重要的启示。

我国的城市化拐点可能会来得更早。从 1996 年到 2016 年，我国城市化率每年新增约 1.5 个百分点，连续 20 年都在高速增长。这样的情况与韩国非常相似。然而从 2016 年、2017 年开始，我国城市化率增速开始回落，2021 年城市化率只增长了 0.8 个百分点。

这背后的原因很多，需要长期观察。在过去几年主要与新型冠状病毒肺炎疫情管控有关。但与此同时，城市化增速下降也可能反映了整个人口结构或人口总量的巨大变化。

得益于二胎政策放开，2017 年的新生人口数量在连续多年下降后，再次上涨。然而在这次上涨后，断崖式下降接踵而至。2021 年的新增人口仅有 1000 多万。此外，我国的人口总量也出现一些结构性变化。2022 年我国人口负增长 85 万人，这是我国人口自 1962 年以来首次出现负增长。

这一情况对我们理解未来经济发展至关重要。在人口总量和城市化率增速双双下降的背景下，建筑与交通的需求随之回落。未来 5~10 年，钢铁、水泥行业的需求或将发生巨大变化。今年房地产销售不景气，这固然与宏观经济"去杠杆"有关，也可能与城市化增速大幅回落有关。虽然在一些核心地区和黄金地段，房价依然坚挺，但从全国平均水平看，特别是在城市化率和人口总量变化的大背景下，房地产市场或将再也无法回到过去那种高速增长的时代。

基于以上原因，推测到 2030 年，工业 GDP 占比仍会下降，保守估计从 38% 下降到 32% 左右。仅产业结构变化这一项，可能带动化石能源的碳排放量下降 18 亿 t。

3. 技术水平

我国许多高碳排放行业的技术水平，其实已经位居世界前列。比如水泥行业基本采用新型干法生产技术。2020 年底，全国实现超低排放的燃煤机组达到 9.5 亿 kW，占煤电总装机容量的 88%。重点统计钢铁企业吨钢综合能耗从 2006 年的 640kgce 下降到 2020 年的 545kgce。这样的能耗水平与日本差不多。

放眼未来，我国还有一定的潜在技术进步空间。这些高碳排放行业都有潜在技术可替代。比如煤电的技术替代有天然气、核电、水电、风电和光伏等；钢铁业有电炉炼钢、氢能炼钢；水泥则有工业垃圾、生物燃料和电力来替代。

交通运输方面，新能源汽车的发展超过想象，2023 年新能源汽车的销售量占汽车总销售量的百分比约为 31.6%。

GDP 单位能耗由经济产业结构与技术共同决定。假定 2030 年单位 GDP 能耗相比 2020 年下降 24% 以及未来 10 年 GDP 增速每年约为 5%，一次能源的总消费增量将维持在平均每年增长 2.2% 左右的水平。在上述基础上，工业技术进步带来的化石能源二氧化碳排放或将下降约 12 亿 t。

4. 能源结构

碳排放主要来自化石能源，因此，在整个能源结构中，清洁能源或非化石能源占比就额外重要。2020 年，煤炭、石油、天然气、核电、水电、风电和光伏在我国一次能源总消费量中的占比分别为 56.8%、19.6%、8.2%、2.2%、8.1%、2.8% 和 1.6%。在这些能源中，非化石能源占比为 15.7%。

2020 年，全球、美国和欧盟核电占一次能源总消费的比重分别为 4.4%、8% 和 11%；天然气占比分别是 25%、34% 和 24.5%。相对全球水平，我国煤炭占比过高，天然气和核电的占比过低。

能源结构转型主要是从化石能源转向清洁能源。目前，我国可再生能源主要面临发电不稳定的巨大挑战。一旦遭遇干旱和恶劣天气，水电、风电、光伏都可能断供，短期很难支撑整个电力体系，因此，想要替代化石能源，短期还得靠核电和天然气。核电方面我国具备一些优势；天然气方面，我国没有足够的资源储备，主要依赖进口。

目前我国的核电技术，包括第三代核电技术，在全球位居前列。核电面临最大的挑战来自政策领域。出于对核泄漏的担心，我国几个核电站都建在沿海地区，比如秦山核电站、大亚湾核电站。相比之下，法国的核电站基本都建在内陆，美国的核电站也是如此。实际上我国的核电技术安全系数较高，至少可以先从项目论证层面，考虑在内地部署一些核电站。

由于不同能源之间都存在一定替代性，决定能源结构的主要因素是能源的相对价格。这意味着哪种能源价格低，其占比就高。我国的资源禀赋是煤多、油和气相对不足，因此，煤价相对便宜，其在整个能源结构中的占比也相对较高。

传统化石能源的优点是供给稳定，缺点则是污染排放和碳排放太高。核电的优点也是供给稳定，但缺点则是民众对核安全有恐惧心理以及发电成本也比较高。放眼未来，新能源生产具有规模经济优势。2010—2020 年，全球光伏电站、陆上风电、海上风电、光热发电和电动车电池成本分别下降 85%、56%、48%、68% 和 89%。随着技术的不断进步，成本还将进一步下降。很多研究报告已将新能源列为实现"碳中和"的主要能源品种之一，这也从一个侧面反映出新能源的光明前景。目前，性能不稳定是新能源面临的主要挑战之一，这一问题最终还是要依靠技术解决。

2010—2020 年，我国非化石能源占比上升约 7 个百分点。其中，核电、水电和风光电分别贡献 1.56%、1.67%和 4%。在过去 10 年，我国清洁能源发展主要以风电和光伏为主。未来 10 年随着风电、光伏的技术进步和成本进一步下降，2030 年我国非化石能源的占比或将从 2020 年的 15.4%增长至 25%，减少化石能源二氧化碳排放约 13 亿 t。

第 2 章　国际"双碳"经验与能源结构转型经验、趋势

2.1　全球主要国家碳排放达峰综述

世界主要国家都在转向低碳发展。截至 2020 年，全世界已有 53 个国家的碳排放达到峰值。英国、法国、德国、美国、日本等主要发达国家制定了低碳发展战略，在低碳发展立法、建立碳排放交易市场、调整能源结构、加强新能源和低碳技术研发、提高公众意识等方面进行了积极的探索，积累了丰富的经验。

（1）欧盟通过严格立法，要求成员国制定自身低碳发展的可行方案，建立了全球最先进的碳市场，使私营经济体参与欧盟的低碳转型。欧盟重视低碳文化，使其低碳发展体系不局限于"生产"领域，同时也扩展到"消费"领域。

（2）美国颁布了"应对气候变化国家行动计划"，明确减排的最大机遇存在于电厂、能源效率、氢氟碳化合物和甲烷四个领域，推出了"清洁电力计划"，提出了对现有和新建燃煤电厂碳排放的限制目标，并考虑了改善空气质量对公众健康的协同效益。此外，以加利福尼亚州为代表的地方行动为美国低碳发展注入了活力。

（3）日本公布了《绿色经济与社会变革》的改革政策草案，规定了降低温室效应气体排放的基本措施，并且重视低碳技术的研发，每年投入巨资致力于发展低碳技术。此外，还把发展可再生能源作为降碳的重要举措。

结合我国实际情况，本书就促进我国低碳发展提出以下对策建议：一是加强顶层设计，不断完善法规政策体系，尽快启动碳排放峰值管理进程，从排放量增速、峰值幅度和达到峰值后减排路径等方面，形成峰值管理框架；二是充分借鉴欧盟在碳排放交易市场运行过程中的管理经验，健全我国碳市场机制，加快建设全国性碳排放交易市场；三是构建完整的低碳技术体系，促进可再生能源技术和低碳技术研发、示范和推广应用；四是推进低碳文化创新，引导低碳生活方式。

2.1.1　全球碳排放达峰情况概述

根据世界资源研究所发布的报告，全世界有 19 个国家在 1990 年以前就实现了碳排放达峰，包括德国、匈牙利、挪威、俄罗斯等。在 1990—2000 年实现碳排放达峰的国家有 14 个，包括法国、英国、荷兰等。在 2000—2010 年实现碳排放达峰的国家有 16 个，包括巴

西、澳大利亚、加拿大、意大利、美国等。中国、新加坡的碳排放预计在 2030 年以前达峰。全球"碳达峰"国家统计见表 2.1。

表 2.1　全球"碳达峰"国家统计

实现"碳达峰"年份 （已达峰国家数量）	"碳达峰"国家
1990 年以前（19）	阿塞拜疆、白俄罗斯、保加利亚、克罗地亚、捷克、爱沙尼亚、格鲁吉亚、德国、匈牙利、哈萨克斯坦、拉脱维亚、摩尔多瓦、挪威、罗马尼亚、俄罗斯、塞尔维亚、斯洛伐克、塔吉克斯坦、乌克兰
1999—2000 年（33）	法国（1991）、立陶宛（1991）、卢森堡（1991）、黑山共和国（1991）、英国（1991）、波兰（1992）、瑞典（1993）、芬兰（1994）、比利时（1996）、丹麦（1996）、荷兰（1996）、哥斯达黎加（1999）、摩纳哥（2000）、瑞士（2000）
2000—2010 年（49）	爱尔兰（2001）、密克罗尼西亚（2001）、奥地利（2003）、巴西（2004）、葡萄牙（2005）、澳大利亚（2006）、加拿大（2007）、希腊（2007）、意大利（2007）、西班牙（2007）、美国（2007）、圣马力诺（2007）、塞浦路斯（2008）、冰岛（2008）、列支敦士登（2008）、斯洛文尼亚（2008）
截至 2020 年（53）	日本、马耳他、新西兰、韩国
截至 2030 年（预计）（57）	中国、马绍尔群岛、墨西哥、新加坡

研究一个国家的温室气体排放峰值，需要综合考虑经济发展速度、工业化、城镇化、能源发展、控制技术等诸多因素，分析能源活动、工业生产过程、农业、废弃物处理等各个领域温室气体排放规律与特点。

碳排放总量和经济发展水平有一定相关性。碳排放总量随着经济发展出现先上升后下降的状况，但这一变动趋势在不同国家呈现不同特征。通过对主要发达国家及发展中国家温室气体排放源和气体构成的初步分析可知，这些国家温室气体排放峰值一般是出现在经济增长速度较低、人均 GDP 较高的条件下。CO_2 排放峰值出现时间一般比 CH_4（甲烷）和 N_2O（一氧化二氮）晚 10 年左右，CO_2 排放量比重越高温室气体峰值越难出现；能源活动温室气体排放峰值出现时间一般比工业生产过程晚 10 年左右，控制非能源活动温室气体排放易使峰值提早出现。全球出现温室气体排放峰值的情况如下：

（1）欧盟作为整体早在 1990 年就出现了温室气体排放峰值，英国、法国等 1990—1991 年出现 CO_2 排放峰值；意大利、西班牙等在 2007 年左右出现 CO_2 排放峰值。

（2）美国于 2007 年出现 CO_2 排放峰值，比英国、法国晚 15 年以上，但这种 CO_2 排放峰值出现的时间是在全球金融危机爆发前，其时间的真实性尚需观察。

（3）自 1990 年起，日本 CO_2 总排放量呈缓慢上升的趋势，分别于 2005 年、2013 年出现第一、第二次峰值。

2.1.2 全球主要国家低碳发展措施和经验

1. 欧盟及主要成员国

（1）碳排放趋势

虽然欧盟的各成员国所处的阶段具有很大的差异，欧盟作为整体早在1979年就出现温室气体排放峰值，随后欧盟整体的碳排放呈逐渐下降的趋势。1990年欧盟人均碳排放量为6.8tCO$_2$/人，截至2016年，欧盟的人均碳排放量降至4.7tCO$_2$/人。现有的减排成果为其进一步制定气候政策、推进欧盟整体低碳发展建立了信心。

（2）欧盟低碳发展措施和经验

欧盟的碳排放与经济发展取得"硬脱钩"。欧盟的气候政策、碳排放交易市场和低碳文化是低碳发展的三个关键要素，这三个要素间相互依存、相互制约，共同推动着欧盟整体的低碳发展。

① 严格的气候政策是欧盟低碳发展体系的基础。欧盟将政策同法律结合在一起，对气候政策进行严格立法，要求成员国根据欧盟整体的减排目标确定自身低碳发展的可行方案，自上而下地拉动欧盟总体减排目标的实现。虽然全球气候谈判具有很强的不确定性，使得欧盟必须在综合自身内部战略和对外政策的基础上不断地修改和完善气候政策，但从欧盟最新制定的一系列气候政策来看，完善碳排放交易体系、发展可再生能源和提高能效依然是其气候政策的主要目标。

② 碳交易市场是实现低碳发展的主要工具。作为全球最先进的碳交易体系，欧盟碳排放交易体系（European Union Emissions Trading Scheme，EU-ETS）已进入第三阶段，碳排放交易体系中不同类别的碳价已成为最具参考价值的碳交易市场价格。通过成熟的碳交易市场，欧盟将交易盈利投入低碳技术研发和低碳技术创新中，如欧盟的碳捕集和碳封存项目即是以碳交易盈利作为后续资金。同时，碳排放交易体系为私营经济体提供了广阔的平台，使得私营经济体参与欧盟的低碳转型，将它们同欧盟的气候政策密切连接起来，以此形成低碳发展的市场推力，自下而上地推动欧盟减排目标的实现。此外，欧盟碳排放交易体系作为欧盟气候政策的主要策略，在加快推动欧盟低碳转型的同时也缩小了欧盟各成员国间的经济差异，促进了欧盟经济一体化。

③ 低碳文化通过对民众理念的影响来推动低碳发展，巩固低碳发展成果的同时又促进了低碳发展的多元化。重视低碳文化使欧盟的低碳发展体系不局限于"生产"领域，同时也扩展到"消费"领域，随着产品碳核算体系的完善，低碳文化将对产品市场和能源市场产生更加深远的影响。通过席卷欧洲的"慢城运动"，不难发现，基于文化创新的低碳理念融入居民生活和城市建设中，为欧盟的低碳发展扩充了更加丰富的内容。

（3）法国低碳发展政策和措施

法国于2000年颁布了《控制温室效应国家计划》，明确了减排措施选取和制定原则：①确保先前制定的减排措施得到有效落实；②利用经济手段来调节和控制温室气体排放。该计划提出了三类不同的减排措施，并明确了措施的适用范围。第一类减排措施包括资助、法规、标准、标记、培训和信息宣传,适用领域是工业、交通、建筑、农林、废物处置和利用、能源、制冷剂等行业。第二类减排措施是指利用经济手段(以生态税为核心,增值税优惠、绿色证书制度等)来限制排放,适用领域是农林、能源及高能耗行业。第三类减排措施包括城市空间发展控制,发展城市公共交通和基础交通设施,增强建筑物节能效果和发展清洁能源。

(4)德国低碳发展政策和措施

1987年,德国政府成立了首个应对气候变化的机构——大气层预防性保护委员会,并积极发展清洁能源和可再生能源。德国于2010年9月和2011年8月分别提出"能源概念"和"加速能源转型决定",形成了完整的"能源转型战略"和路线图。与1990年相比,2030年温室气体排放量降低55%,截至2050年温室气体的排放量至少降低80%。

德国政府通过税收手段促进低碳发展,如对油气电征收的生态税,以CO_2排放量为基准征收机动车税等。德国政府认为低碳发展能为德国经济带来直接的好处,如增加就业岗位、环保技术出口以及环保相关服务业的增长等。德国在建筑节能方面走在欧洲各国前列。2002年,德国发布了新的《建筑节能条例》,对建筑保温、供热、热水供应和通风等设备技术的设计和施工提出了具体要求。

2. 美国

(1)碳排放趋势

相比20世纪90年代和21世纪前5年,美国的碳排放总量呈明显的稳中有降趋势。2007年达到接近55亿t CO_2当量的峰值排放量后,出现显著下降,即使经济复苏之后排放增量也很有限。2016年排放量降低到48亿t CO_2当量,是1995年以来的最低值,比1990年高6%。由于人口持续增加,人均CO_2排放量的降低更为明显。

总体来看,美国温室气体排放与经济发展呈相对"脱钩"趋势。与1990年相比,2013年美国GDP增长了75%,能源消费增长了15%(其中化石能源消费增长了10%,电力消费增长了35%),人口增长了26%,而碳排放量只增长了6%,已经呈明显的相对"脱钩"趋势。美国能源消费可以分为两个阶段:第一阶段,1990—2007年,总体处于上升通道;第二阶段,2008年后开始出现下降以及稳中有降的趋势。2008年以后能源消费稳中有降的重要原因是"页岩气"革命和其他变革引发的技术进步。

(2)低碳发展措施和经验

① 颁布"应对气候变化国家行动计划"。该计划的目标是全面减少温室气体排放,并保护美国免受日益严重的气候变化影响。通过制定并切实落实清晰的国家战略,美国政府不但能够保护本国人民,而且能够提振国际社会应对气候变化的信心。这一目标是有可能实现的,但前提是多个经济部门必须联合开展行动。其中,减排的最大机遇存在于电厂、能源效率、氢氟碳化合物和甲烷四个领域,这些领域都已明确列入"应对气候变化国家行动计划"。虽然许多细节还有待完善,但总体而言,该计划将有利于美国迈向更加安全的未来。

② 推出"清洁电力计划"。该计划要求2030年之前将发电厂的CO_2排放量在2005年排放水平上削减至少30%,这是美国首次对现有和新建燃煤电厂的温室气体排放进行限制。

该计划只提出电的减排目标和指导原则，不规定具体的实现路径和方法，允许各州整合资源，形成最佳成本效益组合方案。全面、详细和透明的成本效益分析是该计划的一大亮点。美国政府在网站上详细介绍了该计划对成本效益分析、指标设计方法的考虑以及对电力行业未来发展的预估。其计算方法不仅涵盖了减缓碳排放的效益，还考虑了改善空气质量对公众健康产生的协同效益。

③ 美国各州采取了地区行动。以加利福尼亚州（以下简称"加州"）为代表的地方行动为美国低碳发展注入活力。2006年加州通过了AB（Assembly Bill）32法案［也被称为全球变暖解决议案（Global Warming Solution Act）］，要求2020年的温室气体排放量降低到1990年的水平。在AB32法案通过之后加州实施了一系列环保项目，包括"总量限制与交易"计划、低碳燃油标准、可再生电力强制措施和低排放汽车激励措施等。法案颁布后，加州温室气体排放稳步下降，特别是由于高效节能汽车的普及，加州在2005—2012年与交通相关的排放降低了12%。

除以上政策和行动以外，美国应对气候变化领域的主要政策还包括：①清洁空气法案。美国环保局（Environmental Protection Agency，EPA）于2014年6月提出指导现有电厂运行和电厂新建的规定，要求电力行业到2030年在2005年的基础上减排30%，可以通过改善公共卫生、减少碳污染而获得550亿~930亿美元。②发动机和机动车标准。按照最新的机动车燃油经济性标准，美国市场上各车企到2025年各款新车的燃油经济性平均值应当达到54.5英里/加仑（1英里=1.609km，1加仑=4.546L），比当前车辆水平几乎提高1倍，油耗约为4.3L/10^2km。③能源效率标准。根据这个能效标准，美国能源部预计到2030年可实现累计减碳30亿t。这种能效标准可以帮助全国消费者每年节约数十亿美元的电费。

3. 日本

（1）碳排放总量趋势

从1990年起，日本CO_2总排放量呈现缓慢上升趋势，2005年第一次出现峰值，经历2006—2009年短暂下降后，2010年开始继续呈上升趋势，2013年第二次出现峰值，随后的2014—2016年，二氧化碳排放量有所下降。

（2）低碳发展措施和经验

① 法律规范低碳经济发展。2008年5月，日本政府资助的研究小组发布了《面向低碳社会的十二大行动》。2009年4月，日本又公布了名为《绿色经济与社会变革》的改革政策草案，规定了抑制温室气体排放的基本措施，主要是实行温室气体核算、报告、公布制度，即一定数量以上的温室气体排出者负有核算温室气体排放量并向国家报告的义务，国家对所报告的数据集中计算并予以公布的制度。根据该法规定，伴随着生产活动而在相当程度上排出较多温室气体的符合政令规定的排出者（称为"特定排出者"），每年度必须由各事业所分别就温室气体的排放量向事业所管大臣进行报告。事业所管大臣将报告事项及计算的结果向环境大臣及经济产业大臣予以通知，国家对所报告的数据集中计算并公布。

② 重视低碳技术的研制开发。日本每年投入巨资致力于发展低碳技术。根据日本内阁府2008年9月发布的数字，在科学技术相关预算中，仅单独立项的环境能源技术的开发费

用就达近 100 亿日元,其中创新型太阳能发电技术的预算为 35 亿日元。日本有许多能源和环境技术走在世界前列,如综合利用太阳能和隔热材料、削减住宅耗能的环保住宅技术,以及利用发电时产生的废热为暖气和热水系统提供热能的热电联产系统技术、废水处理技术、塑料循环利用技术等。这些都是日本发展低碳经济的优势。

2019 年 4 月,日本政府提出 2070 年前后 CO_2 排放量降至零的新目标。日本高度重视 CCS 技术的研发和应用,计划把排放的 CO_2 进行回收再利用,从而实现实质性的零排放。

③ 把发展可再生能源作为降碳的重要举措。日本是世界上可再生能源发展最快的国家之一。2009 年 4 月,日本政府推出"日本版绿色新政"四大计划,其中对可再生能源的具体目标是:对可再生能源的利用规模要达到世界最高水平,即从 2005 年的 10.5% 提高到 2020年的 20%。日本在可再生能源方面注重发展地热能、风能、生物能、太阳能,以太阳能开发利用为核心,提出要强化太阳能的研制、开发与利用。为了实现这个目标,日本政府在积极推进技术开发,以降低太阳能发电系统成本的同时,进一步落实包括补助金在内的政府鼓励政策,强化太阳能利用居世界前列的地位。

2.1.3 促进我国低碳发展的对策建议

欧盟各成员国出现峰值的时间横跨 20 年,主要原因是欧盟各成员国自然资源禀赋和经济社会发展水平呈现较大差异性。与欧盟相似,我国地域辽阔,自然资源和人力资源在空间上分布极不均匀,不同地区的经济发展水平和社会发展方式都呈现较大的差异性,由此导致不同地区的经济发展和城镇化水平、能源消耗和碳排放的区域差异性,因此,在国家整体碳排放达峰目标要求下,各省(区、市)应根据经济发展水平、能源结构和产业结构特征,因地制宜,制定碳排放达峰目标时间和任务。

(1)加强顶层设计,不断完善法规政策标准体系

制定低碳发展整体战略,并与全面深化改革部署和经济社会发展战略之间建立紧密联系。加快应对气候变化立法,在 2030 年前将 CO_2 排放管控纳入法律,在国家层面制定总体的时间表、路线图,建立温室气体减排目标分配与责任体系,不断完善排放清单、统计制度和排放标准等。

制订《二氧化碳排放达峰行动计划》,尽快启动碳排放峰值管理进程,从排放量增速、峰值幅度和达到峰值后减排路径等方面,形成峰值管理框架,构建"倒逼"机制,切实争取尽早排放达峰。明确近期、中期、长期的战略路径选择,近期的战略重点是提高制造业能源效率,提升能源结构低碳化程度;中期的目标则是逐步实现交通和建筑领域的低碳转型,构建低碳产业主导的产业体系,建设低碳城市、低碳园区与社区;长期目标则是追求经济发展与碳排放脱钩,摆脱对化石能源的依赖,普及低碳生活方式和消费方式,建设低碳社会。

(2)借鉴国际经验,健全我国碳市场机制

充分借鉴欧盟在碳排放交易市场运行过程中的管理经验,加快建设全国性碳排放交易市场,完善碳定价制度,加快建立起完善的总量设定与配额分配的方法体系,兼顾区域差异和行业差异。在配套管理方面,进一步完善碳交易注册登记制度、碳交易平台建设、碳

交易标准制度等。重视碳市场覆盖范围外的部门减排目标设定、减排目标责任制、能源效率政策等的协调。

（3）构建完整的低碳技术体系，促进可再生能源和低碳技术推广应用

构建完整的低碳技术体系，加强低碳技术研发、示范和推广应用。分行业梳理低碳技术，如碳捕集、利用与封存技术（CCUS）和二氧化碳再利用技术，在重工业领域，利用电气化、氢能、CCUS 及生物质能源来逐步实现钢铁、水泥等重工业领域的完全脱碳。在能源供应方面，深入研究推动天然气，包括大水电在内的可再生能源和核能的发展与应用，使之尽量满足新增能源需求，进而逐步取代煤炭。在能源消费方面，继续加强提高能源效率和节能技术的研究和应用。

（4）推进低碳文化创新，引导低碳生活方式

将低碳文化作为我国低碳发展体系的重要组成部分，重视低碳文化创新。尝试将传统文化与低碳文化相互融合，进行文化创新，提升民众对低碳发展理念的认识，引导民众形成低碳生活方式。通过"全国低碳日"等宣传活动，加强低碳消费价值观的培养和引导。开展企业二氧化碳减排"创先锋"活动，激励先进企业发挥示范引领作用，带动形成低碳发展的社会氛围。

2.2　全球主要国家"碳中和"目标、举措及启示

2.2.1　全球主要国家"碳中和"愿景

2020 年 9 月，中华人民共和国主席习近平在第 75 届联合国大会一般性辩论上郑重承诺，"二氧化碳排放力争于 2030 年前达到峰值，努力争取 2060 年前实现碳中和"。这是我国在《巴黎协定》之后第一个明确的长期气候目标愿景。

截至 2023 年 9 月，全球已有 151 个国家提出了"碳中和"目标，覆盖了全球 92% 的 GDP、89% 的人口和 88% 的排放。90% 的国家将实现"碳中和"目标的年份设定为 2050 年及 2050 年以后，仅有 12 个国家承诺在 2050 年以前实现"碳中和"。经研究发现，发达国家的主要经验包括：一是制定了相对完善的气候变化法规体系，及时准确评估减排政策的实施效果；二是重视能源结构调整，采取多种举措降低化石能源消耗，向可再生能源体系转变；三是重视公平转型，保证转型过程中的能源供给和社会公平，谨防能源贫困问题的发生；四是鼓励"碳中和"技术创新，重点是可再生能源发电和储能等关键技术；五是充分利用碳市场的调节机制，激励企业自发进行低碳转型。

目前，越来越多的国家政府正在将碳减排行动转化为国家战略。其中，欧盟最先制定长期减排目标，不少成员国已提出了"碳中和"目标年。此外，还有州政府（美国加利福尼亚州）、城市（芬兰赫尔辛基市）、跨国公司（苹果公司）等自发加入低碳发展战略，提出了"碳中和"目标。

从"碳中和"来看，德国、法国、瑞典等多个欧盟成员国以立法的形式明确了实现"碳中和"的政治目标，并提出了实现"碳中和"的可行路径；西班牙等已制定了相关法律草案，

为"碳中和"立法奠定了基础；多个国家以国家领导人在公开场合的政策宣示和提交联合国的长期战略的形式做出承诺，尚未形成可行性强的规范性文件。从目标年份来看，以在2050年实现"碳中和"为主。

2.2.2 全球主要国家"碳中和"行动计划

全球"碳中和"承诺的国家和地区见表2.2。

表2.2 全球"碳中和"承诺的国家和地区

承诺性质	国家和地区（"碳中和"目标年）
法律规定	瑞典（2045）、英国（2050）、法国（2050）、匈牙利（2050）、丹麦（2050）、新西兰（2050）、德国（2050）
立法草案或议案	欧盟（2050）、西班牙（2050）、智利（2050）、斐济（2050）
政策宣示	冰岛（2040）、奥地利（2040）、加拿大（2050）、韩国（2050）、日本（2050）、南非（2050）、瑞士（2050）、挪威（2050）、葡萄牙（2050）、中国（2060）
提交联合国的长期战略	乌拉圭（2030）、斯洛伐克（2050）、哥斯达黎加（2050）、马绍尔群岛（2050）、新加坡（21世纪后半叶）
执政党协议或政府工作计划	芬兰（2035）、爱尔兰（2050）、美国（2050）
行政命令	美国加利福尼亚州（2045）

注：拜登竞选网站公布的《清洁能源革命和环境正义计划》中提到在2050年之前，美国实现100%的清洁能源经济和净零排放。

主要发达国家已经在"碳中和"立法、政策体系、发展路线、行动方案等方面制定了一系列措施。下文通过研究和讨论欧盟及英国、美国等国家和地区的"碳中和"措施及经验，以期为我国"碳中和"道路提供一定的借鉴。

1. 欧盟

欧盟委员会最早于2018年11月发布《为所有人创造一个清洁地球——将欧洲建设成为繁荣、现代、具有竞争力和气候中性经济体的长期战略愿景》，提出在2050年实现"碳中和"。2020年3月4日，欧盟委员会向欧洲议会及董事会提交《欧洲气候法》提案，拟将"碳中和"目标变为一项具有法律约束力的目标。迄今，欧盟已经初步建立了相对完善的低碳发展法规政策体系和发展路线。

《欧洲气候法》详细规划了在2050年实现"碳中和"目标需要采取的必要步骤：（1）根据碳减排路径及温室气体综合全面影响力评估，出台了《2030年气候目标计划》，将欧盟2030年的温室气体减排目标上调，使排放量比1990年水平至少低55%，较之前40%的目标有了大幅提升；（2）审核所有减排相关政策工具，在必要时出台修订提案；（3）将设计制定2030—2050年欧盟范围温室气体减排轨迹线提案，用以衡量减排进展情况，为公共部门、企业界和公民提供可预测性；（4）每5年一次，对欧盟和成员国国家措施与欧盟气候中立目标及2030—2050年减排轨迹线的一致性进行评估。

自 2018 年起，欧盟不断完善"碳中和"政策体系。2019 年 12 月发布了《欧洲绿色新政》，制定了"碳中和"愿景下的长期减排战略规划，从能源、工业、建筑、交通、粮食、生态和环境 7 个重点领域规划了长期碳减排行动政策路径，强调最大限度地提高能源效率，包括实现建筑零排放；最大限度地采用可再生能源；支持清洁、安全、互联的出行方式；促进工业转型和循环经济；建设充足的智能网络基础设施；从生物经济中全面获益并建立基本的碳汇；充分利用碳捕集与封存（Carbon Capture and Storage，CCS）技术等。

能源系统转型是欧盟政策的重心，要求最大限度地部署可再生能源发电。2020 年 7 月 8 日，欧盟委员会通过了欧盟能源系统一体化和氢能战略，为实现完全脱碳、效率更高和多种能源关联的能源部门铺平道路。2020 年 11 月，欧盟委员会发布了《利用海上可再生能源的潜力实现碳中和未来的战略报告》，要求在 2030 年和 2050 年分别实现海上风电装机 60GW 和 300GW，既能满足脱碳目标，又能以成本较低的方式满足电力需求的预期增长，确保欧盟实现可持续的能源转型。

建筑部门通过翻新实现建筑节能，大力提高能源效率。欧盟委员会于 2020 年 10 月 14 日发布了一项名为"欧洲的创新浪潮——绿化我们的建筑物，创造就业机会，改善生活"的发展策略，通过了建筑智能化标准，要求未来 10 年内使建筑能源效率提升 1 倍，结合可再生能源资源的使用，减少建筑部门温室气体排放，并在建筑业内创造多达 16 万个额外的绿色就业岗位。

促进工业转型和循环经济，提出以资源可持续利用为重点的循环经济行动计划，要求对电子产品、纺织品、塑料制品等实现回收和多级循环利用，减少城市垃圾。此外，欧盟还出台相关政策，促进中小型企业的绿色转型和数字化转型，提高中小企业的低碳化发展水平。

欧盟拟设立"气候银行"，计划拨款 400 亿欧元的"公平转型基金"用来补偿能源转型政策下受影响的欧盟成员国。该基金将支持清洁能源研发、高碳排放设施改造、工人转型再培训及失业救助等，减少能源转型政策对相关产业和从业人员的经济损失，保障能源的公平转型。

德国作为欧盟的最大经济体，在欧盟中扮演着重要的角色。2019 年 11 月，德国联邦议院通过了《气候保护法》，首次以法律形式确定德国中长期温室气体减排目标，到 2030 年实现温室气体排放总量比 1990 年至少减少 55%，在 2050 年实现"碳中和"。《气候保护法》为能源、工业、建筑、交通、农业、废弃物等重点领域规划了明确的减排路线图，明确了在 2030 年前能源、工业、建筑、交通、农林等不同部门的碳预算和中期减排目标，并将在 2025 年制定 2030 年以后的年度排放预算。德国议会根据 5 年一次的气候报告评估结果，对中长期气候政策进行校订，以不断调整低碳发展进程和评估碳减排效果。

能源领域减排是德国实现"碳中和"目标的关键。2019 年 1 月，德国煤炭委员会设计了退煤路线图，计划在 2038 年全面退出燃煤发电，在 2022 年关闭 1/4 煤电厂。2020 年 7 月，德国通过了《退煤法案》，确定到 2038 年退出煤炭市场，并就煤电退出时间表给出详细规划，且有望在 2035 年提前退出煤电。德国在《退煤法案》实施过程中高度重视煤炭产区和从业者的公平转型。2020 年 1 月，德国联邦与州政府就淘汰燃煤的条件谈判达成共识，将斥资 400 亿欧元补贴淘汰燃煤地区因能源转型造成的损失，包括向电厂运营商支付一定的经济补偿，实现能源基础设施和电力系统的现代化。同时，联邦政府每年将从财政预算中划拨 20 亿欧元，为煤矿工人和电厂职工等提供再培训和就业机会，确保以社会可接受的方式实施公平转型。

重视可再生能源利用，大力发展可再生能源发电技术，实现交通、供暖、工业等部门的广泛电气化，计划在 2030 年和 2050 年可再生能源发电量占比分别达到 65% 和 80%，可再生能源消费分别占终端能源消费的 30% 和 60%。

建立健全国家碳排放交易系统，向销售汽油、柴油、天然气、煤炭等能源产品的企业出售排放额度，还将交通和建筑领域纳入德国碳排放交易系统，碳定价将从 2021 年起以 10 欧元/t CO_2 的固定价格开始，至 2025 年逐步升至 35 欧元/t CO_2。从 2026 年起，碳价格将按市场供需，以拍卖的方式确定价格，价格区间限定在 35 ~ 60 欧元/t CO_2。德国前总理默克尔表示，碳定价将成为德国实现气候目标的有效途径之一。

德国的"碳中和"措施还包括：对大多数建筑物进行能源改造；发展氢能基础设施，促进工业碳减排；减少液体肥料甲烷排放，加强碳捕集与封存技术开发和使用。

2. 英国

2019 年 6 月，英国议会通过了《气候变化法案》的修订，要求在 2050 年实现"碳中和"。英国成为第一个通过立法形式明确在 2050 年实现零碳排放的发达国家。

早在 2008 年英国就颁布了《2008 气候变化法案》，确定了世界上第一个具有法律约束力的长期排放目标，2050 年的温室气体排放量比 1990 年减少 80%，建立了具有法律效力的碳预算约束机制，设立了到 2032 年的第 5 个"碳预算"。为实现长期气候目标，英国设立了独立的机构气候变化委员会，该委员会为英国政府提供排放目标、碳预算、国际航运排放的建议，以及向议会报告温室气体减排和适应气候变化影响相关事宜的进展。英国《2020 进展报告》中提出，为了实现净零排放，需要在未来 30 年内实现每年约 15.5×10^6 t 二氧化碳当量的平均减排量。此外，英国碳排放交易系统(United Kingdom Emissions Trading Scheme, UK-ETS)为长期碳减排目标提供了资金支持和市场化环境。

尽管英国"碳中和"目标具有法律约束力，但英国政府并未出台针对"碳中和"的专项措施。2020 年 9 月，英国首相约翰逊表示将制定到 2050 年实现温室气体净零排放的具体措施。目前，英国排放量最高的 4 个部门是交通运输、能源、商业和居民住宅，4 个部门的排放量总和约占目前排放量的 78%，未来"碳中和"措施制定也将聚焦在这 4 个部门。

3. 美国

拜登团队的气候策略将对未来 4 年美国政府的气候变化目标产生重要影响。在气候变化目标方面，拜登团队承诺要在 2035 年前实现无碳发电，在 2050 年前达到碳净零排放，实现 100% 的清洁能源经济。拜登将签署行政令，要求国会在第一年颁布立法，建立一个执行机制，以实现 2050 年的目标，并设计 2025 年里程碑目标。

美国加大绿色基础设施投资，重建道路、桥梁到绿色空间、电网系统、水系统等，抵御气候变化的影响。为实现制定的能源相关政策目标，拜登提出的投资总规模为 2 万亿美元，并计划在他的第一个任期内部署这些资源。

鼓励清洁能源创新。将锂离子电池成本降低，并广泛应用到电网储能；开发可再生氢气，制造成本低于页岩气的氢气；发展先进的核能技术；在钢铁、混凝土、化学品生产等工业过程中发展碳捕集技术。

减少交通运输造成的温室气体排放，制定严格的新燃油经济性标准，以确保轻型和中型车辆达到100%的新增销量，重型车辆将实现在年度内改进。要求在美国全州建立50万个充电站，以便能够在2030年前实现电动汽车的全面发展。

推动建筑节能。计划4年内对400万栋建筑实行节能升级；通过新型设备和建筑效率标准，来节省消费者支出和减少排放；推动建设250万套节能住宅和公共住房；在2035年，所有新商业建筑实现净零排放。

2.2.3 全球主要国家推进"碳中和"的经验

欧盟是全球"碳中和"愿景的有力倡导者，德国是致力于实现能源转型的范例，美国将在全球"碳中和"进程中发挥较大的作用，主要发达国家在落实"碳中和"愿景进程中产生了一系列可借鉴的经验。

（1）制定气候变化法律法规，评估减排政策的实施效果

欧盟、英国、德国等国家和地区率先将"碳中和"这一政治承诺付诸立法，明确了"碳中和"目标的法律地位。同时，欧盟及各国制定了相对完善的低碳发展法律法规体系，在能源、工业、建筑、交通等关键领域设计了相对完善的减排路线图，明确了短期、中期、长期减排目标。

准确评估减排政策的效果。实现"碳中和"目标涉及长时期、全方位、多领域的转型工作部署，需要及时、准确评估减排政策和措施的效果，准确制定阶段性气候目标。欧盟在政策发布前，需审核所有与减排相关的政策工具，评估其可能发挥的作用，未来还将对欧盟和成员国国家措施与欧盟气候中和目标及2030—2050年减排轨迹线的一致性进行评估。英国还设立了独立的气候变化委员会，将评估排放目标、碳预算、减排进展等的一致性。

（2）优化能源结构，降低化石能源消耗，加快推进新能源产业发展

能源系统转型是"碳中和"的关键，各国采取多种举措降低化石能源消费占比，最大限度地部署可再生能源发电，向可再生能源体系转变。欧盟实施了能源系统一体化和氢能战略，要求能源部门实现完全脱碳；德国制定了2038年完全去煤的能源转型目标；瑞典、韩国等制定了不断提高可再生能源份额的相关政策，逐步提高可再生能源的装机容量，实现向可再生能源转变的能源系统转型升级。

（3）重视公平转型，预防"能源贫困"

欧盟成员国之间的经济发展水平、能源消费结构各不相同，欧盟的能源转型政策对传统能源行业依赖性强的中东欧国家带来较大挑战，因此，欧盟设立了"公平过渡机制"和"公平转型基金"，重点帮扶传统能源行业依赖性强的国家，保证转型过程的能源供给和社会公平，对传统能源行业从业者进行一定的补贴。德国在去煤过程中对煤炭产区、企业和从业者实行补贴，包括给煤电企业和低收入家庭提供直接转移支付，对工人提供培训和

就业安置帮助等。

（4）鼓励低碳技术研发

欧盟、英国、韩国等国家和地区纷纷加大了对节能、储能、新能源和碳移除等技术的投资，鼓励"碳中和"关键技术的研发和创新。目前，"碳中和"关键技术主要有以下方面：以可再生能源和核能等为代表的非化石能源利用技术；工业、建筑、交通等领域的电气化技术；以碳捕集、利用与封存为代表的碳移除技术，以及清洁能源有效存储技术等。

（5）发挥碳市场的基础作用，激励企业低碳转型

欧盟碳排放交易体系是世界首个，也是全球最大的碳排放交易市场，占国际碳交易总量的3/4以上，是欧盟应对气候变化政策的基石，也是应对气候变化、以符合成本效益原则减低温室气体排放的关键工具。欧盟各国和整个欧盟层面重视市场机制对实现"碳中和"目标的作用，意图扩大碳市场覆盖领域，逐步提高碳排放许可的价格，以提高价格信号的可预测性，进一步鼓励人们在清洁技术和能源效率提高等方面进行投资，以刺激高碳企业的转型。

2.2.4 实现我国"碳中和"愿景的对策建议

从中长期发展的角度来看，经济发展、能源转型、环境质量改善与应对气候变化是协同一致的。我国处于社会主义现代化建设进程中，工业化、城镇化进程不断推进，对能源转型、生态环境改善提出了新的要求。从长期来看，"碳中和"愿景将进一步推动能源革命，促进产业升级、产品革新，为我国经济增长培育和提供新的经济增长点。我国需要从多维度发力推动"碳中和"愿景的实现。

（1）加强应对气候变化的顶层设计

制定并实施《国家应对气候变化法》，以法律形式保障应对气候变化战略、机制和政策体系的实施以及长期减排目标的实现。统筹应对气候变化立法与《节能法》《可再生能源法》《环境保护法》等相关法律，确立国家统一管理和地方部门分工负责相结合的应对气候变化管理体制。加强二氧化碳统计核算考核，建立和完善国家二氧化碳排放统计核算、目标考核和责任追究制度，建立国家、地方、企业常态化二氧化碳排放统计和核算体系，加快建立碳排放预测预警体系，加强碳排放形势分析和决策支撑体系建设。

（2）优化能源结构

按照构建清洁、低碳、安全能源体系的总目标，减少煤炭消费，增加清洁能源供应。完善能源消费双控制度，合理控制能源消费总量，推动能源消费强度持续下降，重点控制煤炭和石油等化石能源消费。提高可再生能源的比例，实现向可再生能源主导的电力系统脱碳的跨越式转变，实现能源生产和能源消费革命，加速太阳能、风能、氢能等新能源技术研发和推广应用。鼓励地区间优化能源结构的合作，扩大可再生能源的跨区消费。

（3）保障能源系统转型过程中的公平

能源系统转型必须注意煤炭相关产业、地区和从业人员的"公平转型"，做好转型过程中的监测、评估和调整工作。为煤炭生产、消费相关产业及煤炭依赖程度较高地区提供可

靠的转型方案，保障相关产业的能源供应安全，尽量降低相关地区和相关产业转型中的经济损失。重视引导煤炭相关从业人员的再就业，通过建立专项资金，保证从业人员的收入水平和社会福利，为其提供针对性的再培训、再教育计划或创业辅导等，确保相关从业者"零失业"，防范社会不稳定因素的产生。

（4）加强低碳关键技术研发和推广应用

建设一批低碳技术研发创新国家级基地和重点实验室，加快先进核能，氢能，可再生能源，智能电网，近零碳建筑，新能源汽车，储能，碳捕集、利用与封存等关键技术的研发创新。密切关注当前还不太成熟、成本较高，但对深度脱碳可发挥关键作用的前沿技术。提前部署"碳中和"技术示范和产业化，强化低碳技术系统集成和产业化能力。探索构建低碳技术市场，促进低碳研发创新。加大对关键技术的投资力度，鼓励社会资本对低碳技术进行投资。

（5）加快建设全国碳排放权交易市场

落实生态环境部于 2020 年 12 月 31 日发布的《碳排放权交易管理办法（试行）》有关要求，完善全国碳排放权交易制度建设，启动运行全国碳排放权交易市场。切实实施全国碳排放配额总量控制，逐步收紧碳排放配额总量，探索配额的有偿分配。逐步丰富全国碳市场的交易主体、交易产品和交易方式。积极发挥全国碳市场促进行业和地方碳减排的作用。逐步扩大碳市场覆盖领域，通过市场机制推动高碳企业的转型。

（6）强化地方"碳达峰"行动，鼓励有条件的地区开展"碳中和"先行示范

开展应对气候变化专项规划，科学准确设定"十四五"减排目标，为 2030 年前碳排放达峰和 2060 年前"碳中和"的目标打下坚实基础。尽快制定省级二氧化碳排放达峰行动方案，全面摸清本地区二氧化碳排放历史，认清排放现状，分析排放趋势，研判峰值目标，明确减排任务。在有条件的辖区率先开展"碳中和"先行先试，提出有力度的"碳中和"愿景及实施路线图，实现能源、工业、建筑、交通等领域的深度脱碳。

（7）讲好"碳中和"愿景下的中国故事

在复杂的国际政治格局背景下，我国主动做出"碳中和"承诺，推动新冠肺炎疫情后世界经济的"绿色复苏"，向国际和国内展示了我国应对气候变化的信心和担当。加强国际舆论引导，多渠道、多角度地做好面向国际社会的宣传。加强与国际组织以及多边学术机构合作，定量评估我国应对气候变化新目标对《巴黎协定》长期目标的贡献。定期向国际社会公布我国在"碳中和"愿景下所制定的路线图、采取的行动方案，宣传取得的阶段性成果，提升我国应对气候变化的国际影响力。

2.3 全球能源结构及其转型趋势

第一次工业革命以来，人类对化石能源的开发及利用不断加强，能源问题从未像今天这样受到人们的关注。

当今世界，能源供应及化石能源利用所引起的气候变化已经成为影响全球经济乃至国家关系的焦点问题。无论是发达国家还是发展中国家，无论是能源生产大国还是能源消费

大国,均在能源及其相关问题中殚精竭虑,并力图在国际大博弈中能够切实维护好自身的利益。可以说,这只不过是国家之间的一种利益博弈,然而,人们更应该关心的是如何维护人类社会发展与大自然之间的生态平衡关系。人们需要正确认识自然,维护好自然生态环境,使人类更好地生存与发展。因此,人类需要在生产与生活中对节约能源和维持能源的持续发展有所行动。同时,探索、开发与利用可再生、清洁无污染以及能够循环利用的新能源,应该作为人类持之以恒的努力方向。

概括地说,节能与新能源开发已经成为当今世界能源结构转型的必然趋势。所谓"节能",就是人们要努力在减少能源消耗量的情况下生产出与原先同样数量、同样质量的产品,或者说,是以原来同样量级的能源消耗量生产出数量更多和质量更好的产品。当然,"节能"更是包含消除能源在日常生产和生活中的无端消耗。所谓"新能源"(New Energy,NE),一般又称非常规能源,是指传统能源之外的各种形式能源,如太阳能、地热能、风能、海洋能、生物质能和核聚变能等。这些新能源具有一个共同的特点,即清洁、无污染,因此又被人们称为清洁能源。就清洁能源而言,自然应该包括水能的利用与开发,因此,在谈论"碳减排"的问题时,需要将典型清洁水能的应用列入清洁能源(即"新能源")的范畴。

2.3.1 节能和新能源开发的现实意义及长远影响

节能与新能源开发涉及全球的自然生态平衡、人类的生存保障和人类社会的长期健康发展问题。自然界存在的诸多客观制约因素迫使人类对节能与新能源开发必须予以重视。从以下的分析中并不难看出,为什么需要依靠各国人民来共同构建和维护自然生态平衡的约束机制,才能达到人类社会持续健康发展的目标。

1. 碳排放与气候变化的关系

节能与新能源开发受到全球关注的一个重要原因是碳排放与全球气候变化有密切的关系。世界各国积极协商、制订的国际"碳减排"机制,就是为了减少人类在化石燃料利用过程中所排放的 CO_2 含量而建立的。无疑,这也影响着绝大多数国家的未来发展。

当前,全球应对气候变化问题的国际制度框架和规则体系正在加速形成,并正朝着"目标量化、规则细化、约束硬化"的方向发展,如何应对气候变化也将成为今后相当长时间内全球性问题的重大聚焦点。

据统计,从第一次工业革命至今,人类已经向大气排放了约 555t 的 CO_2。人类持续排放 CO_2 所引起的温室效应已经造成地球冰川(冰盖)加速融化,这是不争的事实。在近现代,地球两极冰盖的融化速度更是达到惊人的程度。地球北极冰盖面积逐年变小,如今这种趋势仍在持续,且无"停滞"的迹象。不仅北极,地球南极冰盖面积收缩的状况也不容乐观。尽管科学家直到现在也无法确定南极冰盖消融的真正原因,但是目前南极洲西部的浮冰层正以每年大约 7m 的收缩速度消融却是人们不得不面对的很可能会危及人类生存环境的现实问题。

英国南极考察队的冰川学家利用美国国家航空航天局(National Aeronautics and Space Administration,NASA)监视冰层的卫星对南极冰盖进行观察,有 20 个冰架正在因底层暖水而融化，而风海流的变化正在将更多的暖水运送至南极冰盖底层。

随着南极冰层的融化、变薄，大陆上其他地区的冰川也会逐渐滑向海洋，使得海平面上升速度更快。同时，冰盖对细微的气候变化也十分敏感。据科学家估计，如果整个南极冰盖都开始融化，全球海平面将上升 16 英尺（16ft＝4.88m），而这一情况有可能在几十年内发生，哪怕是乐观估计，也过不了几百年，残酷的现实或将横摆在人类面前，该如何应对已经成为人类亟待解决的问题。

科学家们研究了南极冰层厚度和未来 CO_2 排放量之间的关系，发现当未来 CO_2 排放量为 0 时，则冰层情况就可以维持在当前的情况，厚度可达 3km；当 CO_2 排放量为 500t 时，气温上升幅度在 2℃ 以内，冰层厚度还可以保留原有的 95%；当 CO_2 排放量为 1000t 时，冰层开始消退，冰层厚度会收缩到原有的 90%；当 CO_2 排放量为 2500t 时，冰层厚度将收缩到原有的 66%；当 CO_2 排放量为 5000t 时，冰层厚度将收缩到原有的一半；当 CO_2 排放量为 10000t 时，冰层厚度将消失殆尽。

也就是说，如果我们把地球上的资源全部燃烧完毕，约产生 10000t 的 CO_2，这时候冰块几乎完全消失，剩下的一小块区域的冰层已经覆盖不到 2km 的直径范围。同时，科学家还发现，由于 CO_2 的过多排放，南极洲西部冰原正在变得极度不稳定。21 世纪，海平面可能会上升 0.6~0.9m。1000 年后，海平面可能会上升 2m。这对人类而言是一件极为危险的事情。总之，如果对 CO_2 排放量不断增大的趋势不加阻止，其后果将不堪设想。

如今，地球两极冰盖面积的收缩趋势还在继续。冰川（冰盖）加速融化不仅会造成海平面上升导致陆地面积缩小，原先低洼的陆地和海岛都有可能不复存在，原有的生态环境都将遭到破坏，还会引起地球重力失衡、离心力增大，以及赤道上下地区的压力增大，还会直接导致地球自转加快（每一天的时间将被缩短）。如果冰川继续融化下去，地球地轴就可能倾斜，从而出现板块漂移，紧接着发生地震、火山爆发和海啸等自然灾害，甚至导致地球极移。届时，地球气候变化所产生的后果将是人类无法预料的，很可能会改变或直接威胁到人类的生存状况，不可小觑。

尽管如今的地球仍然处于宇宙运行中的冰川期，但是这个在宇宙中的小环境受到人类活动的影响却日益显著，并不断恶化，绝对不可忽视。这就需要人类纠正自身的行为方式，才有可能使受损的地球自然环境得到应有的补偿。

2021 年 6 月 23 日，中东地区的副热带高压携带强烈干热气流闯入俄罗斯时，圣彼得堡气温达到 35.9℃，打破其历史纪录，日均气温高达 30.3℃，几乎"赶超"我国长江中下游的"伏旱"水平，这是圣彼得堡这座城市所出现的前所未有的高温状况。日本气象厅监测也显示，当前俄罗斯西北部气温比以往偏高 10℃ 甚至更多。科学事实已经证明，俄罗斯的高温气候还只是一个开始，随着太平洋"炸弹型"低压的增强，北美西海岸的副热带急流已经被完全破坏，副热带高压在加拿大温哥华、美国西雅图附近"横空出世"，干热气团从加利福尼亚州出发，在俄勒冈州、华盛顿州以及加拿大西海岸停滞下沉，正准备"压榨"而"提炼"出更干、更热的气团。

众所周知，美国西雅图的地理位置相当靠北，比我国的哈尔滨还靠北，而与黑龙江的鹤岗相当。西雅图是温带海洋性气候，常年面对太平洋寒凉的海风，一般夏季午后很少超过 30℃，夜里也很少超过 18℃，以往偶有高温时，最多也就持续一天而已。

正因如此，在西雅图及附近地区，普通人家以往都无须安装空调，甚至无须购买电风扇。但是，在 2021 年突发高温的状况下，民众急需的空调机、风扇等电器在西雅图城内就出现了无法及时买到的情形。如此，昼夜高温持续时间破百年纪录的极端热浪已被美国媒体称为是"千年难得一遇"的事。

欧美的极端高温是西风急流失灵、西风带紊乱的表现，而这巨大波动的能量有可能在几个星期后传到东亚地区。2021 年 5 月以来，西北太平洋副热带高压也不太正常，如果此次欧美西北风带能量发生传递，也可能会导致太平洋副热带高压的剧烈波动。

还有值得注意的是，这场极端旱灾已经进一步席卷巴西。巴西面临 91 年来最严重的干旱，大量生活水库蓄水量开始见底，甚至已经波及玉米、大豆、咖啡等农作物的生产，或将威胁巴西国民的粮食安全。巴西研究机构的数据显示，只有不到一半的国民能够持续获得充足的食物，约有 1900 万人或将面临饥饿。

所有这些异常气象的出现均与人类 CO_2 的排放具有直接的关联性。2021 年诺贝尔物理学奖获奖者 Syukuro Manabe、Klaus Hasselmann 和 Giorgio Parisi 的研究成果(地球气候物理模型)已经清晰地表明，大气温度的升高是由于人类排放的二氧化碳。同时也证明，温室效应对地球上的生命影响极大，大气中的温室气体(二氧化碳、甲烷、水蒸气和其他气体)会吸收地球的红外辐射，而且还会将吸收的能量释放出来去加热周围和地表下方的空气。可见，大力加强节能与新能源技术的研发及推广应用，在修复和维护自然生态环境的同时，也是绝大多数国家在气候变化博弈中谋求社会经济利益和增强国际话语权的共同选择。

2. 地球化石能源开采的有限性

尽管在化石燃烧过程中可以通过诸多新技术来实现 CO_2 的减排和被排放空气的净化，但是地球上所蕴藏的化石能源毕竟是有限的，这就使得人类企图无节制地利用化石能源的行为始终存在一个客观的制约因素。地球化石能源的有限性与人类需求的无限性两者之间的矛盾势必会导致未来地球化石能源的枯竭，这也迫使人类着力开发新的替代能源。

英国石油公司(BP Amoco)的科技报告《2020 年世界能源统计报告》显示，至 2019 年底，全球石油探明储量为 2446 亿 t，储采比为 49.9 年。按照 2018 年的储采比计算，全球石油也只能供人类开采 53 年。以同样的方式计算，现有天然气储量也不过能满足人类 60 多年的开采，而煤炭储量也只能开采 100 多年。尽管在创新技术的支撑下，化石能源探明储量和可以开采年限仍有增长和延长的可能，但人类正在走向化石能源枯竭的时代已是不争的事实。

按照美国《油气杂志》发布的油气产储量统计报告的评估数据，尽管 2017 年全球的石油剩余探明地质储量约为 2.3×10^{11} t，同比增长了 0.4%，但是储采比也仅为 57.6 年。

另外，从化石能源生产与需求的区域分布来看，其存在着严重的不平衡性。以石油为例，据 BP 发布的《世界能源统计年鉴(2020)》，在石油资源储量分布方面，2019 年中东国家石油储量为 1129 亿 t，占全球份额为 46.2%；南美和中美洲地区为 509 亿 t，占全球份额为 20.8%；北美地区 363 亿 t，占全球份额为 14.8%；欧洲地区为 19 亿 t，占全球份额为

0.8%；非洲地区为 166 亿 t，占全球份额为 6.8%；亚太地区为 61 亿 t，占全球份额仅为 2.5%。其中，中东等区域是全球最大的石油输出地，而北美和亚太却是全球最大的消费地。这种不平衡性又成为产油国家与消耗石油的国家之间难以消除的矛盾，当然也就成为国家间开展经济、政治外交的内在驱动力，甚至成为国家间相互制约乃至发生局部战争的诱发因素。

归结为一点，对化石能源的节约利用和积极发展新能源是世界上任何一个国家谋求可持续发展乃至维护国家安全的必然选择。

3. 能效与经济性竞争的关系

当今世界，在节能与新能源产业发展中，许多发达国家已经采取了迅速且具体的行动，并试图依靠新能源开发、提高能效等技术措施来促进经济复苏，以便未来在全球经济竞争中继续占据各自的优势地位。

就我国而言，相关统计数据显示，1980—2017 年，我国的单位国内生产总值（GDP）能耗强度下降了 79%，但是与世界平均水平及发达国家相比，仍然偏高，节能活动还存在广阔的提升空间。

具体地说，高耗能工业产品的能源成本占生产成本的比例较高。以钢铁行业为例，我国的这一比例将近 30%，而国外现代化钢铁企业生产能耗成本一般不到其钢铁生产成本的 20%。我国最先进的钢铁企业——原宝钢集团的能耗占生产成本的 20%，而一些国际先进的钢铁企业更低，如日本新日铁公司，其能耗占生产总成本的比例仅为 14%。

我国能源成本比例高的重要原因在于生产过程中的用能效率低下。显然，降低能源成本是降低我国高耗能产品生产成本的最可行、潜力最大的技术途径，进而才能达到提高能源使用效率、提高产品竞争力的目标。

也就是说，高耗能产品能耗水平的下降能够有效降低产品的生产成本，为企业带来更好的效益和市场竞争力。

目前，我国政府已经将能源生产和消费两个方面的改革战略作为经济社会转型发展的着力点和突破口。其中，企业通过节能技术的创新来提高能效作为这一战略的重要组成部分，不仅能推动能源转型，还能为企业带来可观的经济效益和市场机遇。

我国的现状和国外的成功事例均表明，提高能源利用效率，由此降低产品的能源成本，是提升高耗能产品竞争力的"技术上可行、经济上合理"的最佳途径之一。

总之，节能减排是新型工业化持续发展的一种有效手段。遏制"三高一资"（"高成本、高污染、高能耗、资源型"）产业过度投资，逐步转变经济增长方式，改造传统产业，促进产业结构优化升级，加快高新技术产业的发展，走科技含量高、经济效益好、资源消耗低、环境污染少、人力资源得到充分发挥的工业化道路是我们今后发展的必然趋势。

2.3.2　全球能源结构转型大趋势

能源结构转型由多方面的工作构成，需要一个国家在科学技术、社会经济、制度驱动、金融（资金筹集）体制改革等方面齐头并进，才能取得有效成果。

1. 新能源在节能减排中的重要作用

《巴黎协定》是由全世界近200个缔约方共同签署的气候变化协定,是对2020年后全球应对气候变化的行动做出的统一安排。为了达到设定的全球大气温升值远低于2℃的目标,必须使全世界CO_2减排量超过90%(降低到原有排放量的10%以内)。

为了达到节能减排的目标,可再生能源的开发已经站到了历史的关键地位上,因为这种技术途径所具备的"碳减排"潜力可以占到世界预定的整个"碳减排"目标的60%。如果考虑直接使用可再生能源带来的额外减排(如电力驱动和热泵供暖等电气"二次能源"的应用推广),这一比例还将增加到75%。如果再加上提高能效的技术措施,这一比例更是将会增加到90%。其中,太阳能和风力发电的能量转换效率比化石燃料用于发电的要高得多。同时,相对于化石燃料的一次能源利用,使用电力驱动和热泵供暖的系统效率还会进一步提高。

可再生能源电气化程度的提高必然会降低一次能源的使用总量。据估计,到2050年,约70%的小型汽车、公共汽车、两轮(代步)车和三轮(农用)车以及卡车等交通工具将由电力驱动,替代原有的化石燃料驱动装置。

可以预测,利用可再生能源发电的份额将从2020年的26%上升到2050年的86%。2050年,太阳能和风能等可再生能源将占到总发电量的60%左右。IEA(International Energy Agency,国际能源机构)根据中国在2020年的承诺目标情景测算,基于可再生能源的发电(主要是风能和太阳能光伏发电),在2020年至2060年间将增加6倍,届时将占发电总量的约80%。

必须指出,在未来几十年内,循环经济将发挥越来越重要的作用,有助于减少能源消耗,提高资源利用效率,并可通过创新技术提高工业过程的效率。

2. 新能源与电气化的协同作用

能源的利用包含一次利用和二次利用。所谓"一次利用",即对能源的直接利用,如曾经有过、现在仍然存在的风能风车,水能的水车、水磨坊,太阳能热水器,化石燃料的燃烧供暖等。所谓"二次利用",即将能源转换为其他形式的能量,然后再对新形式的能源实施二次利用。其中,最为典型的是发电(转化为电能),因为电能是最方便传输和再转换为其他形式能量的一种能量形式。

利用低成本可再生能源和终端用能电气化之间的协同作用是降低整个社会CO_2排放的关键解决方案,这也是电气化的未来发展方向,具体体现如下。

(1)新能源(可再生能源)的重点在于转换为电能的二次利用技术的推广,涉及可再生能源电气化技术解决方案的研究。

(2)以可再生能源中的风能和太阳能为例,在其转换为电能的过程中,涉及能量转换装置、电能传输或储存等技术问题。

(3)无论是风力发电还是太阳能光伏发电,关键的问题是如何解决电能输出"不稳定"的问题,如何实现与主电网的柔性并接(并网)技术,以及如何最大限度地降低风电或太阳能光伏发电的输出谐波成分等。

这就需要对微电网和分布式发电的并网等相关技术的解决方案有所掌握,才能为实现新能源的推广与普及做出有效的工作。日益发展的电力系统将改变电力部门与需求之间的互动方式。

由上述预测可知，到 2050 年，86% 的发电将是可再生的，其中 60% 又将来自风能和太阳能，风电和太阳能光伏发电将主导电力扩建（电力系统扩展），两者的总装机容量将分别超过 6000GW（$1GW = 10^9W = 10^6kW$）和 8500GW。当生产如此规模的可再生能源时，匹配（协调）供需之间的关系，需要建立一个智能化、数字化的电力系统，这就是人们开始接受并使用的"智慧能源"和"智能电网"的新概念和新技术。

未来电力系统将与当今的系统形态不同，其中新出现的分布式能源、电力交易和需求的智能响应等都会在整个电气化进程中突出其地位和作用。到 2050 年，电力在终端能源应用中的份额将从 2020 年的 20% 增加到 50%，工业和建筑用电量替代化石能源一次利用的比例还将翻倍。

在运输方面，到 2050 年，电力供能比例需要从 2020 年的 1% 提高到 40%。这就意味着，交通部门的转型规模最大。到 2050 年，电动汽车的数量将超过 10 亿辆。电动汽车，包括纯电动汽车（如锂电池等蓄电池和超级电容驱动电机汽车）和燃料电池汽车（如氢燃料电池驱动电机汽车等），均是未来的发展方向。

随着城市化在世界范围内的迅速发展，清洁的交通和"创世纪颠覆性"（无线传感、遥感、数字化、智能化、大数据、云计算、空天移动通信、物联网等）的服务技术及其智能管理是保持城市宜居的必要条件。以可再生能源电力为动力的轨道交通与乘用车辆等将成为城市交通的主要动力形式，均可以通过智能城市规划、充电和供应基础设施的推出以及智能监管来实现。所有这些均需依靠新能源与电气化的协同作用才能得以实现。

3. 新能源的未来运营模式

互联互通和大数据的应用，加上智能驾驶、自动驾驶和交通工具共享方式的出现，带来了更多的移动服务解决方案，这将有助于降低能耗，提高交通运输的能效。概括地说，未来新能源的运营模式大体上可以归纳为以下几种类型。

（1）城市化发展催生新能源电气化

基础设施（道路与建筑物等）建设、城市发展项目以及工业等设施（装备）开发和部署可再生的供热或制冷解决方案也是节能减排的关键举措之一。此外，电加热和电制冷在需求方面提供了相应的灵活性，允许电力部门和终端使用部门（用户）之间进行更大的融合。这些都是新能源电气化显现出的技术优势。

到 2050 年，电力系统会因为新增超过 14000GW 的太阳能和风能发电装机容量而使得电力网络规模发生根本性的转变。彼时，要求电力部门必须具备更大的灵活性，以适应太阳能和风能发电的时令性变化，需要在技术和广泛的市场解决方案中采取更加灵活的措施。例如，需要国家电网或地区电网之间实现互联互通，以达到电力供需的动态平衡。

（2）智能电表的普及提供了负荷供给时间的优化

智能电表的普及对推进新时代电网智能化进展所起的作用具有十分显著的技术优势。智能电表可以实现实时定价，有助于将需求转移到电力供应充足的时段。

同时，智能电表的普及也会促进储能技术的发展，如电网将提供 9TW·h 的储能（不包括抽水蓄能），以及14TW·h的电动汽车电池。电解槽的容量也将大幅增加，以生产可再生的氢气（H_2）。需求侧管理（如工业生产）可以对负荷供电时间进行优化调整，其他用电形式的电力储存（如建筑物在夜间储能）都将有助于进一步整合各种可再生能源的配置与传输。

（3）智慧能源与智能电网促进可再生能源迅速增长

智慧能源与智能电网反映出公用事业和消费者在不断演变自我角色。灵活性的电能供应，通过储存（电能、热能、H_2等）、电网互联以及新的市场运营规则来实现，这将成为未来智慧能源极为普遍的运行模式。当然，这也会促使需求方发挥应有的作用，如可以调整电动汽车充电、热泵运行和制氢的时间，以匹配可再生能源的可变发电量；促进储能技术的普及与推广，如电动汽车可以储存几个小时电能，热能可以储存几天，H_2可以储存整个季节，等等。

可再生能源日益成为成本最低的电力供应选择。随着成本的持续下降、技术的改进和创新，可再生能源市场将会迅速扩大。

（4）基础设施建设是新能源技术得以推广的重要保障

当然，一个严重依赖可再生能源的电能供给系统将不同于过去传统的电力系统，需要在电网、基础设施和能源转换技术灵活性方面进行大量投资。总之，围绕新能源技术推广的基础设施建设将成为重要且必需的物质基础。

（5）经济补贴的调整将改变社会对能源的适配性

在可再生能源领域，对发电技术的经济补贴不断减少（计划到2050年经济补贴将被取消），需要一段时间来实现再平衡，而支持工业和运输部门脱碳所需的可再生能源和增能提效技术的补贴将不断增加。从使用化石燃料到政府补贴可再生能源的重新平衡，将改变能源部门的主流投资方向，使之远离化石燃料及化石运输、储存、传送等的"依赖性"，进而显著降低运行经济成本，以适应新能源分布与运营新格局。

对这些情形的评估表明，人们对可再生能源在未来几十年的能源结构中将发挥越来越重要的作用，以及电气化在最终能源消耗中的作用达成了共识。对比分析还表明，能源需求、能效和可再生能源份额之间存在明显的相关性。可以预见，可再生能源占据较高份额时，生产效率才能重新提高。

4. 能源结构转型的技术、经济基础

开发可再生能源、提高能效和扩展电气化是能源转型的三大基石。这些支柱性的技术现已具备，且极具成本竞争力。

为了配合国家能源结构转型，显然电力部门还需要采取一些关键性的行动。

（1）电力部门需要进行相应的转型

① 开发高度灵活的电力系统（通过灵活的供应、输电、配电、储能、需求响应等来实现），并辅以灵活的运行性能。

② 需要更好的市场信息管理，以应对分布式发电的不确定性和可变性。

③ 对电力市场重新进行设计，以便对具有高可变、可再生能源系统实现最佳投资。

（2）数字化是扩大能源转型的关键因素

① 智能化解决方案离不开数字化技术（如人工智能、物联网、区块链等）的支撑，并需

要运用许多不同的科学方式助力电力系统的技术进步。

② 随着可变可再生能源份额的上升，需要加快智能化技术的配置。

（3）加快交通和供热部门的电气化

① 必须支持电动汽车充电基础设施建设。

② 应推广替代性供暖技术，如在工业和建筑中使用的热泵等。

③ 电力和终端使用部门必须联合起来，仔细规划电气化战略，并考虑更广泛的社会对电力需求的变化。例如，电动汽车的智能充电可以提高电力系统的灵活性，在避免网络堵塞的同时，实施可再生能源优化集成技术。

（4）充分利用可再生电力产生的 H_2

① 建立一个稳定的支持性政策框架。为实现规模快速扩大，需要建立一套全面的政策来鼓励整个供应链（设备制造商、基础设施运营商、汽车制造商等）对 H_2（用于氢燃料电池驱动装置）供应的适当投资。

② 推广可再生能源中的 H_2 认证。可以通过认证计划，促进可再生发电能力的充分利用，这将有助于记录电力使用情况，并进一步突出电解槽（用于生产氢等技术装置）的系统附加值。

（5）供应链应该满足可持续生物能源日益增长的需求

① 必须以环境、社会和经济上可持续的方式生产生物能源。除了不断增加的粮食需求外，在现有农田和草地上生产具有成本效益的生物能源。

② 以生物质为基础的工业设施加工现成的生物质残渣，如纸浆和纸张、木材和食品残渣等。

③ 在航空、航运和长途公路运输等行业，生物燃料可能是未来几年脱碳的主要选择之一。必须有针对性地关注这些行业的发展，制订具体政策，开发先进的生物燃料及相关的生物燃料供应链。

（6）全球能源系统的脱碳规划需要政府的政策支持

① 政策制定者需要制定长期能源规划战略，国家需要调整政策和法规，以促进和打造一个脱碳能源体系。

② 可再生能源开发和提升能效是减少能源使用部门碳排放的技术支柱。政府必须为能源转型制定一个兼顾气候和能源需求的长期战略规划。

③ 政策应为投资行为创造适当的条件，不仅要让国家或社会资金投资于提升能效和可再生能源开发与供应的经济领域，还要投资于电网、电动汽车充电、储能、智能电表等的设计与生产关键基础设施建设。

④ 国家需要制定政策来加强公共部门和私营部门之间的密切合作，因为私营部门可以成为能源转型的一种辅助驱动力。例如，鼓励企业采购清洁能源来增加对可再生能源的需求，投资推广电动汽车充电基础设施等以增强新能源的普及。

⑤ 各地政府需要创造一个监管环境来促进系统创新，运用数字化技术实现更加智能化的能源系统建设，通过扩展的电气化技术来促进部门融合，并接受去中心化的发展趋势。

也就是说这种创新需要扩展到市场、法规、电力部门的新运营实践和新商业模式中。

⑥ 循环经济的社会实践可以推动对新能源的需求而大幅减少碳排放量，如应扩大水资源、金属废料、物质残渣和零星原材料的再利用和再循环。

⑦ 在能源关税方面，需要避免低效补贴，制订的法规应允许其随时间和空间而变化或调整。

⑧ 加快部署开发利用可再生能源和提高能效措施的融资计划。

⑨ 国家和地方各级政府需要确保电力、工业、建筑和运输部门的减排行动得到保障和鼓励，这对到 2050 年实现全球能源转型至关重要。

2.3.3　我国在节能与新能源开发中的历史使命

如今，我国正处于工业化和城镇化快速发展的历史阶段，世界能源问题和全球气候变化对我国发展的影响日益突出，使得节能与新能源产业受到高度关注。以低碳为中心的科技经济竞争已经成为未来世界竞争的主题。我国能源结构曾经以煤为主，为应对气候变化，我国在国际"协约"中做出了自主减排的承诺，这些因素决定了节能与新能源产业发展的重要性和迫切性。

地球的资源和经济发展的客观形势使得我国在推进战略性新兴产业发展中，已经把节能与新能源产业放在更加突出的位置，并将其确定为战略性新兴产业中的主导。基于能源利用效率明显偏低而可再生能源蕴藏量又比较丰富的事实，发展节能与新能源产业自然就具有巨大的潜力和广阔的前景。

1. 我国能源发展环境与能源转型发展的着力点

新中国成立以来，中国的能源生产能力大幅提高，主要能源产品品种和产量大幅增加，能源结构不断优化，供应保障能力极大增强。但是，2017 年以前的统计数据显示，在我国的能源结构中，以煤为主的状况并未得到改变，我国仍是世界上煤炭在能源使用中占比最高的国家之一。同时还发现，2017 年，由于煤炭与油气二者在总能源结构中的占比仍然有所增加，新能源所占比重非但没有增加，反而下降了。2017—2022 年，我国煤炭消费占一次能源消费的比重由 60.4%下降至 56.2%，由此可见，煤炭消费依然是我国一次能源消费的主体。

着眼未来，受资源存量状况和产业结构的影响，我国在相当长的时间内以煤为主的能源结构很难改变。另外，作为化石能源中最典型的高碳能源，中国煤炭还具有高硫、高灰分特征，这不仅不利于温室气体的排放控制，还会给控制二氧化硫（SO_2）等空气污染物的排放带来压力。

显然，大力推进煤炭等化石燃料清洁利用技术的研发与推广，努力实现高碳能源低碳化利用是降低 CO_2、SO_2 等污染物排放和保护环境的迫切需求，也是重要的技术发展目标。

此外，我国石油对外依存度高，不仅加大了我国经济运行的风险，同时还会威胁国家安全。近年来，由于石油需求增长速度远快于国内自身石油生产增长速度，我国石油对外依存度更是迅速攀升，已经达到 70%左右。目前，在世界石油格局和石油定价体系中，美国控制着 60%以上的世界石油资源，并在"冷战"后牢牢掌握着世界石油价格的话语权。多年来，我国在国际石油定价体系中一直处于十分被动的地位，是国际石油价格的被动承受者。我国进口的石油主要来自沙特阿拉伯、伊朗、安哥拉等海湾和非洲地区。众所周知，海湾和非洲地区政局历来动荡，我国在这些地区的影响力与西方国家相比存在较大差距。其次，马六甲海峡是我国石油运输的生命线，谁控制了这个海峡，谁就控制了我国的经济命脉。目前，马六甲海峡被新加坡、马来西亚、印度尼西亚三国共管，但美国、日本，甚至印度都在试图控制这一重要海上交通通道，我国在这一区域却没有实质性的控制力。近年来，我国经济的快速发展和石油消耗量的大幅增加引起了全球的关注，一些别有用心的人开始制造和散布"中国能源威胁论"，把我国看成是国际能源的"掠夺者"，把"中国因素"看成是国际原油价格上涨的主要推动力等。国际上试图通过控制石油来遏制我国发展的暗流始终在涌动，致使我国参与国际能源合作的压力不断加大。

本着对人类、对未来高度负责的态度，我国做出了重大的自主减排承诺。在未来重要发展战略期，我国必须把节能减排与新能源的开发利用放在更加突出的位置。快速的经济发展和居于世界前列的 CO_2 排放总量使我国正在成为全球合作应对气候变化舞台上的"主角"；同时，国际社会对我国在"碳减排"问题上的期望值也越来越高。在哥本哈根联合国大会上，我国从国情和实际出发，做出了到 2020 年单位国内生产总值 CO_2 排放量比 2005 年下降 40%~45% 的自主减排承诺，彰显了中国负责任的大国形象。然而，会议期间部分发达国家代表却不切实际地要求中国把"碳减排"承诺份额提高到 60%，甚至要求承诺"绝对减排"，把共同但有区别的责任原则完全置之度外。事实上，即使是实现 40%~45% 的承诺目标也已十分不容易，我国已经付出了艰苦卓绝的努力。这是因为，当前我国仍旧是一个发展中国家，我国的碳排放不是欧美等发达国家的"奢侈排放"，而是一类"生存排放"；我国在国际产业分工中正承担"世界工厂"的职责，来自发达国家的"转移排放"规模庞大且仍在日益增加；我国在减排援助方面做出了让步，减排目标的实现完全依靠自身的努力。

可以说，在当前和今后的一个时期，我国能源发展环境必然日趋复杂。由于油气上游投资削减，未来全球油气市场不排除会出现结构性短缺、区域性供应趋紧的情况，我国能源安全保障任务更加艰巨。因此，需要科学地把握我国能源转型发展的着力点。这些着力点的掌握体现在以下几个方面。

（1）需要统筹推进现代能源产业体系建设，增强我国能源生产和储运能力，促进多种能源互补融合，优化能源空间发展布局。

（2）尊重能源科技创新规律，把握世界能源技术发展趋势，大力推进能源技术创新，掌握能源革命和能源转型的主动权。

（3）统筹国内国际两个市场和国内国外两种资源，形成多元化、稳定的能源供给格局，保障我国能源安全；还要激发各类市场的主体活力，深化能源行业竞争性环节市场化改革，为能源转型发展注入动力和活力。

（4）坚持绿色发展与节约能源资源优先，大幅提高能效和发展能源循环利用，推动太阳能、风能等清洁能源的高效利用。

（5）继续实施能源惠民利民工程，促进能源公平发展，改善人民生活品质。

2. 我国节能与新能源的发展前景

首先，节约能源与新能源开发利用涉及各行各业和亿万家庭，是当今我国对经济社会影响最广、对相关产业带动能力最强的产业。

能源是经济生产和人民生活的基础。从工业产品制造到交通运输，再到居家生活，无不与能源息息相关。从近中期来看，我国人均能源消费水平还很低（相对于发达国家而言），相对于东部地区，中西部很多地区的能源使用条件较差。随着人口增加、工业化和城镇化进程的不断加快，特别是重工业、化工业和交通运输的快速发展，汽车和家用电器大量进入普通家庭，中西部地区的能源需求会有快速上升的势头。

目前，严峻的能源供需形势加上 40%～45% 的自主减排承诺，决定了今后若干年内，任何行业以及几乎所有的家庭都将或多或少地参与到节能与新能源的推广和应用行动之中。从长期来看，节能与新能源产业对经济生产和人民生活的影响必将更加显著。

此外，从我国目前所确定的七大战略性新兴产业（节能环保、信息、生物、新能源、新能源汽车、高端装备制造和新材料）来看，其大都与节能和新能源产业发展密切相关，且相辅相成。试想，没有新能源技术做支撑，电动汽车的应用就无从谈起；没有以节能为前提，新材料的市场前景极为有限；没有节能与新能源产业的快速发展，保护环境的目标就很难乃至无法实现。反过来，新材料、信息技术、生物技术的发展也必将为节能与新能源产业的发展提供重要支撑，电动汽车本身就是节能与新能源技术应用于实践的重要产业。

毫不夸张地说，节能与新能源产业的发展将对产业链上其他产业和横向关联产业产生较大的促进作用，这种显著的技术扩散和经济乘数效应（乃至指数增长效应）使节能与新能源产业有可能成为未来中国经济发展中的主要增长点。

必须指出，我国目前的能源总体利用效率明显偏低，节能产业的发展是促进经济发展方式转变、提高企业生产效益的有力措施。我国从"九五"时期就提出了转变经济增长方式，但到目前为止，粗放型的增长方式依然存在。目前我国单位 GDP 产品的能源加工、转换、储运和终端利用效率仍低于发达国家，能源利用效率偏低也意味着我国节能潜力巨大。尽管我国人口众多，人均资源占有量低，但是，据统计，我国能源消耗占世界总量的 1/4，我国单位能耗创造的 GDP 仅为 0.7 美元，而世界平均水平为 3.2 美元。与此同时，我国 CO_2 排放量占世界总量的 1/3，是目前全球最大的 CO_2 排放国。

着眼未来，节能行业无疑具有良好的市场前景，其具有较高的经济效益，能够大幅度拉动投资和创造有就业机会的产业。大力发展节能产业是我国进一步应对国际金融危机和全球气候变化双重挑战的有力措施，也是我国在挑战中把握发展机遇的主要着力点。

此外，中国水能、风能、生物质能、太阳能等可再生能源蕴藏量丰富，核能亦具有较大的利用潜力。新能源产业是支持中国经济走向低碳、绿色并在未来国际竞争中抢占科技经济制高点的核心力量。具体地说，全国水能蕴藏量为 6.76 亿 kW，可开发率达 56%，年发电量可达 19200 亿 kW·h，截至 2023 年 6 月底，全国水电累计装机容量达 4.18 亿 kW，其中常规水电 3.69 亿 kW，抽水蓄能 0.49 亿 kW。全国陆地可利用风能资源加上近岸海域可利用风能资源共计约 10 亿 kW，截至 2022 年底，我国风电累计装机容量为 375.94GW。我国生物质资源可转换为能源的潜力约为 $5×10^8$ tce，今后随着造林面积的扩大和经济社会的发展，潜力可达 1×10^9 tce，但目前我国对生物质能的利用明显不足，且仍以直接燃烧为主。我国太阳能资源非常丰富，2/3 的国土面积年日照小时数在 2200h 以上，但目前对太阳能的利用远远不够充分。在核能方面，我国是世界上少数几个拥有完整核工业体系的国家之一，截至 2023 年底，我国大陆在运核电机组 55 台，总装机容量为 57GW，核准及在建核电机组 36 台，总装机容量为 44GW；全年核电发电量 44 万 GW·h，占全国累计发电量近5%，相当于节约标煤 1.3 亿 t，减排二氧化碳 3.5 亿 t。从技术基础看，除极少数发达国家外，我国在新能源开发及利用方面与国外差距并不大，有些领域甚至具有同步发展优势。

当前，一场以低碳技术为中心的国际科技经济竞争已悄然展开，低碳、绿色将是全球经济的基本走向，万万不可错失发展先机，因此，在今后的发展历程中需要充分利用自身的优势使国家走上持续高速发展的历史征程。

从长期来看，能够支撑低碳经济发展的核心力量非新能源技术研发及其大规模推广应用莫属。立足当前国内资源的条件，面向未来国际竞争需求，大力构建以新能源开发利用为核心的低碳技术体系是我国抢占未来国际科技经济制高点的核心要素。

第3章 我国"双碳"政策分析与能源结构转型历程

3.1 我国"双碳"政策实施现状分析

受欧盟气候变化政策谈判进程的重要影响，2020 年 9 月 22 日，我国明确提出"双碳"目标，随后低碳、节能减排等政策发布数呈逐渐上升趋势；2021 年 10 月 24 日，《中共中央国务院关于完整准确全面贯彻新发展理念做好"碳达峰"碳中和工作的意见》正式发布，10月 26 日，国务院发布了以"碳中和""1+N"政策体系为主导的政策文件《2030 年前碳达峰行动方案》，对我国 2030 年实现"碳达峰"进行了全面部署。此后，中央政府各部门单独和联合发布的"双碳"政策数量大幅增加，"碳达峰""碳中和""双碳"等词语逐渐发展成为我国中央和一些地方政府用以制定政策的关键词。

3.1.1 "双碳"政策分析框架

《中共中央 国务院关于完整准确全面贯彻新发展理念做好碳达峰碳中和工作的意见》（下文简称为《意见》）和《2030 年前碳达峰行动方案》（下文简称为《方案》）作为"双碳"的导向性政策，贯穿于我国环境、能源、金融、科技、交通、贸易等社会发展的各个方面，而中央政府和地方政府在体系的指导下配套制定一系列符合各自地域和行业特点的公共政策，用以支撑《意见》和《方案》的实施。政策实施与社会经济系统相互促进、反馈，从而为我国绿色转型奠定基础，逐步实现我国"30 碳达峰；60 碳中和"目标，引领气候变化。"双碳"政策分析框架见图 3.1。

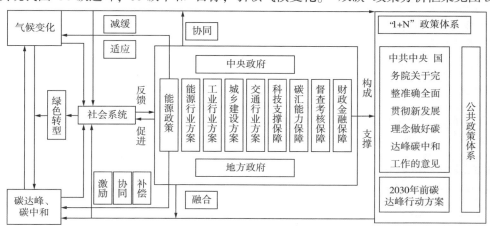

图 3.1 "双碳"政策分析框架

3.1.2 "双碳"政策调查与文本抽取

下文以中国知网平台中的"政府文件"作为政策文本数据库，分别使用"双碳""碳达峰""碳中和""低碳"等关键词进行搜索，并将政策文本发布日期设置为2020年9月22日至2023年12月之间。随后，通过搜索中央政府、相关部委、各省政府网站，对搜索匹配的政策文本进行复核以及过滤，消除无效政策、重复政策，最终共计获得了上百个政策样本，部分政策见表3.1。

表 3.1 "双碳"政策文本表(仅选取部分政策展示)

文件名称	发文单位	发文时间	层级	政策分类
工业和信息化部办公厅关于印发通信行业绿色低碳标准体系建设指南(2023版)的通知	工业和信息化部办公厅	2023年12月14日	中央	部门规章
国家发展改革委等部门关于印发《绿色低碳先进技术示范工程实施方案》的通知	国家发展改革委 科技部 工业和信息化部 财政部 自然资源部 住房城乡建设部 交通运输部 国务院国资委 国家能源局 中国民航局	2023年8月4日	中央	部门规章
关于印发《碳达峰碳中和标准体系建设指南》的通知	国家标准委 国家发展改革委 工业和信息化部 自然资源部 生态环境部 住房和城乡建设部 交通运输部 中国人民银行 中国气象局 国家能源局 国家林草局	2023年4月24日	中央	部门规章
工信部等三部门联合印发《有色金属行业碳达峰实施方案》	工业和信息化部 国家发展和改革委员会 生态环境部	2022年11月10日	中央	部门规章

续表

文件名称	发文单位	发文时间	层级	政策分类
四部门关于印发建材行业"碳达峰"实施方案的通知	工业和信息化部 国家发展和改革委员会 生态环境部 住房和城乡建设部	2022年11月2日	中央	部门规章
财政部关于贯彻落实《国务院关于支持山东深化新旧动能转换推动绿色低碳高质量发展的意见》的实施意见	财政部	2022年10月27日	中央	部门规章
教育部关于印发《绿色低碳发展国民教育体系建设实施方案》的通知	教育部	2021年10月26日	中央	部门规章
国家能源局关于印发《能源碳达峰碳中和标准化提升行动计划》的通知	国家能源局	2022年09月20日	中央	部门规章
国家发展改革委 国家能源局关于印发《"十四五"现代能源体系规划》的通知	国家发展改革委 国家能源局	2022年1月29日	中央	部门规章
……	……	……	……	……
2030年前"碳达峰"行动方案	国务院	2021年10月25日	中央	行政法规
中共中央 国务院关于完整准确全面贯彻新发展理念做好碳达峰碳中和工作的意见	中共中央 国务院	2021年10月24日	中央	行政法规
……	……	……	……	……
关于印发《湖南省有色金属行业碳达峰实施方案》的通知	湖南省工业和信息化厅 湖南省发展和改革委员会 湖南省生态环境厅	2022年12月30日	地方	地方性法规
宁夏回族自治区人民政府办公厅转发自治区财政厅关于财政支持做好碳达峰碳中和工作实施方案的通知	宁夏回族自治区人民政府办公厅	2012年12月16日	地方	地方性法规
……	……	……	……	……
关于印发《郴州市碳达峰、碳中和2021年工作方案》的通知	郴州市碳达峰碳中和工作推进领导小组	2021年07月6日	地方	地方性法规

3.1.3 "双碳"政策文本内容分析

1.《意见》和《方案》政策要点分析

（1）《意见》明确能源绿色低碳发展是关键的指导思想

《意见》是党中央对"碳达峰""碳中和"工作进行的系统谋划和总体部署，为落实"双碳"目标提供了根本遵循。《意见》突出强调了完整把握、准确理解、全面落实的新发展理念，要用理念指导"双碳"行动落实，进一步明确以经济社会发展全面绿色转型为引领，以能源绿色低碳发展为关键的指导思想，在能源转型上需要处理好减污降碳和能源安全、产业链、供应链安全关系；明确提出了 2025 年、2030 年和 2060 年三阶段发展目标，从统筹规划布局、产业结构调整、能源体系构建、交通城建低碳发展、科技支撑引领、碳汇能力提升、对外开放合作、法律法规标准完善、政策机制促进、组织实施保障等方面，给出了"双碳"任务目标落实的总体部署。能源相关活动在《意见》任务部署中具有举足轻重的作用，贯穿于社会经济全面绿色低碳转型的全过程，主要从能源消费、能源供给、能源技术、能源体制机制、能源统计监测和能源国际合作六个方面给出了全方位政策指引，通过能源绿色低碳转型的具体行动，践行"四个革命、一个合作"（推动能源消费革命，抑制不合理能源消费；推动能源供给革命，建立多元供应体系；推动能源技术革命，带动产业升级；推动能源体制革命，打通能源发展快车道。全方位加强国际合作，实现开放条件下能源安全）能源安全新战略。

（2）《方案》确定能源绿色低碳转型是首要的重点任务

《方案》是《意见》在"碳达峰"阶段的分解落实，为各行业、各领域提出"碳达峰"的总体部署，后续将以此为基础，逐步在能源、工业、交通运输、城乡建设等分领域、分行业制定具体行动实施方案，以及在科技支撑、能源保障、碳汇能力、财政金融价格政策、标准计量体系、督察考核等方面制定协同降碳的保障方案。一系列文件将构建起目标明确、分工合理、措施有力、衔接有序的"碳达峰""碳中和"政策体系。《方案》提出了"碳达峰十大行动"，能源绿色低碳转型行动是任务之首，体现了能源对"碳达峰"行动的重要性，也是《意见》中构建能源体系总体部署的有效衔接和细化。以保障国家能源安全和经济发展为底线，《方案》从能源供给消费减碳、重点用能领域减碳、多措并举协同降碳三个层面，给出了"碳达峰"行动重点任务。能源供给消费减碳主要强调能源供给侧低碳转型和能源消费侧节能降碳增效两个方面，能源转型发展需要以保障国家能源安全和经济发展为底线作为工作原则；重点用能领域减碳主要包括工业、城乡建设和交通运输三个领域"碳达峰"行动；多措并举协同降碳主要涵盖实施循环经济、科技创新、巩固提升碳汇、倡导全民行动和梯次有序组织落实五个方面，助力"碳达峰"目标实现。

2. 系列公共政策文本分析

为了对政策文本内容进行量化、客观分析，下文根据政策文本之间的关系，利用了 ROST CM6 文本挖掘软件，对上百份"双碳"政策建立了数据库，通过定性与定量相结合的方法，将其中的相关政策文本进行全面分析。据统计，这些政策文件中共涉及 158 个发文主体，涉及中央24个部委行政机关院（部）所，90个地方政府及其职能部门。其中，国家发展和改革委员会是中央层面发布"双碳"相关政策最多的发文主体；湖南是涉及"双碳"相关政策最多的地方政府。

由于"双碳"政策主要以《通知》和《意见》为主，下文通过利用 ROST CM6 软件对这些政策文件文本进行分词，随后进行词频分析，得到排名前40的高频特征词，按排名先后依次为：绿色、发展、低碳、建设、技术、能源、推进、企业、推动、利用、加快、项目、加强、节能、开展、"碳达峰"、工业、重点、资源、创新、体系、提升、"碳中和"、领域、应用、管理、建筑、鼓励、生态、完善、推广、国家、标准、设施、建立、金融、水平、改造、机制、积极。其中，"绿色""发展"关键词出现的次数远远高于其他词汇，说明"绿色""发展"是"双碳"政策中的重中之重；而"低碳""建设""技术""能源""推进"五个关键词出现频次也很高，说明政府在"双碳"相关政策中对于企业以及能源更为关注，在"双碳"这一目标下，需要发挥重要作用；而后的"项目""工业""资源""创新""体系"等高频词说明我国在未来实现"碳达峰"和"碳中和"这一过程中，需要更为关注工业、能源方面的创新转型，做好低碳体系建设。

根据政策文本之间的高频特征词，下文利用 ROST CM6 中的社会网络分析对共现矩阵构建网络结构图，直观反映出各高频特征词之间的联系。在图3.2中，"绿色""发展"是整个社会网络中的核心位置，表明其已经成为所有"双碳"政策文本都需要实现的目标，而"低碳""能源""利用""企业"成为"双碳"政策中的重点内容，表明我国在"双碳"这一目标下，需要实现绿色发展，资源高效利用和能源结构调整，重点企业提高低碳产业技术研发水平，从而进一步完善国家绿色低碳发展政策体系。

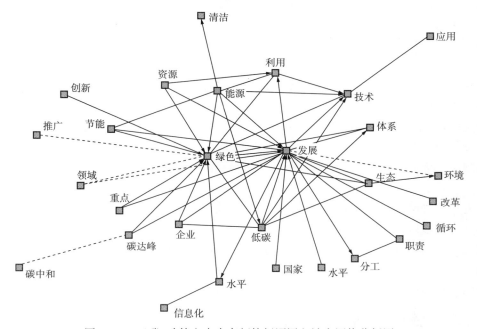

图3.2 "双碳"政策文本中高频特征词语义社会网络分析图

3.2 "双碳"政策下我国能源行业现状分析

在实现"双碳"目标的大背景下，我国低碳能源转型的必要性已经达成共识。据统计，产生的热量相同的条件下，燃烧天然气、石油、煤炭产生的二氧化碳比例约为 1：1.49：2.27。2014 年底国务院办公厅发布的《能源发展战略行动计划（2014—2020 年）》指出，优化我国能源结构的路径有：降低煤炭消费比重，提高天然气消费比重，大力发展风能、太阳能和地热能等可再生能源，安全发展核电。面对国内能源供需格局新变化态势和全球能源行业发展新趋势，绿色能源的高效低碳结构转型趋势明显加快，原煤、原油在全国能源生产结构中的相对比重逐年下降，与之相反的是，天然气、水电、核电机组等其他清洁能源项目发电量在国家能源生产结构规模中所占比重持续上升。

3.2.1 我国煤炭行业现状分析

从 1990—2020 年，我国煤炭生产与消费总体呈增长趋势。1990—2010 年期间，我国煤炭的生产和消费保持较快上涨趋势，但从 2012 年开始，煤炭行业在节能减排等相关政策的推动下进入"去产能"阶段，2012—2016 年期间我国煤炭产量与消费进入峰值平台期，增长几乎停滞，而原煤产量呈现负增长。随着煤炭产能的不断完善和推动优质煤炭产能有序释放等政策的发布实施，2017 年以后我国进入"优化产能"阶段，30 万吨/年以下煤矿陆续被淘汰，虽然原煤产能逐步恢复，但到 2020 年，全国煤矿数量减少到 4700 座，煤炭消费比重下降到 56.8%。

原煤产量由逐年减少到逐年增加的变化，反映了中国实际的能源需求和国家"双碳"政策的逐步优化。有专家指出，由于化石能源资源的局限性和重要性，我国煤炭需求虽然逐渐下降，但仍需充分发挥煤炭的"压舱石"作用。

作为当前世界上最大的发展中国家，在"富煤、贫油、少气"的能源禀赋特征及其驱动效应下，煤炭长期占据我国的能源生产与消费结构的主导地位，长期以来由于开采和利用方式粗放等原因，煤炭为我国带来一系列环境问题和碳排放压力。据估计，中国近 80% 的碳排放是由煤炭消耗引起的，但由于我国的资源禀赋现状和技术发展水平，我国以煤炭为能源基础的现实在短时间内无法实现根本改变，这也意味着中国的碳排放总量在短期内无法大幅减少，因此，调整和改变以煤炭为主的能源消费结构，是当前清洁能源转型最重要的目标。

在近年来国际油气价格相对较低、国内"双碳"政策较为严格的背景下，煤化工行业的利润不足以覆盖较高的生产成本，大部分煤炭企业连续多年处于亏损状态。由于上述原因，中国煤炭及相关产业的定位尚不明确，其作为促进煤炭清洁高效利用的战略性新兴产业的地位仍受到质疑，无法获得相应的政策支持，而高额的消费税和环境税进一步压缩了煤化工行业的发展空间，煤炭行业面临着降低能源使用成本和调整产业结构等挑战。

3.2.2 我国石油行业现状分析

我国原油生产量保持稳定状态，但消费量逐年增加。2005 年我国原油产量达到峰值，保持 3 亿 tce 左右。与之相反，中国原油消费量从 1990 年的 1.64 亿 tce 增加到 2020 年的 9.41 亿 tce。石油作为人类的主要能源，是现阶段我国重要的能源消费类型，"世界与中国能源展望研究"表明，中国的石油需求将在 2025 年左右进入高峰期，随后迅速下降。石油将从"燃料"基本属性重新回归到"原料"的基本属性，在低碳社会实践中逐步发挥更加重要推动作用。

2022 年 6 月 17 日，国务院能源署联合出台《减污降碳协同增效实施方案》，就"碳达峰"涉及的碳排放问题和与生态环保的有关事宜进行了部署，并指出我国政府将全力推动全国石油石化企业的"碳达峰"行动。分析表明，未来大石化企业的关键资源将从石油、天然气等化石能源向洁净低碳燃料转型，科技创新的投入也将投向 CCUS、氢能、可再生能源存储以及太阳能光伏等领域。然而科学技术始终是资源转型的基础，为了实现石化领域的节约减排，必须针对节约减排科技的研发应用现状，促进数字化、智能化向化石资源方面的渗透，促进科技转型。

石油企业近期将由高碳项目逐渐转向低碳、无碳项目。以中国石油天然气集团公司为例，该公司所制定的"碳达峰""碳中和"计划提出，未来该公司将实施绿色低碳转型三步走战略：第一步，在 2020—2025 年实现清洁替代，实现新能源业务发展破局，加快地热、余热、光热、风电、光电等替代技术研发与应用，开拓中深层地热供暖业务，推动天然气发电与风光发电融合，突破制、储、运、用氢等关键技术，部署氢能产业链示范项目，初步建成新能源清洁替代体系。第二步，在 2026—2035 年实现新能源战略接替，扩大清洁能源发展规模，形成油、气、新能源三分天下格局，形成制氢、储运和 SOFC（Solid Oxide Fuel Cell，固体氧化物燃料电池）等核心竞争力，实现枯竭油气田向绿色电力生产基地转型。第三步，在 2036—2050 年实现我国能源产业绿色低碳转型发展，推动地热开发利用量在国内占据主导地位，建成"油、气、热、电、氢、负碳"综合，为"碳中和"目标实现提供支撑。

3.2.3　我国天然气行业现状分析

天然气作为世界唯一清洁利用的无污染、低碳、环保的新型化石能源，近年来在我国能源结构中的占比逐步提升。2020 年天然气利用迎来加速发展，该年度全国天然气产量达 1925 亿 m^3，天然气表观消费量达到 3280 亿 m^3，天然气在能源消费结构中的比例达到 8.4%，相比 2015 年提高了 2.6 个百分点，且天然气产量增速连续两年大于消费增速，保持总体快速增长。而新增天然气消费重点利用于城镇化建设、北方地区的农村清洁取暖、长三角流域采暖需求、工业"煤改气"所产生的城镇燃气缺口；液化、压缩天然气也大量应用于公共交通领域，其中，液化天然气（Liquefied Natural Gas，LNG）在重型装载货运卡车、客运大巴车、LNG 船舶等长途交通领域的应用较为显著。

随着《2030 年前碳达峰行动方案》提出要推动天然气在更多领域和行业中替代煤炭、石油等化石能源，并将天然气纳入能源转型重点领域，加大油气管网设施建设力度。当前及未来较长时期，天然气将成为我国从化石能源向新能源转变这一过渡期的最佳桥梁，具体而言就是将其重点应用于过渡时期能源整体消费水平增加导致的新能源产业波动而引发的调峰需求，进入增量替代和存量替代并存的发展阶段。与此同时，我国天然气行业也正积极探索低碳技术的创新，尽快实现天然气在交通、化工、发电、建筑等领域的应用，推动天然气与低碳技术创新融合发展和产业化应用，努力构建清洁、低碳、高效、稳定和安全供应的现代能源体系。而长远期，我国将真正实现天然气与新能源融合发展，并结合碳捕集、利用与封存(CCUS)等技术，实现探索和推动天然气的"集中利用+CCUS"的"零"排放模式。

3.2.4　我国可再生能源行业现状分析

2021 年我国可再生能源利用总量达到 7.5 亿 tce，占一次能源消费总量的 14.2%，减少二氧化碳排放约 19.5 亿 t，为实现"双碳"目标奠定了基础。虽然发展规模已经升至世界第一，但可再生能源占比仍处于能源转型的初级阶段。

党的十八大以来，能源行业深入贯彻能源供给侧和需求侧改革，有力推动了可再生能源在全国能源转型中的贡献作用，清洁能源替代示范带动作用得到充分凸显，有力地支撑了我国可再生资源在能源消费占比中的不断上升。可再生能源作为新型能源，是我国目前和将来建立能源供应体系的核心部分，加快研究发展利用可再生能源替代二氧化碳排放量高的化石能源，对于保障能源供应体系安全、改善我国能源结构、应对全球气候变化具有重要的现实意义。在我国可再生能源利用项目中，风力发电和光伏发电由于技术原因自始至终都存在成本过高的问题，但近几年，在"双碳"政策支持与技术进步的双重推动效应下，我国资源条件良好、投资条件完备、建设成本低的地区，风力发电与光伏发电的成本呈现下降的趋势。据有关机构测算，2020 年后我国将迎来大规模的光伏与风电建设，但因疫情、建设用地、并网工程建设缺乏竞争、融资成本居高不下等不利因素，可再生能源发展仍存在许多发展瓶颈。

在"双碳"目标大背景下，大力发展可再生能源技术是未来推进国家能源产业转型调整与社会绿色低碳化转型发展进程的重要主导方向，预计"十四五"期间，未来可再生型能源将由现在第四大能源消费主体转变为最大的能源消费主体，在促进能源领域内发挥行业主导作用，到 2060 年，我国可再生能源消费占比将接近 100%。从现在到 2030 年，这一阶段将成为我国可再生能源发展的关键时期，首先，它决定了我国的能源产业转型战略是否能从能源初级替代阶段稳步进入发展中级转换阶段，进而又决定了到 2050 年我国可再生能源成为主体能源产业的转型规划最终能否实现。与以往历史上简单的能源系统内部结构转变不同的是，这一结构转变归根到底是一个能源系统的运行结构逻辑体系的整体变化，它不仅与产业技术创新、观念、组织形式与新型商业模式、体系创新都密切相关，而且还涉及多方利益关系链条的调整。因此，现有的公共能源体制难以充分统筹协调未来能源产业转型创新发展中相关方之间的各种利益冲突。具体而言，当我国传统化石能源占有主导地位时，即使这种循环替代经济关系中各方的利益冲突表现足够明显，但政府积极支持可再生资源规模化发展的一些优惠政策也能够顺利实施。可随着我国可再生能源规模总量进一步扩大，而能源政策的制定主体和行政主体往往难以真正有效地解决所有这些重大冲突点和社会矛盾，传统化石能源、可再生能源和政府三方的利益冲突就会越发突出，这对未来可再生能源发展进程的阻碍作用必将日益显现。

3.3 我国能源结构转型历程

3.3.1 我国能源政策的目标

中国是世界上最大的发展中国家，面临着发展经济、改善民生、全面建设小康社会的艰巨任务。维护能源资源长期稳定可持续利用，是中国政府的一项重要战略任务。中国能源必须走科技含量高、资源消耗低、环境污染小、经济效益好、安全有保障的发展道路，全面实现节约发展、清洁发展和安全发展。

中国能源政策的基本内容是：坚持"节约优先、立足国内、多元发展、保护环境、科技创新、深化改革、国际合作、改善民生"的能源发展方针，推进能源生产和利用方式变革，构建安全、稳定、经济、清洁的现代能源产业体系，努力以能源的可持续发展支撑经济社会的可持续发展。

中国能源发展方针实际上也可以说是中国能源政策的目标，下文对我国能源发展方针进行具体解读。

节约优先。实施能源消费总量和强度双控制，努力构建节能型生产消费体系，促进经济发展方式和生活消费模式转变，加快构建节能型国家和节约型社会。

立足国内。立足国内资源优势和发展基础，着力增强能源供给保障能力，完善能源储备应急体系，合理控制对外依存度，提高能源安全保障水平。

多元发展。着力提高清洁低碳化石能源和非化石能源比重，大力推进煤炭高效清洁利用，积极实施能源科学替代，加快优化能源生产和消费结构。

保护环境。树立绿色、低碳发展理念，统筹能源资源开发利用与生态环境保护，在保护中开发，在开发中保护，积极培育符合生态文明要求的能源发展模式。

科技创新。加强基础科学研究和前沿技术研究，增强能源科技创新能力。依托重点能源工程，推动重大核心技术和关键装备自主创新，加快创新型人才队伍建设。

深化改革。充分发挥市场机制作用，统筹兼顾，标本兼治，加快推进重点领域和关键环节改革，构建有利于促进能源可持续发展的体制机制。

国际合作。统筹国内国际两个大局，大力拓展能源国际合作范围、渠道和方式，提升能源"走出去"和"引进来"水平，推动建立国际能源新秩序，努力实现合作共赢。

改善民生。统筹城乡和区域能源发展，加强能源基础设施和基本公共服务能力建设，尽快消除能源贫困，努力提高人民群众用能水平。

3.3.2 我国宏观能源政策沿革

改革开放以来，我国社会、经济发生了多方面的深刻变化。顺应不同时期社会、经济发展的客观形势需要，我国政府研究制定和组织实施了与此相应的法律法规、政策等多种综合节能管理手段和措施。

1. 1979—1992 年

随着改革开放的逐步深入，我国经济持续、健康、快速发展，加上人口增长的影响，国内能源需求急剧增长，供需矛盾十分突出。一方面，在 20 世纪 80 年代的大部分时间里，全国能源供应长期、持续紧张，特别是石油、电力供应短缺，许多企业被迫"停三开四"。能源供应短缺成为制约国民经济发展的"瓶颈"。另一方面，国有企业生产工艺落后，用能设备和设施陈旧，能源利用效率低下，节能挖潜大有可为。为了促进国有企业（主要是工业企业）的能源节约，弥补全国能源（特别是电力）供应的短缺，支撑国民经济快速发展，我国政府制定和实施了以下主要节能管理手段和措施：

制定了能源"开发与节约并重，近期把节约放在优先地位"的方针；

实施能源定量供应、企业能源定额管理制度；

国务院发布压缩工业锅炉和工业窑炉烧油、节约用电、节约成品油、节约工业锅炉用煤、发展煤炭洗选加工合理用能源等五个"节能"指令；

1981 年，节约能源正式列入国民经济计划；

全面规范节能工作，制定"节能 58 条"；

加强企业节能基础工作，建立能源三级管理网，实施能耗考核制度；

建立节能服务中心；

加大节能资金投入，制定实施节能优惠政策；

开展节能宣传教育，每年开展一次全国性"节能月"活动。

20 世纪 80 年代后期和 90 年代初，我国能源生产能力有了较大提高，能源供应短缺状况有所缓和，煤炭供应开始出现供大于求的局面，但电力和油品仍然比较紧张。国家实行社会主义有计划的商品经济，国有经济在国民经济中的比重下降，但国家仍保持着对国有企业的影响和控制力。虽然能源效率有所提高，但与发达国家相比，我国国有工业部门的技术装备水平较低，国有企业的能源管理水平也较差。为了促进国有企业开展节能技术改造和节能管理，进一步缓解国内能源供应紧缺，保障国民经济的快速发展，我国政府制定和实施了以下主要节能管理手段和措施：

1986 年，国务院发布《节约能源管理暂行条例》；

国务院召开了数次节能工作办公会议，研究全国重大节能问题；

组织制定了主要的节能标准和节能设计规范，全面规范节能工作；

制定和实施节能优惠政策：如对节能贷款给予低利率优惠，对节能效益实行"税前还贷"，对节能产品减免产品税和增值税 3 年，引进节能设备和技术减免关税等；

继续对国有企业节能措施投入节能基建和技改资金；

国有企业实行节能奖：奖金计入成本；

安排节能示范工程；

推广节能先进技术；

开展国际交流合作：与欧共体和日本合作共同组织能源培训，与世界银行合作进行《温室气体排放控制战略研究》，开始利用亚洲开发银行节能贷款等。

2. 1993—1997 年

1993 年 3 月，全国人大会议通过修改宪法，国家实行社会主义市场经济，经济体制开始由计划经济向市场经济转轨。国有企业开始转换经营机制，实行政企分开。国有经济在国民经济中的比重进一步下降，政府对国有企业的控制趋于放松。国内能源供需关系出现明显变化，除石油外，煤、电都呈现供大于求的局面。能源消费和以煤炭为主的能源消费结构导致的环境污染问题开始凸显，引起全社会的关注和重视。1994 年 3 月，我国政府公布了《中国 21 世纪议程》，提出实施可持续发展战略，并把提高能源效率和节能列为实施可持续发展战略的关键措施。在这一背景下，为了探索适应市场经济的节能管理方法，以节能促环保，我国政府对节能管理手段和措施进行了重大调整，取消了计划经济体制时期建立的一些节能管理手段和措施：

1994 年起，国家税收、金融体制改革，20 世纪 80 年代计划经济体制时期，国家在节能方面建立的财政、税收、金融优惠政策全部取消；

企业节能专项奖取消，节能奖纳入企业综合奖。

同时，我国政府探索和建立了若干新的节能管理手段和措施：

起草《中华人民共和国节约能源法》（草案）；

1994 年，成立中国节能投资公司，继续对节能基建进行投资；

环保法规趋于严格，促进节能法规的制定：开展农村能源综合建设工作、实施"中国绿色照明工程"、制定新能源和可再生能源发展纲要；

探索市场经济条件下的节能机制：开展能源服务公司（Energy Service Company，ESCO）试点，进行需求侧管理（Demand Side Management，DSM），综合资源规划（Integrated Resource Planning，IRP）试点；

探索市场经济下的节能鼓励政策；

1996 年，国家计委首次印发《中国节能技术政策大纲》；

推广节能科技成果；

加强节能信息传播：1997 年国家经贸委组建"节能信息传播中心"；

加强国际交流与合作：与全球环境基金（Global Environment Facility，GEF）、世界银行合作开展"中国高效锅炉项目""中国节能促进项目"等。

3. 1998 年至"十五"末期

全国能源市场基本形成，石油等能源价格基本上与国际接轨，供需关系总体上呈现供大于求的局面，煤炭和电力生产企业逐步转变观念，由"卖方市场"转变为"买方市场"，通过提高产品和服务质量来吸引用户。石油进口逐年加大，2000 年达到 7000 万 t。能源结构性矛盾凸显，能源安全问题引起政府重视。能源消费企业为降低生产成本，"节能降耗"成为其自发要求。由于能源生产和消费引起的环境污染问题日趋严重，已经引起全社会的密切关注和政府的高度重视；国家认真贯彻实施可持续发展战略，节能作为环保的重要措施，与环保的结合更为密切。这一时期我国政府引入、示范和推广利用市场节能进行机制改革，加强节能法规建设和节能管理，引导和规范企业和全社会的能源消费行为，促进能源利用效率的提高,从节能的角度提升国民经济竞争力,有效缓解国内能源环境压力,为国家能源安全提供重要保障,保障经济、社会的可持续发展。我国政府建立和实施的主要节能管理手段和措施如下:

(1)1997年11月,全国人大常委会通过《中华人民共和国节约能源法》(以下简称《节能法》)。1998年1月1日施行,节能工作开始步入法制化轨道。

(2)同时制定与《节能法》配套法规,其间已制定的有:

《关于固定资产投资工程项目可行性研究报告"节能篇(章)"编制及评估的规定》;

《中国节能产品认证管理办法》;

《重点用能单位节能管理办法》;

《关于发展热电联产的规定》;

《节约用电管理办法》;

《民用建筑节能管理规定》;

《能源效率标识管理办法》;

《节能产品政府采购实施意见》。

制定中的有:

《节约石油管理条例》。

(3)加强节能宏观管理,制定出台了《能源节约与资源综合利用"十五"规划》,组织修订了《资源综合利用目录》,贯彻实施《节能法》及其配套法规。

(4)加大对重点行业和重点企业节能的支持:实施"节约增效工程";组织节能型、清洁型工厂示范。

(5)组织节能科研项目:科技部将节能项目纳入"科技型中小企业技术创新活动"。

(6)加强节能信息传播:节能信息传播中心开展活动;中国节能协会开办《节能信息报》;各地出版多种"节能"杂志、报刊。

(7)加强国际交流与合作:继续与GEF/WB(the World Bank,世界银行)合作(GEF项目二期市场节能机制的推广);与美国PACKARD(派克德)基金会(David and Lucile Packard Foundation)合作进行中国节能法规基础体系项目。

4. "十一五"节能政策及成果

《中华人民共和国国民经济和社会发展第十一个五年规划纲要》提出,"十一五"期间单位GDP能耗降低20%左右的节能目标,政府必须确保实现。国务院批复了各省(自治区、直辖市、计划单列市)"十一五"节能目标,各地区根据"十一五"目标自行制定分年度节能目标。

2007年4月,国务院印发了《节能减排综合性工作方案》,提出了45条具体措施,对节能减排工作做出全面具体部署,是实现"十一五"节能目标的路线图。围绕《节能减排综合性工作方案》的部署,中国采取的主要节能措施有:

加强组织领导。2006年5月,国务院成立了节能减排工作领导小组,国务院总理温家宝亲任组长。

建立节能目标责任制。2007年,国务院批转了《节能减排统计监测及考核实施方案和

《办法》，明确对各地区和重点企业节能目标完成情况进行考核，实行问责制。

推进产业结构调整。2007 年公布了钢铁、有色、水泥等 13 个高耗能、高污染行业"十一五"落后产能分地区、分年度淘汰计划。全年关停小火电机组 1438 万 kW，淘汰落后炼铁产能 4659 万 t、炼钢产能 3747 万 t、水泥产能 5200 万 t。

实施节能重点工程。发布了《"十一五"十大重点节能工程实施意见》，实施工业锅炉（窑炉）改造、区域热电联产、余热余压利用、节约和替代石油、电机系统优化、能量系统优化、建筑节能、绿色照明、政府机构节能、节能监测和技术服务体系建设十项重点节能工程。安排中央预算内投资和中央财政资金支持实施十大工程。

推动重点领域节能。印发了《千家企业节能行动实施方案》，推动千家企业开展能源审计、编制节能规划、公告能源利用状况、开展能效水平对标活动。将 1.5 亿 m² 供热计量和节能改造任务分解到各地区，在 24 个省市启动国家机关办公建筑和大型公共建筑节能监管体系试点。

完善有利于节能的经济政策。调整了成品油、天然气价格，下调小火电上网价格。

对节能技术改造、高效照明产品推广以及淘汰落后产能等采取财政奖励、政府补贴方式予以支持。建立政府强制采购节能产品制度，出台了节能环保项目减免企业所得税和节能环保设备投资抵免企业所得税政策，发布了改进和加强节能环保领域金融服务工作的指导意见。

完善节能法规标准。修订并实施了节约能源法。国务院办公厅下发了《关于严格执行公共建筑空调温度控制标准的通知》。2007 年以来，发布了 22 项高耗能产品能耗限额强制性国家标准。

组织开展节能减排全民行动。国家发展改革委等 17 个部委联合制订了《节能减排全民行动实施方案》，开展包括家庭社区行动、青少年行动、企业行动、学校行动、军营行动、政府机构行动、科技行动、科普行动、媒体行动九个专项行动。

2006 年全国万元 GDP 能耗比上年降低 1.79%，2007 年降低 3.66%。2007 年，重点耗能行业年耗能 1 万 tce 以上重点企业 35 种主要产品单位综合能耗指标中，下降的有 33 项，缩小了国内高耗能行业能效水平与国际先进水平的差距。2006 年和 2007 年中国累计实现节能 1.46 亿 tce，为促进国民经济可持续发展和减排温室气体作出重要贡献。

5."十二五"时期

"十一五"时期，国家第一次将能源消耗强度降低和主要污染物排放总量减少作为国民经济和社会发展的约束性指标。五年来，各地区、各部门认真贯彻落实党中央、国务院的决策部署，把节能减排作为调整经济结构、转变经济发展方式、推动科学发展的重要抓手和突破口，取得了显著成效。全国单位国内生产总值能耗降低 19.1%，二氧化硫、化学需氧量排放总量分别下降 14.29% 和 12.45%，实现了"十一五"规划《纲要》确定的约束性目标，扭转了"十五"后期单位国内生产总值能耗和主要污染物排放总量大幅上升的趋势，为保持经济平稳较快发展提供了有力支撑，为应对全球气候变化作出了重要贡献。

《中华人民共和国国民经济和社会发展第十二个五年规划纲要》（以下简称《纲要》）提出：到 2015 年，中国非化石能源占一次能源消费比重达到 11.4%，单位国内生产总值能源消耗比 2010 年降低 16%，单位国内生产总值二氧化碳排放比 2010 年降低 17%。

中国政府承诺，到 2020 年非化石能源占一次能源消费比重将达到 15%左右，单位国内生产总值二氧化碳排放比 2005 年下降 40%~45%。作为负责任的大国，中国将为实现此目标不懈努力。

"十二五"时期，我国发展仍处于可以大有作为的重要战略机遇期。随着工业化、城镇化进程加快和消费结构持续升级，我国能源需求呈刚性增长，受国内资源保障能力和环境容量制约以及全球性能源安全和应对气候变化影响，资源环境约束日趋强化，节能减排面临的形势依然十分严峻。特别是我国节能减排工作还存在责任落实不到位、推进难度增大、激励约束机制不健全、基础工作薄弱、能力建设滞后、监管不力等问题。

为确保实现"十二五"规划《纲要》提出的节能减排约束性指标，2011 年 9 月，国务院印发了《"十二五"节能减排综合性工作方案》（以下简称《方案》）。《方案》是推进"十二五"节能减排工作的纲领性文件，明确了"十二五"节能减排的总体要求、主要目标、重点任务和政策措施，分十二个部分，共 50 条。

十二个部分分别是：节能减排总体要求和主要目标；强化节能减排目标责任；调整优化产业结构；实施节能减排重点工程；加强节能减排管理；大力发展循环经济；加快节能减排技术开发和推广应用；完善节能减排经济政策；强化节能减排监督检查；推广节能减排市场化机制；加强节能减排基础工作和能力建设；动员全社会参与节能减排。

《方案》提出了"十二五"节能减排的总体要求，坚持降低能源消耗强度、减少主要污染物排放总量、合理控制能源消费总量相结合，形成加快转变经济发展方式的倒逼机制；坚持强化责任、健全法制、完善政策、加强监管相结合，建立健全激励和约束机制；坚持优化产业结构、推动技术进步、强化工程措施、加强管理引导相结合，大幅度提高能源利用效率，显著减少污染物排放；进一步形成政府为主导、企业为主体、市场有效驱动、全社会共同推进节能减排工作格局，确保实现"十二五"节能减排约束性目标，加快建设资源节约型、环境友好型社会。

《方案》细化了"十二五"规划《纲要》确定的节能减排目标。在节能方面，提出到 2015 年，全国万元国内生产总值能耗下降到 0.869tce（按 2005 年价格计算），比 2010 年的 1.034tce 下降 16%，比 2005 年的 1.276tce 下降 32%；"十二五"期间，实现节约能源 6.7 亿 tce。在减排方面，提出 2015 年，全国化学需氧量和二氧化硫排放总量分别控制在 2347.6 万 t、2086.4 万 t，比 2010 年的 2551.7 万 t、2267.8 万 t 分别下降 8%；全国氨氮和氮氧化物排放总量分别控制在 238.0 万 t、2046.2 万 t，比 2010 年的 264.4 万 t、2273.6 万 t 分别下降 10%。《方案》还以附件形式，明确了"十二五"各地区节能目标、各地区化学需氧量排放总量控制计划、各地区氨氮排放总量控制计划、各地区二氧化硫排放总量控制计划、各地区氮氧化物排放总量控制计划。

2013 年，中国首次提出了"丝绸之路经济带"和"21 世纪海上丝绸之路"的重大倡议。"一带一路"倡议涉及贸易、金融、投资、能源、科技、交通和基础设施建设等十多个领域，地理上包括欧亚大陆和太平洋、印度洋沿岸的 65 个国家和地区，这一构想的实施对于推进我国新一轮对外开放和沿线国家共同发展、稳定中国周边安全环境具有重要战略意义。"一带一路"建设将为中国构筑起对外开放的全新格局，其受益产业将集中在交通、运输、建筑建材、能源建设、商旅文化、比较优势制造业等方面。西部基础设施建设主要集中在能源方面，比如配套的输油管道、天然气输送管道、电网以及道路运输等，这些领域必然迎来进一步的利好。同时将加强与沿线国家能源资源的开发合作，鼓励重化工产业加大对基础设施建设需求较旺的沿线国家投资，实现开采、冶炼、加工一体化发展，推动上下游产业链融合。

2014 年，中俄签署《中俄东线供气购销合同》，根据双方商定，从 2018 年起，俄罗斯开始通过中俄天然气管道东线向中国供气，输气量逐年增长，最终达到每年 380 亿 m^3，累计 30 年。该资源将进一步满足我国对于清洁资源的需求，缓解我国污染物排放压力，推动我国能源消费结构转型。

2013 年 9 月 30 日，中缅天然气管道全线贯通，开始输气。2015 年 1 月 30 日，中缅石油管道全线贯通，开始输油。

6. "十三五"时期

"十二五"时期我国能源较快发展，供给保障能力不断增强，发展质量逐步提高，创新能力迈上新台阶，新技术、新产业、新业态和新模式开始涌现，能源发展到转型变革的新起点。"十三五"时期是全面建成小康社会的决胜阶段，也是推动能源革命的蓄力加速期，牢固树立和贯彻落实创新、协调、绿色、开放、共享的发展理念，遵循能源发展"四个革命、一个合作"战略思想，深入推进能源革命，着力推动能源生产利用方式变革，建设清洁低碳、安全高效的现代能源体系，是能源发展改革的重大历史使命。

"十三五"时期，我国能源消费增长换挡减速，保供压力明显缓解，供需相对宽松，能源发展进入新阶段。在供求关系缓和的同时，结构性、体制机制性等深层次矛盾进一步凸显，成为制约能源可持续发展的重要因素。面向未来，我国能源发展既面临调整优化结构、加快转型升级的战略机遇期，也面临诸多矛盾交织、风险隐患增多的严峻挑战。

根据《中华人民共和国国民经济和社会发展第十三个五年规划纲要》，2016 年 12 月，由国家发展改革委、国家能源局印发《能源发展"十三五"规划》。主要阐明我国能源发展的指导思想、基本原则、发展目标、重点任务和政策措施，是"十三五"时期我国能源发展的总体蓝图和行动纲领。

《能源发展"十三五"规划》提出，要贯彻落实五大发展理念，主动适应、把握和引领新常态，遵循能源发展"四个革命、一个合作"的战略思想，坚持以推进能源供给侧结构性改革为主线，以满足经济社会发展和民生需求为立足点，以提高能源发展质量和效益为中心，着力优化能源系统，着力补上发展短板，着力培育新技术新产业新业态新模式，着力提升能源普遍服务水平，全面推进能源生产和消费革命，努力构建清洁低碳、安全高效的现代能源体系。

主要任务部分包括以下七个方面：高效智能，着力优化能源系统；节约低碳，推动能源消费革命；多元发展，推动能源供给革命；创新驱动，推动能源技术革命；公平效能，推动能源体制革命；互利共赢，加强能源国际合作；惠民利民，实现能源共享发展。

实行能源消费总量和强度双控制，是党的十八大提出的大方略，是推进生态文明建设的重点任务。《能源发展"十三五"规划》提出：到 2020 年把能源消费总量控制在 50 亿 t 标准煤以内。从年均增速来看，"十三五"能源消费总量年均增长 2.5%左右，比"十二五"低 1.1 个百分点。为确保能源安全，应对能源需求可能回升较快和局部地区可能出现的供应紧张局面，《能源发展"十三五"规划》制定相关对策，主要通过提高现有发电机组利用率、提升跨区调运和协同互济保供能力等措施，确保能源充足稳定供应。

7. "十四五"以来

"十四五"时期，将是我国经济由高速增长向高质量发展转型的攻坚期，全国能源行业也将进入全面深化改革的关键期。

2022 年 1 月 29 日，《"十四五"现代能源体系规划》（发改能源〔2022〕210 号）（以下简称《规划》）印发实施。《规划》是"十四五"规划和 2035 年远景目标纲要在能源领域的延伸和拓展，将党中央战略部署贯彻落实到能源生产消费各领域、各环节、全过程，是今后一段时期构建现代能源体系的总体蓝图和行动纲领。"十四五"时期，我们要深入推动《规划》实施，加快构建现代能源体系，建设能源强国，全力保障国家能源安全，助力实现"碳达峰""碳中和"目标，支撑经济社会高质量发展。

近年来，在"四个革命、一个合作"能源安全新战略指引下，我国坚定不移推进能源革命，全面推进能源消费方式变革，建设多元清洁的能源供应体系，发挥科技创新第一动力作用，全面深化能源体制改革释放市场活力，全方位加强能源国际合作，能源生产和利用方式发生重大变革，能源发展取得历史性成就，能源高质量发展迈出了新步伐。我国现代能源体系建设基础具体如下：能源消费清洁低碳转型持续加快、能源供给能力和质量显著提升、能源技术创新能力进一步增强、能源体制机制改革稳步推进、能源国际合作彰显中国智慧。

当今世界正经历百年未有之大变局，我国正处于实现中华民族伟大复兴的关键时期，发展面临的国内外环境发生深刻复杂变化，对保障国家能源安全、推动能源高质量发展提出了新的更高要求。全面准确把握国内外能源发展形势，是做好"十四五"能源工作的前提和基础。当前国内外能源发展形势具体如下：全球能源供需版图深度调整、绿色低碳成为能源发展主旋律、创新引领能源发展作用更加凸显、能源安全保障任务依然艰巨。"十四五"时期是我国能源发展的重要战略机遇期，必须深刻认识新阶段保障国家能源安全、推动能源高质量发展面临的新情况新问题新挑战，增强机遇意识和忧患意识，准确识变、科学应变、主动求变，更好统筹发展和安全，在把握规律的基础上实现能源创新变革。

"十四五"时期的能源发展要坚持以习近平新时代中国特色社会主义思想为指导，以"四个革命、一个合作"能源安全新战略为根本遵循，全面贯彻党中央、国务院对构建清洁低碳、安全高效能源体系的总体思路和具体要求（关于国家安全战略的要求、关于生态文明建设的要求、关于创新驱动发展的要求、关于区域协调和民生保障的要求、关于治理体系和治理能力现代化的要求、关于高水平对外开放的要求）。

落实"四个革命、一个合作"能源安全新战略，锚定 2035 年远景目标，"十四五"时期能源发展要坚决贯彻"碳达峰""碳中和"重大战略决策，以推动高质量发展为主题，以深化供给侧结构性改革为主线，以改革创新为根本动力，以满足经济社会发展和人民美好生活用能需求为根本目的，推动现代能源体系建设取得重要进展。具体而言，要通过全方位提升能源安全保障能力、打造清洁低碳能源生产消费体系、推动区域城乡能源协调发展、提升能源产业科技创新能力、增强能源治理效能、开拓能源合作共赢新局面等措施来全面构建现代能源体系。

3.3.3 能源政策为能源结构转型提供的思路

优化能源结构，实现清洁低碳发展，是推动能源革命的本质要求，也是我国经济社会转型发展的迫切需要。《规划》提出，"十四五"时期的目标之一是能源低碳转型成效显著，单位 GDP 二氧化碳排放五年累计下降 18%。到 2025 年，非化石能源消费比重提高到 20% 左右，非化石能源发电量比重达到 39% 左右，电气化水平持续提升，电能占终端用能比重达到 30% 左右。可以说，清洁低碳能源将是"十四五"期间能源供应增量的主体。

在政策方面，《规划》中提出了要强化政策协同保障。立足推动能源绿色低碳发展、安全保障、科技创新等重点任务实施，健全政策制定和实施机制，完善和落实财税、金融等支持政策。落实相关税收优惠政策，加大对可再生能源和节能降碳，创新技术研发应用，低品位难动用油气储量、致密油气田、页岩油、尾矿勘探开发利用等支持力度。落实重大技术装备进口免税政策。构建绿色金融体系，加大对节能环保、新能源、二氧化碳捕集利用与封存等的金融支持力度，完善绿色金融激励机制。加强能源生态环境保护政策引领，依法开展能源基地开发建设规划、重点项目等环境影响评价，完善用地用海政策，严格落实区域"三线一单"(生态保护红线、环境质量底线、资源利用上线和环境准入负面清单)生态环境分区管控要求。建立可再生能源消纳责任权重引导机制，实行消纳责任考核，研究制定可再生能源消纳增量激励政策，推广绿色电力证书交易，加强可再生能源电力消纳保障。

为实现《规划》确定的能源结构调整目标。一是要增强能源供应链稳定性和安全性。强化底线思维，坚持立足国内、补齐短板、多元保障、强化储备，完善产供储销体系，不断增强风险应对能力，保障产业链供应链稳定和经济平稳发展。二是要加快推动能源绿色低碳转型。坚持生态优先、绿色发展，壮大清洁能源产业，实施可再生能源替代行动，推动构建新型电力系统，促进新能源占比逐渐提高，推动煤炭和新能源优化组合。坚持全国一盘棋，科学有序推进实现"碳达峰""碳中和"目标，不断提升绿色发展能力。三是要优化能源发展布局。统筹生态保护和高质量发展，加强区域能源供需衔接，优化能源开发利用布局，提高资源配置效率，推动农村能源转型变革，促进乡村振兴。四是要提升能源产业链现代化水平。加快能源领域关键核心技术和装备攻关，推动绿色低碳技术重大突破，加快能源全产业链数字化智能化升级，统筹推进补短板和锻长板，加快构筑支撑能源转型变革的先发优势。

3.4 "双碳"政策对能源结构转型的影响

"双碳"目标确立后，我国中央政府发布实施《意见》和《方案》，各级政府和相关行业纷纷制定并实施了一系列"双碳"政策，但在"双碳"政策从制定到实施的整个过程中，由于政府、能源企业、公众等利益主体之间存在着不同利益关系，且这些错综复杂的利益关系所产生的长远利益和短期利益冲突、经济利益和社会利益冲突、政府利益和公共利益冲突无法实现良好协调，对能源结构的转型产生了巨大影响，随之引发的能源结构转型问题逐渐成为影响我国实现"双碳"目标的突出矛盾，想要在未来40年内先后实现"碳达峰""碳中和"目标，无疑还面临着巨大挑战。

3.4.1 政策驱动能源行业发展趋向

《意见》指导思想中明确将能源绿色低碳发展确立为落实"双碳"行动的关键，《方案》重点任务中特别将能源绿色低碳转型设定为"碳达峰十大行动"之首，凸显了"双碳"政策对未来能源行业发展带来巨大影响，绿色低碳加速转型成为能源行业发展大势，主要呈现以下六个方面的发展趋向。

（1）保障安全下能源供给清洁化

《意见》提出要处理好减污降碳与能源安全的关系，保障能源供给安全。能源绿色低碳转型的首要目标和重要前提是保障能源供给安全，传统化石能源要发挥"补充与备用能源"的压舱石作用。在具体行动中，要坚持系统观念，处理好发展和减排的关系；坚持先立后破，纠正运动式减碳；处理好减污降碳和能源安全、产业链供应链安全、群众正常生活的关系。

能源供给要求大力发展风能、太阳能、生物质能、地热能及海洋能等非化石能源，因地制宜开发水电，积极安全有序发展核电，加速升级能源基础设施，提升电力供应水平。低碳化和电气化是能源供给的发展趋势，风电和光伏发电将加速发展，其随机性强、波动性大的特点给现有电力系统稳定运行带来重大挑战，需要加快构建以新能源为主体的新型电力系统，推动清洁电力资源大范围优化配置，加快灵活调节电源建设。源网荷储一体化和多能互补、分布式"新能源+储能"系统将得到大力支持。

（2）转型升级下能源消费低碳化

现有以化石能源为主体的能源消费结构将逐步转型升级，控制能源消费总量和强度，倒逼能源、工业、建筑、交通运输等重点用能领域实施节约用能和提升用能效率。提升"两高"行业重点领域能效限额水平，坚决遏制"两高"项目盲目发展。化石能源消费将逐步减少，推进煤炭消费替代和转型升级，"十四五"时期严格合理控制煤炭消费增长，"十五五"时期逐步减少煤炭消费。调整原油消费处于合理区间，"十五五"时期进入峰值平台期。天然气要发挥清洁能源属性，有序引导天然气合理消费，特别是非常规天然气资源开发受到重视，是未来重点发展领域。可再生能源消费将得到大力支持，鼓励地方消纳可再生能源，制定各省市非水可再生能源电力消纳责任权重，超出责任权重部分不纳入能耗消费总量考核范围。

（3）需求驱动下能源技术去碳化

供给侧和消费端的能源清洁和低碳化转型发展强烈依赖能源技术创新和进步提供可靠支撑，政策鼓励建立健全完备的能源科技创新体系，强化能源领域应用基础和前沿技术研究，加快先进适用技术研发和推广。煤炭、油气高效利用，将催生新一轮功能材料革命；

数字化、云计算、物联网、人工智能等技术将提升用能效率，减少能源消费产生的碳排放，助推传统能源行业高质量发展。科技创新机制和激励体系建设将助力能源领域应用基础和前沿技术的研发和推广，产学研用的有机衔接和深度融合发展支持产业创新中心、平台、实验室的共建，采用"揭榜挂帅"机制推动项目建设，将促进学科建设和人才培养。在创新机制引领下，将推动实施一批具有前瞻性、战略性国家重大能源技术科技项目，推进高效率太阳能电池、可再生能源制氢、可控核聚变等前沿技术攻关，推进风电、太阳能发电大规模友好并网的智能电网技术研发应用，促进新型储能和氢能关键技术研发、示范和规模化应用。

（4）改革引领下能源体制灵活化

能源体制改革将建立更加灵活的交易市场和价格体系，更好发挥市场对可再生能源规模化发展的促进作用。加快建设全国用能权交易市场，加强电力交易、用能权交易和碳排放权交易的统筹衔接，引导能源消费主体节约用能，促进清洁低碳和可再生能源消费。推进电力市场化改革，加快培育发展配售电环节独立市场主体，明确以消纳可再生能源为主的增量配电网、微电网和分布式电源的市场主体地位，保障可再生能源发电消纳。市场化价格机制将促进可再生能源规模化发展，包括完善差别化电价、分时电价和居民阶梯电价政策，提升电能利用效率，促进电力市场良性发展。严禁对高耗能、高排放、资源型行业实施电价优惠，通过电价调节机制引导行业发展。

（5）全球化理念下能源合作开放化

应对气候变化必须强化全球广泛合作，深化对外开放，加快建立绿色贸易体系，严格管理高耗能高排放产品出口，积极扩大绿色低碳产品、节能环保服务进口，支持共建"一带一路"国家开展清洁能源开发利用，积极推动新能源技术和产品走出去。能源领域国际交流合作将得到强化，目前中国与90多个国家和地区建立了政府间能源合作机制，与30多个能源领域国际组织建立了合作关系，与周边7个国家实现电力联网，为强化国际能源合作提供了广阔空间。第二十六届联合国气候变化大会上发表的《中美关于在21世纪20年代强化气候行动的格拉斯哥联合宣言》加强和规范了甲烷排放管控，甲烷排放将是能源行业重点监测和控制领域。国家主席习近平在中非合作论坛的主旨演讲中指出，在构建新时代中非命运共同体的历史起点上，主张推进绿色发展，倡导绿色低碳理念，积极发展太阳能、风能等可再生能源，能源对外开放和合作更加紧密和频繁。

（6）严格监管下能源统计规范化

研究制定"碳中和"专项法律，抓紧修订节约能源法、电力法、煤炭法、可再生能源法、循环经济促进法等，为能源行业健康良性发展提供基础制度保障。在"碳达峰""碳中和"综合评价考核制度中对能源消费和碳排放指标实行协同管理、协同分解、协同考核。应加快节能标准更新升级，修订能耗限额、产品设备能效强制性国家标准和工程建设标准，提升重点产品能耗限额要求，扩大能耗限额标准覆盖范围，完善能源核算、检测认证、评估、审计等配套标准，加强重点用能单位能耗在线监测系统建设，使能源使用过程的监管更加规范化，监管力度进一步加强，督导低碳用能和节约用能。可再生能源、氢能等作为新兴产业，将逐步建立健全标准体系，规范和支撑行业有序发展。

3.4.2 政策实施过程中的利益冲突对能源结构转型的影响

1. 长远利益和短期利益冲突对能源结构转型的影响

为了积极克服全球气候变化长期对人类发展的影响，我国提出要在 2060 年前实现"碳中和"的目标，但按照我国目前以煤炭为主的能源结构以及能源行业发展现状，短期内暂时无法实现"碳中和"，若利用"双碳"政策强制性大幅度降低煤炭消费的同时清洁能源无法实现有序替代，则会进而影响我国的经济发展和能源安全，解决好这种长远利益与短期利益的冲突是能源结构转型过程中的难点，更决定着能源结构转型的成败，因此，我国"双碳"政策引发的长期利益与短期利益冲突将对我国能源结构、降碳固碳技术、能源利用效率均发生影响。

（1）能源结构向清洁能源转型

随着"双碳"政策的推进，长远利益和短期利益正影响着我国能源形式由化石能源稳定有序地向清洁能源转型。

能源结构是指煤炭、石油、天然气和可再生资源等各类资源的构成及相互关系，它反映了一定时期内国民经济各部门、各地区经济发展所需各种能源的种类与比例。中国的碳排放有三个较为明显的特点：第一，总量很大，中国碳排放量世界第一，与世界平均水平相比，我国对能源消费仍然存在较高的依赖性，消耗同样能源产生的经济效益仍然较低。2022 年全球二氧化碳排放量约为 360.7 亿 t，中国二氧化碳排放量约为 114.8 亿 t。第二，行业差异大，排名前三是燃煤电厂、工业里的钢铁行业和水泥行业，三个行业的排放量加起来，超过了全国的 60%，所以节能减排，能源是主战场。第三，各地排放量存在差异，我国的碳排放集中于若干高收入省份，因此，很难有一个政策能够适用于全国各地。在能源结构转型过程中，虽然通过减煤降碳是"双碳"工作的重点，但政府在制定"双碳"政策时，要认识到降低煤炭消费占比不能一蹴而就，而是一项长期工程，既要考虑到短期内经济发展的条件和要求，以保证能源发展的稳定性和可持续性，同时也要尊重地方政府未来能源发展需求。

由于可再生能源发展对碳排放强度具有抑制作用，从化石燃料向能源可再生资源转变已成为世界各国的共识，因此，西欧、美国等大多数发达国家目前主要能源结构以石油和天然气为主，已经完成由高碳向低碳能源结构的转换，正在逐步转为以可再生能源利用为主的能源结构。而根据我国的能源利用现状，由于我国"富煤、贫油、少气"的资源禀赋条件，我国绝大多数企业仍将煤炭作为直接或间接燃料，因此，煤炭长期以来一直占据能源消费首位，2020 年其消费占比仍高达 56.8%，这种结构决定了我国的二氧化碳排放量在同等用能水平下也比别人要高，也说明了我国能源利用还未实现由高碳向低碳的转变。

从全球能源转型过程看，不同国家推进"碳中和"的情况和进度均不相同。目前提出实现"碳中和"的国家和地区中，大多数将于 2050 年实现"碳中和"，但根据各国经验，平均需要 50 年以上才能实现从"碳达峰"到"碳中和"的转变。而目前我国仍处于高质量发展阶段，碳排放仍将处于高位，在"双碳"目标的背景下，我国从需要从 2030 年至 2060 年这 30年内完成从"碳达峰"到"碳中和"的转变，而欧盟从"碳达峰"到"碳中和"承诺的时间为 60~

70 年，这预示着我国想要在不足 40 年的时间内完成"碳达峰""碳中和"两项目标，并且由煤炭为主的能源结构跨过油气为主这一阶段，直接转变为清洁能源，无疑为我国带来巨大挑战。

（2）技术领域向碳捕集和碳封存技术转型

要解决气候变化，关键在减少二氧化碳排放量，控制温室气体排放，而在"双碳"政策的作用下，传统能源行业，尤其是石化行业正加快推进降碳固碳技术创新。

为了解决部分路径碳减排难度较大的问题，一些人工固碳的技术成为"兜底"技术存在，CCUS（指碳捕集、利用与封存）主要做的就是二氧化碳的回收和固定。目前，由于 CCUS 项目的投入成本很大，投资额在几千万元乃至上亿元的规模内，且配置大量碳捕集设备，将形成巨额的运营保障成本，但在"双碳"政策实施过程中，由于 CCUS 这类新型产业项目暂无明确分类和准入审批程序，且企业目前成本投入与技术创新难以支撑实现"碳达峰"的目标，导致政府与能源企业之间的利益冲突愈发激烈，环境保护的长期利益与企业追求利润这一短期利益之间的复杂矛盾仍然无法解决。

目前全球均在大力发展降碳技术，欧美等发达国家为占据新兴行业制高点，势必对双碳技术保持严苛技术封锁态势，而我国目前 CCUS 技术尚处于初级研究阶段，想要通过自主创新实现碳捕集、碳收集的做法可能不利于降低新技术成本。虽然"双碳"政策的实施将带动一系列技术进步，但却不能保证能够达到企业继续维持现有的利润水平预期目标。目前的碳捕集与"碳中和"项目在立项、施工、运行和地质处理与封存场地和关停后的环保安全性评价、监管等领域未制定相应的法律法规，且我国碳交易市场尚未发展成熟，缺乏合理的财政支持和具体的财税保障，导致企业在进行碳排放量控制时更多地关注自身利益而忽略社会和生态效益等方面的影响。

在"双碳"政策的实施过程中，如果能够有效地对企业进行激励约束手段，有效控制规模效应、结构效应、技术效应和要素替代效应的复合影响，注意企业与政府间社会整体利益、环境效益与收益之间关系平衡，那么就能实现降低能源消耗、减少污染物排放量的目标。

（3）产业结构向能源高效利用转型

在"双碳"目标的大背景下，能源结构想要稳步实现转型，离不开提高能源利用效率这一重要基础。从重点行业看，近年来，我国主要工业产品单位能耗与国际先进水平的差距不断缩小，但部分高耗能产品单位能耗仍有一定下降空间，特别是随着能源循环利用比重的上升，一些行业的能效水平仍有较大的提高潜力。

站在"两个百年"的历史交叉口，想要实现中华民族伟大复兴的中国梦，就必须在现有国内生产总值水平的基础上，到 2050 年实现国内生产总值比目前翻两番，达到发达国家的平均水平。但按照目前的能源结构和单位生产总值能耗计算，我国未来每年的二氧化碳排放量将高达 390 亿 t，能效提升是减排的关键，对生产结构和能源结构优化有着重要贡献。

进入新世纪以来，随着我国经济高速增长和能源缺口逐渐增大的情况，我国关于减少碳排放相关政策主题从"节能减排"逐渐演变为"低碳"发展并过渡到如今的"双碳"时代。2006 年，我国中央政府首次提出"节能减排"目标，要把单位 GDP 生产耗能量减下来，并在之后推出了一系列行动和政策。在"十二五"期间又确立进一步控制二氧化碳排放强度指标，提出能耗和二氧化碳排放要分别降低 16% 和 17%。到了"十三五"期间，明确要求能源消费总量控制在 50 亿 t 标煤以内。到了"十四五"规划，明确提出了二氧化碳排放力争于 2030 年前达到峰值，努力争取 2060 年前实现"碳中和"，这是一个量化的绝对指标。

2020 年，中国工业产值占 GDP 的比重为 30.8%，但工业能源消耗占二氧化碳排放量的 65%。我国正处于工业化发展阶段，制造业以重工业为主，能源消耗量大，产业结构单一，但其中大多数高耗能产品属于国家战略原材料，对市场供应的稳定、工业体系的完整和经济的稳定增长起着决定性作用。以钢铁行业为例，2020 年中国钢铁行业碳排放量占全国碳排放的 15% 左右，其中传统的炼钢工艺长期占据主导地位，电炉炼钢比例远低于世界平均水平，整体能源结构高碳化，工艺流程结构调整压力大，绿色产品供给不足，产业集中度不高。为了实现 2030 年前"碳达峰"目标，未来严控产能总量并淘汰落后产能、推动兼并重组、布局低碳发展、加快节能提效，将会是十分重要且必要的减碳举措。

因此，在未来产业结构转型过程中，要遵循可持续的发展理念和原则，注重科学规划，强调节能减排、污染控制、可再生能源应用，着力构建低碳、绿色的新型产业结构。同时，要以此为基础，努力实现国家战略原材料的安全性、可靠性和持续性，大力促进有为政府与有效市场的联动与耦合，以保证经济可持续发展和国家安全。

2. 社会利益和经济利益冲突对能源结构转型的影响

能源结构转型既属于经济社会发展的重要领域又涉及国家总体利益，它不仅仅是一个经济问题，同时也涉及社会公正、环境保护、可持续发展等多种社会利益问题。一方面，由于"双碳"政策对于社会具有重要意义，政府制定了一系列新能源支持性政策，以及高耗能产业的监督监管政策。另一方面，在政策驱动下高能耗产业企业逐渐向新能源产业过渡，但由于转型投资风险与经济成本过高，企业面临巨大的财务压力，从而导致能源安全风险不断加大。因此，由"双碳"政策引发的社会利益与经济利益之间的冲突已经使政策导向、优惠政策和体系建设发生了转变。

（1）政策导向：由以政府导向为主向政府导向与市场导向相结合转型

随着工业化进程的不断推进，尤其是改革开放 40 多年来，我国的经济发展得到了快速增长，当前及以前那些以政府导向为主发布的能源政策不再满足我国各工业、商业、服务业发展需要的同时，也不再满足人民对美好生活的向往，因此，我国从中央政府到各级地方政府在对现有"双碳"政策进行补充完善的同时也要加强顶层设计，更好地实现市场导向与政府导向相适应相匹配。

能源政策是宏观调控的主要手段之一，对整个国家的经济发展起着至关重要作用，我国"双碳"目标能否顺利实现，还有赖于具体政策制定。从政府维度看，政府需要制定行政法规、部门规章来对企业碳排放行为进行约束，政府制定的很多政策目标，也需要通过竞争性市场机制加以落地，这对不同类型产业进行合理布局，实现资源有效配置和优化配置，从而提高整个地区经济发展水平，促进社会经济发展，区域能源结构转型具有重要意义。而从市场维度看，市场机制能够保证以最为经济有效的方法实现降碳，同时可以促进企业减排技术的创新，以此控制碳排放总量，但由于市场机制存在明显的市场失灵问题，更需要政府通过规划、政策、监管等措施弥补市场作用下的短板问题。因此，"双碳"目标在政府层面的行政法规保障的基础下，还需要借助市场层面的价格机制、技术创新来实现。

对于宏观调控而言，能源战略规划中最重要的就是产业布局和资源配置。因此，产业布局规划、战略部署等都会影响到具体策略实施效果，而合理有效地发展经济需要建立科学合理且稳定增长机制来实现这一目标，这就要求政府根据不同地区实际情况制定相应政策以促进区域内各行业间协调有序发展，从而实现社会整体利益最大化。在未来一段时间内，我国需要政府和市场两手发力，双轮驱动，出台一系列"双碳"政策、法规以应对资源环境瓶颈制约和实现经济社会协调发展，平衡企业经济利益与政府社会利益之间冲突，有效解决我国新能源开发成本高、技术不成熟等矛盾与难题，从而不断促进我国经济社会发展方式转变、提高资源利用率和环境承载能力。

（2）税收优惠政策：由资源综合利用向低碳经济转型

低碳经济的发展需要大量的资本投资，税收优惠作为一种税收型支出，可以看作引导社会资本向低碳领域倾斜的公共资本投资。短期内想要更好地实现政府对能源市场投资的宏观调控，可以通过完善低碳经济的税收优惠机制，以此调节我国能源消费和产能设备投资，减少煤炭和石油产能投资，增加天然气和电力等清洁能源产能投资。

从国外能源税和碳税政策的实施效果来看，碳交易机制在短期内虽然能够对经济增长起到一定帮助，但长期看来，能源结构转型势必要带来一系列影响和阻碍，一方面可能会增加企业成本压力；另一方面也有可能造成环境污染、生态破坏等问题，从而导致社会整体利益受损。而碳税会降低能源成本份额和生产效率，但会提高能源使用和非能源生产效率。因此，国外在对能源税和碳税等其他资源综合利用税收政策体系改革时，普遍制定了税收优惠政策。倾向于低碳经济的税收优惠政策可以在实现提高资源利用率、降低碳排放量等社会利益的同时，满足经济增长的需要。

长期以来，我国虽然也建立了以促进资源综合利用为主的税收优惠政策体系，但是从我国现行的税收优惠政策来看，由于"双碳"目标关系到各级政府部门，缺乏统一组织协调、推进服务和严格监管的具体工作机制，容易造成政策资金投入较为分散、资源共享平台缺失、平台容易重复建设、项目需要多头申报核准等问题，这就导致近些年低碳经济的税收优惠政策的引导效果不明显，无法有效促进清洁可再生能源建设以及新技术应用等措施更好地为环境生态服务。与"双碳"目标的系统性、长期性相比，现行机制在有效性方面还存在一定缺陷，需要通过以资源税、碳税和所得税改革等途径不断完善，从而形成以低碳经济为导向的税收体系。

（3）体系建设：由快速降碳向能源安全转变

在我国能源资源禀赋和经济发展条件下，我国对于煤炭、石油等传统化石燃料的使用占比较大，在2020—2021年"双碳"目标提出初期阶段，部分地区"谈煤色变"，我国煤炭消费降幅明显，但能源作为经济社会发展的基础和动力源泉，有关国计民生和国家安全，随着"双碳"政策逐步厘清错误认识和错误做法，尤其是近期地缘政治紧张导致国内外能源市场剧烈波动，我国已将能源安全提升至和粮食安全同等重要地位，能源体系建设正在由快速降碳向能源安全方向转变。

面对我国刚性能源增长需求，若单纯依赖资源开发或进口，能源安全保障、生态环境都将承受巨大压力。

在"双碳"目标的背景下，一方面，转型过渡期的能源安全问题也持续升级，行业转型和产业调整的阵痛不断凸显；另一方面，中央政府表示能源转型势在必行，绿色低碳是共识，煤炭、电力等传统能源企业只能在政策指引下收缩煤炭发电量，利用天然气、可再生能源作为调峰资源实现能源的多元互补，例如 2021 年的夏季，全国不少地方电力企业无法完成降碳目标，出现了"拉闸限电""一刀切"的现象，不仅影响了工业企业的生产，还影响到居民的日常生活，牵动了全社会的敏感神经。

一直以来，我国煤和电的博弈从未终结，虽然在"双碳"目标压力下，煤炭产能的不断降低，使得天然气、可再生能源利用水平整体上升，但由于科技发展水平限制，天然气、可再生能源利用效率远远达不到需求水平，导致能源供应严重不足，煤炭、石油等高耗能、高排放量主要能源有序退场，天然气、可再生能源等清洁能源有序替代成为解决能源供应不畅这一矛盾的当务之急。作为我国高质量发展的一个长期目标，"碳中和"不仅仅是限制能源使用，而是要通过能源结构的优化来达成降低碳排放，依靠"拉闸限电"来降低能耗的做法只会损害经济社会的健康发展。因此，政府作为政策制定者需要推动全社会的低碳化变革，逐步培养居民、企业等多个层面的低碳文化，让低碳理念深深植根于人心，从而更好地保障体制革命、技术革命和工业革命过渡顺利推进。

3. 政府利益和公共利益冲突对能源结构转型的影响

在"双碳"目标这一大背景下，越来越多的政府向公众承诺用更为绿色低碳的经济增长方式来解决能源结构转型的影响，但"双碳"政策执行过程中，由于政府利益与公共利益之间的冲突，政府的个别行为偏离了公共利益这一初衷，导致公众认为政府推行"双碳"政策实质是以全社会的"公共利益"谋求个别官员的"政府利益"，使得政府公信力受损，为了扭转政府形象，目前"双碳"政策的政策主体、政策监督以及政策变动正在发生转变。

（1）政策主体：由政府主导向公众参与转变

公共政策从制定到实施的全过程不仅仅是政府的主观行为，也需要社会各方共同的积极参与。"双碳"政策作为一个新兴概念，关乎全体人民的利益，在能源结构转型过程中，作为低碳发展的主要受益者和利益方，人民有权利参加公共政策制定过程，充分表达自己的利益需求和意见。因此，为了协调政府利益和公共利益之间的矛盾，"双碳"政策的制定也需要政府与企业、社会公众在相互博弈中达成一致意见，各级政府必须面对来自微观经济主体的政治压力，与各主体之间的有效沟通交流，包括公众对政策内容、实施目的以及相关法律法规等进行讨论，并有责任听取利益相关方的意见，提高群众参与程度，最终制定出合理有效的"双碳"政策。

在"十八大"之后，我国推行了一系列节能减排和环境保护措施，但当时我国环境形势严峻，公众的风险认知影响因素较为复杂，政府要想实现社会大众参与到国家政策制定过程中来，就需要从多个方面入手。首先政府要长期不断地宣传能源政策的重要性，引导公众积极参与到其中，公众通过积极参加政策相关议题讨论更加深入了解政府工作情况、社会发展规划等问题，从而促进社会大众参与政策制定过程，更好适应社会发展的能源政策。另外，公共政策制定者和研究人员需要着重研究公众的个人特点、政治立场等关键因素进行技术评估和政策预判，使公共政策更多地融入公众认知和提高可接受程度。只有在政策制定之初便了解公众对政策的认知，并将公众的意见反复与政策制定者、利益相关方进行交流，力争在政策制定过程中达成多方统一意见，才能确保政策后期执行的顺利进行。

随着"双碳"政策的推行，政府必须尽量确保能源结构转型所带来的经济成本不会过分损害公众的利益，避免因政府利益和公共利益的对立和冲突。例如，城镇居民和农村居民作为不同利益主体对于禁止焚烧秸秆、禁止燃煤存在不一样的利益诉求，因此，各级政府在制定或修订公共政策前，需要考虑听取不同利益主体的意见。如果部分地市在未做好"气代煤""煤改电"的前提下，只顾追求低碳发展，忽视农村民众利益，特别是特定贫困地区的民众，对于全面禁煤实行一刀切，不允许农村燃煤，冬季百姓无法取暖等问题凸显，必然会导致清洁能源发展的不可持续。

为了使社会大众能够更加积极地参与到公共政策中来，更好地了解和掌握公众关心的热点问题，各级政府可以通过设置群众"双碳"政策反馈渠道，以提升政府在决策中所需考虑到的影响因素，从而积极增强政策制定的科学性、合理性和民主科学度，稳步促进我国能源结构转型。

（2）政策监督：由传统化石能源向可再生能源转变

公共政策监督的重要作用之一是约束公共政策，保障其按照既定目标实施。虽然目前我国的"双碳"政策监督依旧主要针对传统化石能源的监督，对可再生能源方向的监督不足，立法、监管和行政等监督举措有所缺失，但国家能源局等相关部门已经意识到此类问题，提出畅通咨询投诉渠道等措施，推动可再生能源高质量发展。

以风力发电为例，我国"十四五"规划中明确提出要加快构建以新能源为主的新型绿色电力系统。为了加大可再生能源发展力度，就规范风电场地的建设用地而言，国家发展和改革委员会（简称"国家发改委"）、国土资源部（现为"自然资源部"）和国家环境保护总局（现为"生态环境部"）出台了《风电场工程建设用地和环境保护管理暂行办法》，该办法对规划建设的风电场工程项目的建设用地审批、环境保护等问题都作出了规定。随后国家发改委等部门又联合出台了《关于支持新产业新业态发展促进大众创业万众创新用地的意见》，对于风电项目涉及的占地的不同情况作出了规定。而我国目前并没有明确规定对草原生态保护补偿机制制定政策，由于法律规定不明确、土地所有权归属不明、草场租赁价格偏低、牧民缺乏合理的利益诉求等原因，草原上出现了大量的牧民以草场出租和出售为目的进行转租和买卖。从政策出发点来说，戈壁、荒漠、荒草地等未利用土地将保障可再生能源可持续发展，但从政策监督的实施效果来看，由于缺乏了对可再生能源的监督，部分土地用地权属不清晰，投资者往往在后期运营中需支付巨额的沟通成本，甚至存在项目无法正常运营的风险，偏离了最初的政策既定目标。

在我国"双碳"目标的大背景下，政府主管部门在对我国现行的"双碳"政策实施监督实践过程中，应坚持和正视能源企业的存在，加强其在制订政策过程中起的积极参与作用和有效监督保障作用，克服少数公共服务机构组织的消极自利性，对可再生能源发展进行有效的监督监管，这是促进我国可再生能源健康发展的重要手段。

（3）政策变动：由频繁向稳定转变

"双碳"政策的频繁变动极易引起政府利益与公共利益的冲突，进而影响能源结构转型的有序推进。公共政策是一项复杂的权力运作，具有事项重大且利益广泛、主体众多且权责交叉、后果滞后且影响深远等特征。由于存在的公共政策问题、目标、环境、负效应等各种原因，公共政策往往不得不做出大变动，公共政策的变动有可能需要对原有公共政策制度进行微调，也可能对公共政策体系进行大幅度的调整，或者将直接走向终结。政策调整往往伴随着大量的资源投入和大量的资金支出，因此，对于政府来说是一项非常庞大的工程，而公共政策的调整具有很强的不确定性和不可预见性，并且容易造成严重的经济与社会影响。

以我国"十四五"规划为例，"十四五"规划是关于我国未来5年发展计划的重要文件，为了实现既定目标，相关部门在制定"十四五"规划时必然要考虑到诸多公共政策调整，并对这些变更采取一定的应对措施。而这一指导意见在实际操作中会存在一定困难：一方面由于政策颁布时间较短，很难在短时间内对相关企业起到约束作用；另一方面由于能源结构转型涉及较多产业，仅依靠行政手段无法快速推动。

近些年上级政府不断把"双碳"政策责任下移，将更多政策责任下移至基层政府，变动随意性较强，而且各个地方没有统一的政策变动框架，这就给基层政府带来难题，本身财政实力有限，又不得不承担更多公共政策责任。除此之外，基层政府作为执行政策的主体，面临着很多的利益冲突和矛盾，尤其是在能源结构转型过程中，由于各地区和各个行业对转型目标认识不足和执行难度较大，因此，出现了大量利益矛盾纠纷。这就导致了大量项目建设无法按时完成，给当地政府造成了巨大压力。在这种情况下，虽然各级政府出台了一系列"双碳"政策，但却因为不了解而出现偏差。而由于缺乏对公共政策监督的手段和方式，地方政府无法确保政策执行的公平和公正，导致企业、居民对基层政府的信任度降低。

政府需要正视政策频繁变动而导致的问题，加强政策的稳定性，切忌"朝令夕改"，也要尽量规避"牵一发而动全身"的问题。政府首先要加强政策制定的科学性和民主性，广泛征求各方意见，充分吸收专家学者、企业代表、社会公众等各方建议，确保政策制定的合理性和可行性；同时还要加强政策执行的监督和评估，及时发现问题并进行调整。此外，建立长效机制也是关键，政府应制定长期稳定的"双碳"政策框架，明确减排目标、时间表和路线图，为各方提供明确的指导和预期，集结政府与公众的力量，同心协力促进能源结构转型。

3.5 优化我国能源结构转型的"双碳"政策建议

一项公共政策在某个历史阶段是适应当前任务的，但随着不断发展，就需要及时对政策进行优化和调整。"双碳"政策的研究制定，要注意提高宏观战略思维能力，把系统观念贯穿于"双碳"政策整个全生命周期，平衡长远利益和短期利益、社会利益和经济利益、政府利益和公共利益的关系。具体而言，在能源转型背景下完善"双碳"政策可从以下三个方面着手。

3.5.1　加大推进能源绿色低碳发展政策导向力度

能源绿色发展与能源低碳转型是我国实现"双碳"目标的关键,扎实推进我国能源绿色发展,要立足于我国现有能源资源禀赋基础,统筹保障发展公平和能源安全,构建一个清洁、高效、低碳、环保、安全、节能的清洁能源体系,为我国实现"双碳"目标,全面率先建设能源强国提供最坚实保障。

1. 推进化石能源清洁高效利用的政策导向

我国能源结构想要实现"双碳"目标,必须强调在充分确保清洁能源安全稳定供应的基础上,提高燃料高效转化效率水平,合理有序地控制化石能源生产消费。

煤炭依然是当今我国经济社会的传统主体能源动力和重要战略性工业原料,要真正立足以煤炭为主的基本国情,夯实国内能源生产基础保障,提升煤炭安全优质利用现代化水平,发挥煤炭兜底保障作用,切实强化我国煤炭绿色稳定供应、推动国内煤炭资源绿色高效开发、合理控制煤炭消费规模增长规模、推进煤电灵活低碳发展、提升煤炭综合利用效能。另外,对于其他高碳化石能源,提升油气绿色生产能力、合理调控石油消费、有序引导天然气消费,推动传统油气行业绿色循环生产、高效经济利用,是新形势下保障我国能源产品安全供给最现实的需要,也是国家构建绿色低碳替代能源体系的重要战略。

2. 制定大力发展可再生能源的"双碳"政策

实现"碳达峰""碳中和",要进一步把高效用好可再生能源工作放在突出战略位置,集约发展风能、太阳能、生物能、地热能、潮汐能等先进绿色新能源。

可再生能源量大面广、分布广泛,分布式能源系统贴近用户、配置灵活,发展分布式可再生能源可有效降低能源长距离输送损耗,分散能源安全风险。除发展大型风电光伏基地和分布式可再生能源以外,水电是我国西部地区重要的清洁能源和灵活电源,核电是东部地区实现能源结构低碳化、保障能源供应的重要技术选项,生物质能可为广大农村城郊地区提供环境友好、灵活便捷的电力热力等,是我国可再生能源发展的重要内容。要因地制宜发展水电、积极安全有序发展核电、多元化发展生物质能。充分利用目前中国北方沙漠、戈壁、荒漠空间资源,以现有国内大型的风电光伏基地为产业基础,因地制宜规划建设大型风电、光伏基地、配置建设清洁高效支撑电源、提升可再生能源外送能力。

3. 深化能源体制机制改革

推进"碳达峰""碳中和",加快建设全国统一的煤炭、油气等能源市场是关键,要充分发挥煤炭价格、天然气价格机制促进降碳的激励约束作用,促进能源在更大范围内流动,为实现"双碳"提供重要保障。

在未来不到四十年内要实现"碳中和"目标,对现有能源体制机制、政策体系、管理方式提出了新要求,而当前我国能源价格机制尚不健全,资源环境外部性成本体现不足。2021年,我国能耗强度较"十五"末累计下降44%,支撑碳排放强度下降50.5%,节能对碳排放强度下降的贡献达80%以上。在化石能源消费占比仍然较高的情况下,要继续从结构、技术、管理和市场四个方面推进绿色低碳技术体系构建。具体而言,首先进一步提升可再生能源在能源结构中的比重，优化能源结构；以国有企业为创新主体，重点布局可再生能源、氢能、储能、先进核能、碳捕集利用与封存(CCUS)等变革性绿色低碳技术，推动主体绿色低碳技术体系创新，并发挥国有企业集约化管控优势，统筹平衡内部所属单位碳排放配额；再次要通过能源价格改革加以促进新能源全面参与市场交易，进一步深化、细化能源市场改革及能源行业全国碳交易市场两个市场的机制建设，构建统一规范碳排放和碳交易的统计与核算体系，各行业加快出台标准规范，在统一标准下落实好"碳达峰""碳中和"。

3.5.2　加大推进产业优化升级

加快传统产业深度调整，需要在大力发展绿色低碳产业的同时，有效抑制高能耗的项目盲目发展，从而实现产业结构全面优化升级。近年来，我国高新技术产业改造升级明显加快，高新技术制造业总产值占比持续提升，但却仍未发展成为引领社会发展创新的科技主导力量。

1. 推动传统产业升级

推动传统产业节能降碳方面，主要是实施节能降碳改造升级、实施能源替代降碳改造、加强能源管理工作。

传统产业是我国产业体系的重要组成部分，未来一个时期，我国仍要高质量发展传统产业，努力推动钢铁、有色金属、石化、建材、装备制造工业等六大重要传统产业结构调整与优化升级，加快我国传统重大工业领域真正实现高效率低碳化工艺体系装备革新转变和新型生产方式数字化转型。

深化电力、天然气等能源产业供给侧结构性改革，通过多种形式加速推动传统产业结构升级及调整、优化调整产业布局结构；并有序化解煤电、钢铁领域过剩的落后产能、引导产品结构升级、扩大绿色产品供给，禁止盲目发展的冲动和低水平重复建设。

2. 大力发展绿色低碳产业

发展绿色低碳产业符合国际发展潮流，是提高我国制造业竞争力、实现高质量发展的内在要求。发展一批高效绿色低碳新兴产业是推动经济产业结构持续优化调整的重要发展途径，要通过加快推动节能环保和新业态转型发展、加快提升新一代信息技术产业竞争力、加快带动新能源产业跨越式创新发展、加快促进智能装备基础和创新能力等建设，此外还可以通过与高校、科研机构资源共享、协同研发、课题攻关等方式，重点加快氢能、储能、CCUS等战略性新兴高科技产业发展与传统绿色低碳产业技术的创新融合发展，多产业、多维度助力实现"双碳"目标。通过开辟绿色低碳项目特殊通道，因地制宜和积极有序发展绿色工厂、绿色产品、绿色园区、绿色供应链，加快探索并构建中国新型绿色与现代制造体系，推动全国装备制造业绿色、清洁、循环、高效、低碳发展。要着力于加快统筹推进和运用新一代信息技术在绿色低碳产业领域内的应用，实现数字化、绿色化融合发展。

3.5.3　超前谋划绿色低碳政策

二氧化碳排放具有典型的负外部性特征，实现"碳达峰""碳中和"，需进一步完善财税、价格、金融、贸易等政策和市场化机制，推动碳排放外部成本内部化，激励和引导各类主体参与碳减排，构建有利于"碳达峰""碳中和"的政策机制。

1. 强化财税政策的支持引导作用

财政税收政策是重要的宏观调控手段，在促进社会经济发展绿色转型过程中具有独特的引导作用。构建更加有利于实现绿色低碳发展的财税政策体系，要加强财政资源统筹，优化财政支出结构，加强财政支持"碳达峰"和"碳中和"的顶层设计衔接，充分发挥税收优惠政策正向作用，落实新"三免三减半"（符合条件的企业从取得经营收入的第一年至第三年可免交企业所得税，第四年至第六年减半征收）、即征即退、先征后返等税收优惠政策，强化财政资金支持引导、发挥税收政策激励约束。

2. 健全金融政策的配套建设

发展碳金融政策，应当从以下几个方面进行构建：第一，政府部门通过采取一定的政策引导和优惠措施，提高金融机构的积极性，加快对交易平台、交易规则、项目管理与经营等方面的探索和引导鼓励金融机构按照绿色金融相关制度、政策、规则和标准，加大对能源、工业、交通、建筑等领域绿色发展和低碳转型的支持力度；第二，鼓励碳交易中介机构的建立和发展，中介机构熟知碳交易的流程及规则，能够节约交易成本，研究推进绿色资产证券化产品、绿色资产管理产品等发展；第三，建立碳金融人才储备库，加大对相关专业领域的人才培养力度，鼓励相关高校开设环境金融等方面的专业和课程，建立碳金融人才储备库，推动建立学校、企业双导师授课模式，将企业重大低碳科研项目引入学校课程，打破产业和教学之间的壁垒，实现教学、科研、企业需求与"双碳"人才培养动态融合，加强"双碳"人才培养；第四，有效发挥保险资金独特优势，拓展保险资金运用范围，鼓励保险资金投资向绿色产业和绿色项目倾斜，支持新能源发展、化石能源转型等项目建设。

3. 探索实施碳排放权交易政策

碳排放权交易是运用市场化手段促进碳减排的一种政策机制。首先，我们必须坚定不移、有序地推动建立一个全国统一的国家碳排放贸易市场，并将其纳入公共资源的国家贸易平台。一方面，大力拓展交易范围，鼓励交易制度规则的设计，以促成更多的碳排放项目的交易。另一方面，要正确认识碳排放权交易本质，加快全国碳排放权交易市场建设，加强碳金融市场的规范化管理，建立健全法律法规体系，强化数据质量管理，为碳交易提供更加顺畅科学的交易平台，稳步推进市场升级扩容。其次，要加大碳金融衍生产品的创新力度。目前国外碳金融市场已有一定规模数量的金融衍生品，相比之下，中国的碳金融衍生品种类还较为单一。再次，打通碳金融交易提供渠道，丰富碳金融衍生品的流动性和市场参与度。最后，加快碳市场国际化，国家层面推动建设国际碳交易场所，做好碳市场、碳资产数据保护，辐射"一带一路"国家、东盟国家等，鼓励研究开发自主碳信用产品，提升国际碳定价话语权。因此，政府应当鼓励商业银行以及各大金融机构积极开发碳金融衍生品业务，同时完善风控体系，以降低系统风险。

第4章 我国"双碳"路径分析

4.1 我国碳排放达峰路径分析

4.1.1 我国碳排放现状与实现"碳达峰"存在的问题

1. 我国碳排放现状

（1）碳排放总量及结构

中国目前的 CO_2 年排放总量及其占全球 CO_2 年排放总量的比例已跃居世界首位。依据国际能源署（International Energy Agency，IEA）的分析数据，2021 年的中国年 CO_2 排放总量约 120 亿 t（含工业过程排放），更是达到了全球当年 CO_2 排放总量的 33%。

从碳排放维度来看，我国仍然以煤炭、石油、天然气等易排放二氧化碳气体的能源结构为主；就高碳排放部门而言，我国正处于经济发展转型的关键阶段，以往的高消耗粗放型行业面临极大的减排压力，其未来转型重点应放在节能技术的提升的新能源替代的层面。

（2）"碳达峰""碳中和"相关政策

作为《巴黎协定》的积极践行者，中国主动承担起碳减排责任，承诺到 2030 年，单位国内生产总值二氧化碳排放比 2005 年下降 60%～65%，非化石能源占一次能源消费比重将达到 20%。为实现这一目标，中国政府制定一系列降低碳强度和减少碳排放的措施，具体包括改善能源结构、优化经济结构等，并取得一定成效。然而，作为世界上最大的能源消费国和碳排放国，中国面临着非常严峻的碳减排压力。预计未来随着我国节能减排政策的进一步出台，我国碳排放情况将进一步改善。目前国家出台的关于"碳达峰""碳中和"的政策围绕着各个地区、各个行业，可见目前国家对于建立健全"碳达峰""碳中和"相关法律政策这一方面十分重视。

2. 我国实现"碳达峰"存在的问题

在现有经济社会发展目标、能源和产业结构条件下，要实现"碳达峰"目标，应在确保经济社会平稳发展的同时，尽快实现经济发展与碳排放的脱钩，这就需要实现经济社会发展模式及技术体系的巨大变革，须面对来自公民意识、生活方式、科学技术及社会管理体制等方面的严峻挑战。

（1）"碳达峰"政策法规标准体系建设还不够完全

通过近年的政策对比我们发现，实现"碳达峰""碳中和"是一项涉及多领域、多部门的系统工程，但目前我国尚未形成全面、完善的"碳达峰"标准体系。

① 我国"碳达峰""碳中和"标准体系缺乏统筹协调。因为"碳达峰""碳中和"工作涉及范围广，其对应的标准体系的范围和边界需要动态调整，且各领域标准体系独立存在，缺乏彼此间的协同。

② 我国"碳达峰""碳中和"不同层级。标准之间容易产生交叉与矛盾。由于现阶段我国"碳达峰""碳中和"标准体系的层级还是按照国家标准、行业标准、地方标准、团体标准、企业标准五个层级划分，标准层级多、标准制定主体也不同，标准相关指标、内容等易出现重复、交叉或矛盾的问题。

③ 我国"碳达峰""碳中和"标准统计分析不全，无法分析我国现有"碳达峰"标准与国际上一些国家的差距和薄弱环节以及未来主攻方向。

（2）能源转型困难

中国能源结构转型困难。20世纪以来，世界能源经历了从高碳到低碳转型，当前正经历向零碳转型。能源结构转型则由以煤炭为主到以油气为主再到以非化石能源为主。能源生产结构的特征造就了能源消费，中国能源转型路径不会按照全球能源转型的路径走，而是经过煤炭、石油、天然气、可再生能源和核能多种能源并存的过渡，转型为以可再生能源为主。能源结构转型是历史的必然，也是当今时代发展之大势，要正视并克服能源转型的困难。聚焦能源安全和能源自主可控的国家战略需求，多快好省推进低碳新能源代传统能源是"双碳"行动的重点任务。然而，中国现在的能源多是高碳基的，化石能源占总能源消费的85%。即使2050年非化石燃料占总能源消费的比重达到理想的62.8%，但由于GDP翻两番时刚性能源需求量的增加，其化石能源消费的CO_2年排放仍将高达170亿t以上。因此，如何平衡好发展与碳排放的关系，在更短时间内开发出绿色低碳的替代能源，尽快实现经济发展与碳排放的脱钩是最为严峻的挑战。

（3）产业结构调整困难

产业结构调整是推进减污降碳协同增效的重要抓手，对实现"双碳"目标具有重要意义。2020年我国工业产值占GDP的30.8%，但工业能源消费占了65%的能源消费CO_2排放量。我国的制造业以重化工业为主，高耗能产业庞大，却又是国民经济的重要组成部分，其中相当一部分高耗能产品属于国家战略原材料，对市场供给稳定、产业体系完整和经济稳步增长具有重要支撑作用。科技创新是决定"双碳"目标实现的根本动力。目前，我国"双碳"技术尚处于发展的初级阶段，可以支撑"双碳"行动的科技创新储备不足，亟待开展问题和目标导向的颠覆性、变革性技术研发，尤其是在能源领域和产业结构调整方面。

（4）"碳达峰"工作过渡期短

中国从"碳达峰"到"碳中和"的实现时间更短。我国"双碳"目标的实现间隔仅有30年时间。而且2030年前实现"碳达峰"本就是实现难度较大的目标，"碳中和"目标的实现还要在此基础上维持甚至加大原有的限制条件，当前部分国家和地区提出2050年前实现"碳中和"。相较而言，中国目标实现时间虽晚但难度却更高。究其原因，是那些国家和地区基本上已经在自然状态下发展至"碳达峰"，对他们来说，这两个目标之间的过渡时间通常是在40年、50年甚至更多。时间间隔足够长，就有更充足的时间以缓和渐进的方式来实现"碳中和"目标。更重要的是，碳排放在达峰后就会自然下降，实现"碳中和"就要容易得多。而与发达国家可以自然渐进地实现"碳中和"目标不同，中国实现这一目标需要克服减排和能源转型时间紧、任务重的难题，需要更大的改革力度。

（5）自然生态系统碳汇功能有限

在以能源供应与消耗为主的"双碳"技术没有取得重大性突破及大规模应用之前，生态系统碳汇功能在维持经济发展和国家安全的基础性人为碳排量空间方面将发挥重要作用。尽管我国分布着广袤的高寒、荒漠、沙漠及盐碱地等自然生态系统，但其碳汇能力有限，且受限于国土空间、气候、水土资源和环境承载力等众多限制因素，想要短时间、高质量实现"双碳"目标可谓任重而道远。

4.1.2 我国碳排放趋势分析

随着工业化和现代化的不断推进，我国二氧化碳排放总量不断攀升，在 2007 年我国就已成为世界上碳排放量最大的国家。2021 年 12 月 14 日，中央纪委国家监委网站发布《新视野 | 推动煤炭和新能源优化组合》新闻提到：2020 年我国能源燃烧产生的二氧化碳排放量约 102 亿 t，约占全社会总排放量的 87%，其中电力行业约占能源活动二氧化碳排放总量的 41%。实现"双碳"目标，能源是主战场，电力是主力军，需要以安全降碳为重点加快推进能源清洁低碳转型。所以，要对我国碳排放趋势进行分析，就必须要对我国能源发展趋势进行分析。

1. 我国能源形势的基本判断

能源是人类社会赖以生存和发展的物质基础，能源的开发利用事关国计民生，既能影响经济的高质量发展，又和人们日常生活息息相关。中国经过几十年的努力，已经初步形成了以煤炭为主体，电力为中心，石油、天然气和可再生能源全面发展的能源供应格局，基本建立了较为完善的能源供应体系，成为世界上第一大能源生产国和消费国。我国能源消费的快速增长，不仅为国内经济增长提供了强有力的支撑，还为世界能源市场创造了广阔的发展空间。

近年来全球极端天气频频出现，气候变化成为全球关注的焦点之一，同时国际能源形势不断恶化，能源发展向低碳和可持续两个方面转型已经成为各国的一致行动。面对能源资源枯竭和生态环境污染严重等问题，我国在提高能源效率、降低能源强度、发展绿色能源和改善能源结构等方面做出切实努力。2014 年 6 月，我国审时度势，创造性地提出"四个革命、一个合作"能源安全新战略，积极推动我国能源发展转型。2020 年 9 月，基于实现可持续发展的内在要求和推动构建人类命运共同体的责任担当，作为世界上最大的碳排放国家的中国在第七十五届联合国大会上，为切实履行《巴黎协定》做出庄严承诺，提高国家自主贡献力度，力争 2030 年前实现"碳达峰"、2060 年前实现"碳中和"。2021 年，为实现"双碳"目标，我国启动全国碳排放权交易市场，积极构建"1+N"政策体系，明确双碳工作时间表、路线图和施工图，提出到 2025 年非化石能源消费比重达到 20% 左右；到 2030 年，非化石能源消费比重达到 25% 左右，实现"碳达峰"；到 2060 年，非化石能源消费比重达到 80% 以上，实现"碳中和"。

在这一系列政策和战略的指引下，我国能源转型发展得到了有效推进，能源生产和利用方式发生重大变革，能源高质量发展迈出了有力步伐。在能源供给方面，能源供给能力和质量显著提升，生产生活用能得到有效保障，能源绿色低碳转型稳步推进。2021年我国一次能源生产总量为433000万tce，较上一年上涨6.31%，其中原煤占比67%、较上一年下降0.6个百分点；原油占比6.6%，较上一年下降0.2个百分点；天然气占比6.1%，较上一年下降0.1个百分点；非化石能源占比20.3%，较上一年上涨0.7个百分点。能源供给受制于能源资源储备，而中国能源资源的整体特点是总量丰富、品种齐全、分布不均，煤炭占据主导地位。

我国的能源供给以煤炭为主，但是其占一次能源生产总量比重呈现逐年下降的趋势，较之十年前已下降9.2个百分点，而非化石能源的占比则呈现逐年上涨的趋势，较之十年前已上涨了9.1个百分点。同时，煤炭产能结构持续优化，每年产煤120万t及以上的大型煤矿的产量占80%以上。我国全年新增发电量超过7500亿kW·h，总发电量达85342.5亿kW·h，其中水力发电量为13390亿kW·h，占比15.69%；火力发电量为58058.68亿kW·h，占比68.03%；新能源发电量首次突破10000kW·h，占比11.71%。同时，我国全口径发电装机容量达到23.8亿kW·h，可再生能源发电装机容量突破10亿千瓦，风电、光伏发电、水电、生物质发电装机规模连续多年稳居世界第一，核能发电装机容量以7600万kW位居世界第二。

在能源需求方面，能源消费结构持续优化，能源使用效率不断提升，能源绿色低碳转型稳步推进。《2021年国民经济和社会发展统计公报》显示，2021年能源消费总量52.4亿tce，比上年增长5.2%，其中煤炭消费量占能源消费总量的56%，比上年下降0.9个百分点；天然气、水电、核电、风电、太阳能发电等清洁能源消费量占能源消费总量的25.5%，上升1.2个百分点。能源需求受制于能源供给。我国以煤炭为主的能源供给结构导致了我国的能源消费结构也以煤炭为主，但是其占能源消费总量的比重呈现逐年下降的趋势。2021年全社会用电量83128亿kW·h，同比增长10.3%。2021年能源消费弹性系数为0.64，而电力消费弹性系数为1.27，意味着我国终端能源消费中电力比重明显增长，终端用能电气化水平正不断提升。

从能源供需平衡来看，我国能源自主保障能力较为优良，供需关系总体平稳，但供需缺口有扩大的风险，区域性供需矛盾持续存在。随着国民经济和科学技术的不断发展，我国对能源的需求在不断扩张，同时能源供给能力也在持续提升，二者的增长趋势和速度大致是相同的，能源供需总量同步上升，能源自给率近几年始终保持在80%。但是，我国能源需求自1992年起一直大于能源自身生产能力，能源进口成为必然，并且供需缺口逐步扩大。我国煤炭、水能、油气资源主要集中于西部地区，风能、光能等新能源主要集中于"三北"地区，而能源需求主要集中于东部沿海地区，能源供需存在着明显的逆向分布特征。2021年，受疫情冲击的影响，部分能源产品的供给不足，无法满足市场需求，导致局部地区出现用能紧张的局面，其中湖南、四川、重庆等地缺电问题较为严重。

我国能源转型发展虽然目前取得了一些成绩，但是在未来仍然道阻且长，不仅面临着复杂的外部影响，还肩负着繁重的内部任务。外部方面，国际局势动荡不安，中美关系摩擦加深，新冠肺炎疫情肆虐全球，世界经济长期低迷，逆全球化思潮逐渐抬头，俄乌冲突等地缘事件爆发，国际能源市场波动幅度增大，能源供应格局愈发多极化，能源供需模式向低碳化、分散化和扁平化发展，能源体系面临全新变革。内部方面，我国正处于中华民族伟大复兴的关键时期，如何建设现代能源体系实现能源科技高水平自立自强；如何保障生产生活用能维护国家能源安全；如何控制碳排放总量和强度按期达成双碳承诺；如何支撑经济高质量发展实现第一个百年奋斗目标，始终是我国能源发展必须回答的问题。总的来看，"十四五"时期是我国能源发展的重要战略机遇期，必须深刻认识到能源转型发展道路上可能面临的新情况、新问题和新挑战，不断增强机遇意识和忧患意识，准确识变、科学应变和主动求变，全面统筹好发展与安全两个方面，在把握规律的基础上实现能源转型发展。

2. 能源结构高级化指数与"碳达峰"趋势

我国以煤为主的能源消费结构，不仅不合理，使实现我国节能减排目标面临严峻挑战，还会危及能源安全。优化能源消费结构是实现节能减排目标的关键举措，而能源消费结构的优化调整受到众多外部因素的影响，因此，通过影响因素对能源消费结构变动趋势进行有效预测，将对中国节能减排目标的实现和能源消费结构优化具有重要的意义。

曾胜、靳景玉、张明龙曾依据 Coupla 函数从经济、结构、技术和人口政策等 4 个维度筛选出的与能源消费结构相关度较高的 17 个影响因素，利用 1980~2019 年的数据，建立了17 个影响因素和能源消费结构高级化指数的支持向量回归模型，预测我国 2020~2030 年的能源消费结构高级化指数数值，预测结果如表 4.1 所示。

表 4.1　2020~2030 年我国煤炭消费占比预测　　　　　　　　　　　　　　　　　%

年份	石油消费占比假定值	煤炭消费占比预测值
2020	19.0	57.11
2021	19.1	55.70
2022	19.2	54.32
2023	19.3	52.98
2024	19.4	51.70
2025	19.4	50.58
2026	19.4	49.56
2027	19.3	48.72
2028	19.2	48.03
2029	19.1	47.50
2030	19.0	47.14

根据以上预测数据，在 2020~2030 年期间，我国煤炭占能源消费总量的比重将由57.11%下降到 47.14%，下降了约 10 个百分点，能源消费结构优化明显，为我国的碳减排工作提供了有力支撑。在 2025 年，我国预计煤炭消费占比 50.58%，清洁能源消费占比

30.02%（假设清洁能源消费占比＝100%－煤炭消费占比－石油消费占比）。根据我国目前天然气消费的发展趋势，预计在未来一段时间内其占比将达到10%左右。因此，我国非化石能源消费占比在2025年预计将达到20%以上，实现了《2030年前碳达峰行动方案》中要求2025年非化石能源消费比重达到20%左右的目标，确保了我国2030年前实现"碳达峰"目标的可行性。在能源结构优化过程中，同时持续推进产业结构调整，加快降低高耗能产业比重，着力提升产业能效水平，大力支持节能环保和绿色低碳产业的发展，那么我国未来二氧化碳排放量在2030年左右达到峰值或提前达到峰值是可以实现的。

4.1.3　能源结构调整、绿色能源发展等路径

1. 能源结构调整路径

我国正处于重要战略机遇期，作为社会主义初级阶段的中国仍需要发展，这意味着投资生产将会继续扩大、消费将不断增加，但传统生产模式高度依赖能源的投入，消费者过度依赖有形物质的消费，以往粗放式能源发展模式、以煤炭为主的能源结构、低效率的能源利用，使得环境污染问题日趋严重，这无疑将给后代的生存与发展带来严峻挑战。新时代中国经济由高速发展转变为高质量发展，能源作为经济发展的保障，现阶段面临着能源总量短缺及环境污染严重的压力。作为世界碳排放大国及全球第二大经济体，碳排放达到峰值是中国为应对全球气候挑战所作出的承诺。确保经济持续高质量增长以及生态环境得到改善，确保中国在2030年前实现"碳达峰"，加快碳减排行动刻不容缓，调整能源结构，大力发展绿色能源也成了当务之急。

经济增长需要能源消费，能源消费又是导致碳排放量增加的主要原因，因此，调整能源消费结构是解决这一矛盾的关键。长期以来，我国都保持着以煤为主的能源消费结构，过分依赖化石能源，并且其利用效率低，释放大量的二氧化碳造成生态环境及大气层被严重污染。目前我国能源消费结构具有不合理性、不可持续性，能源供需也不平衡，因此，改变化石能源在能源结构中的高占比，调整能源结构，是实现"碳达峰"也是实现能源、经济、环境可持续发展的关键。

中国的能源结构影响因素较多，本节以影响能源结构的经济因素、技术因素、结构因素、人口政策因素及前文对能源的预测结果为基础，结合调整能源消费结构，进而寻求"碳达峰"路径。

（1）优化资源配置，推动能源价格市场化

从经济因素角度而言，能源和经济是相互影响的，经济的发展拉动着能源消费，能源消费的增长促进着经济的发展。经济增长为能源提供了市场，为能源消费提供财力、人力、物力保证，能源及其相关产业才能发展壮大。经济因素主要包含了宏观经济、固定投资水平、能源价格、人均GDP、居民收入水平等，这些因素的变动会改变能源的供需、能源消费习惯、能源技术的研发等，进而改变能源消费结构，影响"碳达峰"目标的完成。

实现能源价格市场化是一条可行的"碳达峰"路径。市场在资源配置中起决定性作用，促进资源配置，需逐步加快能源价格市场化进程。能源价格市场化以后，能源成本的传递效应才能发挥出作用，真实地反映企业生产成本的变动。随着低碳政策、绿色能源激励政

策大量出台，能源市场上煤炭、石油等化石能源的成本将逐步提高，绿色能源成本随之降低。而化石能源成本的提高会促使企业改进生产技术、提高能源利用率或是寻找其他非化石能源的替代，进而减少化石能源的消耗，减少碳排放，能源消费结构也将逐步从以化石能源消费为主转变为以绿色能源消费为主。同时化石能源的高成本限制了高耗能企业的发展，促使高耗能、重工业的产业结构实现向低耗能、工业产业结构的转变，能源产业结构也得到调整，使得"碳达峰"能够尽早实现。

（2）提升技术水平，推动能源低碳化进程

从技术因素而言，科技是第一生产力，科技进步可以通过间接效应和直接效应影响能源消费。科学技术直接影响到能源，技术进步促进了能源消费方式的转变，对不同类型的能源消费量产生影响。技术的发展促进了产业部门效率的提升，降低了单位产品能耗及成本，间接促使能源消费量的下降。

① 提高以煤炭为主的化石能源利用率及清洁技术。目前国内煤炭效率较低，煤炭发电率仍有巨大的提高空间，利用先进技术可将煤炭发电率从现有的35%提升到50%以上。煤炭利用率的提高将进一步减少煤炭消费量。创新清洁能源技术，替代传统化石能源，如洁净煤技术在中国的运用，着力减少污染物的排放，使二氧化碳排放能够尽早达峰。

② 提高新能源开发技术，增加能够替代煤炭等化石能源的能源供给。现阶段的技术并不能满足新能源的需求，目前我国新能源面临着生产技术落后且成本高的难题。如何突破新能源现有技术，提高新能源转化利用效率，提高新能源在能源结构中的占比至关重要。因此，需要加大对新能源领域的投入，重点关注新能源的开发技术，进而降低单位成本，促进新能源在市场上得到更广泛的使用，同时企业也会更多地采用新能源，实现能源结构的调整。

③ 从国家层面，国家应完善能源科技创新体系，建立技术创新平台加大对技术人才的培养，加快科技成果的转化，突破能源重点项目的技术瓶颈。

④ 从企业角度，企业应引进人才和先进设备技术，加强自主研发等鼓励企业走出国门，加强与国外新能源企业的交流合作，提高国内的技术管理水平，采用高新技术替代传统工艺，促进单位能耗的降低，将绿色安全高效的开发技术成为主流。

上述路径从四个提高技术的角度出发，改善我国以煤为主的能源结构现状，不断推动我国能源结构低碳化进程，从而影响能源消费和能源强度，减少碳排放总量与环境污染，对全球气候保护作出贡献，促使"碳达峰"任务尽早完成。

（3）调整产业结构，改善能源结构

从结构因素而言，结构因素的变动能影响能源结构与消费量，使碳排放的方式、总量等发生变化。产业结构的转型能从根本上推动能源结构的调整、减缓产业的高强度碳排放，对"碳达峰"的实现提供强力保障。进行产业结构调整，主要思路就是减少高碳耗产业的占比，提高绿色产业占比。一方面，工业、交通运输业对能源需求和消耗较大，是中国最主要的碳排放部门，应把工业、交通运输业作为推动中国尽早实现"碳达峰"的重点领域，实施较为严格的限制性措施，如限制钢铁等高耗能产业的发展，控制工业三废的排放，控制企业对化石能源的消费总量等，实现碳减排，同时促进能源资源流向高效、高附加值、新技术领域。另一方面，为了可持续发展战略的实施，国家提倡节能减排，这一举措很大程度上能影响能源价格，促使能源成本价格的提高。在能源成本提高的冲击下，无法承受能源成本提高的行业会逐步被淘汰，而承受住压力的高耗能、重工业等部门将会缩减生产规模，对经济造成一定影响。为了维持经济的稳定增长，就需要提高高新技术产业的占比，这些行业的能耗强度低，同时又能满足经济增长的需要，使经济社会向高质量发展转型。此外，加快实现能源消费结构从以煤炭为主转化为以绿色能源为主，加大绿色能源在三大产业部门的消费占比，我国以煤为主的能源消费现状得以缓解，能源消费结构逐步向低碳化发展，对实现碳排放达到峰值具有重要作用。

（4）改善人口与政策，提升城镇化水平

① 人口与能源结构密切相关。根据我国能源消费结构影响因素的相关性分析可知，随着人口数量及人类活动行为的增加，能源消费高级化指数将呈现出下降的趋势。因此，可以通过改变人们对能源的认知及消费习惯，大力宣传节能、绿色、低碳，有助于减少生活中二氧化碳的排放，进一步推动能源消费结构的改善，促进"碳达峰"目标的实现。从节能上，推广搭建节能、产能一体式的居民住宅楼，加大宣传节能产品，倡导人们在生活中节约用电、用气等，引导人们在保持品质生活的同时尽量减少对能源的消耗，降低温室气体的排放。从绿色上，推广新能源、清洁产品、可循环利用产品等的使用，减少了对常规能源的消耗，从而减缓了对传统化石能源的依赖程度，能源结构得以改善。从低碳上，加强人们的低碳意识，鼓励低碳生活方式，如低碳出行、购买新能源汽车、低碳化办公楼式等，都将改变对传统能源的使用，缓解对化石能源的过度依赖，同时能促进对新能源技术的开发，改善能源结构。节能、绿色、低碳的倡导，推动"碳达峰"尽早实现，也将进一步改善人与自然的关系。

② 从政策因素而言，能源政策及发展战略对能源结构有着深刻的影响。随着经济的高速发展，能源、环境、经济三者之间出现了不协调。目前我国煤炭企业众多，伴随着去产能和去库存政策的实施，也要进一步加强与减排降耗政策相结合。在能源政策及战略安排上亟须倡导低碳经济，强化节能减排责任，明确落实节能减排任务对于每个部门的责任。加快节能减排重点项目的建设，严格控制高耗能、高排放行业的增长，逐步淘汰落后产能对能源消费总量提出明确控制要求。同时国家应出台鼓励政策，鼓励低能耗高附加值的服务业及高新技术产业的发展，带动产业结构向高效、低能耗方向转变。

③ 提升城镇化水平，改善能源结构。目前我国农村用碳较多，城镇化水平不断提高，将会引起城镇居民增加，农村人口的减少，相应地对天然气电能等能源需求将会增加，煤炭需求将会减少，进而改善能源消费结构。因此，需要不断推动城镇化进程，推进专业化人才、企业向城镇集中，实现资源的合理配置及技术进步，也有利于劳动者素质和人口质量的提升，促进劳动生产率的提高，使能源浪费减少，能源消费强度降低。城镇化的推进将逐步改变以化石能源为主的较为单一的能源结构，各种资源合理利用，能源消耗呈现下降趋势，加快"碳达峰"目标的完成。

以上探索出三条"碳达峰"路径，即宣传节能、绿色、低碳，出台能源政策推动城镇化水平，将对传统化石能源的消费生产起到重要影响，有利于能源环境、经济的协调发展，并为"碳达峰"的实现提供保障。

（5）优化能源结构，降低碳排放

前面章节对我国能源供需进行了预测，以下将分别从煤炭、石油、天然气、电力的预测结果出发，以求改善我国以煤为主的能源结构现状，解决能源供应和需求之间的矛盾，加强国家能源安全，为"碳达峰"的实现打好基础。

① 促进煤炭在供需两端的减少。我国较长时间内的主要能源仍是煤炭，这意味着煤炭在国民经济中仍具有重要作用。从供给端出发，减缓煤炭的开采进程，不仅能存储资源也能保护环境。煤炭供给的减少，将会提高煤炭价格，促使企业减少对煤炭等非化石能源的消费。我国对煤炭的消费导致我国碳排放量巨大，因此，煤炭消费的降低，将促进碳排放量的降低。通过国家加大节能减排、低碳经济等政策影响，低碳理念在百姓生活中更加普遍，洁净煤及绿色能源的使用更加广泛，煤炭的需求将逐步减缓，达到峰值后将会下降，煤炭供给量又会根据需求量相应调整，进而煤炭供给量趋势会与需求量趋势大致相同，未来碳排放量也将呈现出先达峰后下降的趋势。

② 降低石油的对外依存度。通过对石油的预测可知，石油供需差越来越大，随着越来越高的对外依存度，我国能源安全问题也更加凸显。而煤炭一直属于我国的优势资源，有充足的煤炭作为保障，可以减少对石油的进口依赖。应充分发挥我国煤炭资源优势，创新技术提高煤炭的利用效率，鼓励清洁煤的使用，大力发展电力与绿色能源，从而代替进口石油，减少对外依存度，同时提高我国石油开采技术，保证石油的供应，进一步加强国家能源安全性。

③ 加强天然气供给。通过对天然气的预测可知，天然气供需失衡问题也在加剧，需求量增长迅速，供给量增长较慢。由于天然气与煤炭相比具有明显的清洁优势，增加天然气的供给，积极发展低成本且高效的天然气动力技术，能进一步优化能源结构，满足天然气需求，进而减少对煤炭的需要减少碳排放量，促进"碳达峰"的达成。

④ 推动绿色发电。通过对我国电力供给、需求变化趋势的预测发现，我国电力供需差额虽逐年增大，但差额规模不大，电力的供给能大致满足需求，因此，可以积极发展水电，安全发展核电，加快发展风电，高效清洁发展煤电，加强天然气发电，实现电力的供需平衡，进而优化能源结构，减轻能源供需矛盾，保障"碳达峰"的实现。

2. 绿色能源发展路径

目前，我国绿色能源的开发取得不小成就，甚至有些方面已走在世界前列。环境污染、能源供需差大等问题都需要通过发展绿色能源来解决，因此，绿色能源的发展是未来发展的大势所趋。我国绿色能源的发展还存在较多问题、如生产技术落后、开发利用成本高导致价格昂贵、缺乏保障绿色能源发展的法律政策等问题。现阶段绿色能源处于起步阶段，其开发潜力巨大。大力发展绿色能源，进而改变以煤为主的能源结构现状，减少大气污染，是现"碳达峰"关键性举措。

（1）构建绿色能源发展体系

大力发展绿色能源是中国实现可持续发展的战略选择，应积极发展水电风电、太阳能，安全发展核电，积极开发利用生物质能、地热能等绿色新能源，构建一个完整高效的绿色能源体系。我国要形成以绿色低碳、清洁环保循环利用为特点，减少碳排放及能源消耗为目标的绿色能源发展体系，必须明确绿色能源的战略地位，注重绿色能源发展的顶层设计，对现有能源体系进行调整和重构，加快绿色可再生能源对煤炭、石油等化石能源的替代，推进生态环境与经济社会的和谐发展，为"碳达峰"的实现提供重要保障。

① 水电是我国目前技术最成熟的绿色能源，也是绿色能源发展体系的优先发展对象。我国水电资源禀赋优秀，可大规模开发利用使之成为我国主体清洁能源，进一步协调资源紧缺、经济发展、生态保护三者之间的矛盾。

② 我国海上风电资源蕴藏丰富，具有绿色低碳的特征。我国风电的优势体现在海上风资源集中、风速大，可驱动大容量海上风电，风电质量可媲美水电，是未来最具开发潜力并成为沿海地区使用的主体清洁能源。风电未来面临着巨大的发展空间，因此，需要加快技术创新，将风电发展成为替代煤电、可大规模开发的新型清洁绿色能源，并实现风电的规模化经济开发。

③ 我国太阳能资源丰富。2018 年 9 月 5 日，电力网发布的《新能源发电企业高质量发展之路—专访鲁能新能源(集团)有限公司总经理徐进》表示：据估算，中国陆地表面每年接受的太阳辐射能量约为 $1.47×10^8$ 亿 $kW·h$，相当于 4.9 万亿 tce。研究表明光伏发电可基本满足我国能源供应需求，因此，以光伏为典型的绿色能源将是成本下降最快、经济效益提高最显著的能源类型。未来，可采用大规模连片开发和分布式开发两种方式，突破光伏发电材料限制，不断提高太阳能的利用率及发电质量。

④ 核电具有清洁低碳、能量密度大、供给可靠性高等优势，目前我国核电采用最严格的安全标准，核应急能力达到世界最高水平，但我国核电占比较低。积极推动对核聚变的研究，突破现有技术瓶颈，安全有序发展核电，是缓解水电、风电、光伏等绿色能源供应压力，代替煤炭、石油等一次性能源的关键，在"碳达峰"目标实现的过程中将发挥重要作用。

（2）健全绿色能源政策制度体系

我国应出台与绿色能源发展相适应的政策制度，制定完善的绿色能源法律法规，为绿色能源的开发提供重要的资金支持，进而激励绿色能源并为其发展提供保障。

① 出台绿色能源发展相适应的政策制度。根据市场需求与社会经济发展方向，创新我国绿色能源制度，健全我国绿色能源的政策体系。

② 加强对绿色能源的监管。加大对绿色能源开发的监管力度，完善监管制度，避免绿色能源开发对环境造成破坏，同时建立严格的责任追究制。

③ 为绿色能源发展提供资金支持。绿色能源发展的重要制约因素是资金，缺乏资金支持的绿色能源企业很难走得长远。因此，持续推进有效的资金激励政策，主要包括投入资金与政策补贴，如政府绿色采购、政府补贴、无息或低息贷款等。一方面将给予现存的绿色能源企业更好的发展机遇；另一方面，引导更多的资金流入绿色能源行业，提高绿色能源产业的吸引力。

④ 实施逆向限制政策。如环境税，增加对传统高能耗、高污染企业的处罚力度，有利于限制二氧化碳等温室气体的排放，将所得税收用于支持绿色能源产业，进一步鼓励绿色

能源的开发利用。绿色能源发展在相关政策制度的保障下，将加速推动"碳达峰"这一目标的实现。

（3）推动绿色能源价格市场化

创新价格机制，科学推动绿色能源产业的发展。价格是反映市场供求关系的信号灯，而合理的绿色能源定价能提高绿色能源在能源市场上的竞争，我国仍需要完善绿色能源定价机制，灵活使用"基本定价+浮动电价"机制，更能符合市场规律。推动绿色能源价格市场化。非化石能源在能源结构中占比较小，涉及领域所需的科技水平较高，能源价格市场化首先就应从水电、风电、核电等绿色能源出发，进而推动绿色电力市场化。主要包括以下几点：

① 通过基于配额制的强制绿电交易市场以及推动可再生能源消纳的各项政策形成稳定的绿色电力需求。

② 完善绿色电力交易规则和电价机制。

③ 绿色金融支持绿电市场化。

④ 统筹优化绿色相关政策，可再生能源补贴逐步退出市场。随着绿色能源定价更加合理、绿色能源价格市场化，进一步实现资源的合理配置，体现绿色能源的发展优势，化石能源的消耗需求受限，"碳达峰"的实现能更进一步。

（4）优化发展绿色能源产业

① 优化绿色能源产业，需要政策制度保障。我国国家级各机关在近几年出台了大量政策文件，激发了绿色能源产业发展的活力，但目前我国绿色能源相关政策执行效果欠缺，新能源产业缺乏好的发展机制，企业缺乏良好的生存空间。绿色能源产业的发展仍处于起步阶段，各项创新政策还在探索中。因此，从优化绿色能源产业出发，创新与绿色能源产业相适应的政策，为绿色能源产业的稳定发展提供制度保障，推动能源结构的调整并实现战略转型。创新绿色能源产业政策，首先，提高政策的可行性、可操作性，增强创新政策的透明度，并根据区域特色及现状，制定出切实可行的指导意见，同时增强政策与政策之间的协调性，以期达到最佳效果；其次，创新政策、鼓励政策不单一，且要具有灵活性、多样性、有效性，保证政策能充分落实到绿色能源产业，为企业的发展提供更广的空间，增加企业的活力，如加大对绿色能源企业的政策鼓励，实现所得税减免，对企业的绿色贡献予以合理补偿。

② 优化绿色能源产业，需要推进绿色能源市场化进程，以突破现有技术为目标，降低绿色能源相关的研发成本，使绿色能源产品符合市场预期；增强对公众绿色能源宣传，获取消费者信任，以此巩固其市场地位。另外，完善绿色能源产业链，形成上中下游多维度梯次利用的合理架构，上游从体布局出发，提出发展方向，并为各项研发做出评估；中游需负责上游技术与下游配套服务的衔接；下游主要进攻核心配件的生产。加强对我国核心优势的培育，建设绿色能源人才基地，培养技术性、创新型人才，推进各国绿色能源人才的交流，是实现绿色能源技术革新的必要选择，可为绿色能源产业的发展提供智力支持。

优化绿色能源产业，实现对传统能源产业结构的调整，加速能源产业绿色低碳化进程，给予绿色能源企业更多的发展空间，绿色能源产业快速发展为"碳达峰"的实现提供保障。

（5）加强绿色能源国际合作

绿色能源作为化石能源的替代，具有清洁环保的特点，开发前景十分广阔。世界各国都在大力发展绿色低碳能源，很多国家的绿色能源发展成果较为突出，我国应从绿色能源发展典型国家中吸取经验，比如实行财税政策支持引导绿色能源产业化发展，推动绿色能源的开发与当地特色产业相结合共同促进经济发展。

加强我国与国际的绿色能源合作。一方面，参与全球气候治理，向世界宣传习近平生态文明思想，向世界分享我国绿色发展实践经验，贡献中国智慧和中国方案，共同建设清洁美丽世界；另一方面，我国通过发展绿色能源产业，推广我国绿色能源技术的全面运用，并吸引国外资本的投入；另外，加强与国外的绿色能源合作，尤其是加强"一带一路"建设，带动"一带一路"相关国家的绿色能源发展，实现产业绿色转型、能源结构优化，推动"一带一路"经济甚至全球经济的可持续发展，推动全球绿色命运共同体的建立，为世界碳减排活动做出贡献，

（6）创新绿色能源技术

绿色能源作为煤炭、石油等化石能源的替代，可以减少人类对化石能源的依赖，同时又具有清洁环保的特点，协调了经济增长、人类生活与保护环境这三者的关系，但绿色能源正面临着开发成本高、利用不成熟等问题，这都将阻碍绿色能源的发展。绿色能源技术创新是促进绿色能源快速发展的主要动力，为了突破现有瓶颈，因此要加快推动绿色能源技术革命，大幅度降低其开发成本，甚至做到低于化石能源总成本。绿色能源成本的大幅下降将会增加人们对绿色能源的消费，减少煤炭的使用。此外，构建以市场为导向、产学研相结合的绿色能源开发技术体系，对掌握较为成熟的技术应向更加安全高效清洁方向发展。同时建立技术互补机制、能源共生机制，使绿色能源之间相互补充，各绿色能源产业之间相互促进，保证绿色能源开发的可持续性。绿色能源技术革命的推动及技术体系的形成，将实现我国从传统能源结构到绿色能源结构的转型，在2030年前实现"碳达峰"这一任务安排能够得到保障。

（7）建立绿色能源融资体系

绿色能源开发项目的特点一般表现为资金需求大、开发周期长、收益率低等，而绿色能源开发项目的资金需求主要依靠传统融资渠道及政府资金支持得到满足。因此，可以建立绿色能源产业引导基金，带动资金支持绿色能源产业的发展；创新融资模式，如绿色低碳金融债的发行、绿色金融产品的研发等，吸收社会闲散资本；降低社会资本进入绿色能源产业的门槛，实现能源的合理配置。建立多层次绿色能源融资体系，扩展绿色能源融资渠道，实现对高耗能、高污染产业的投资转移，限制高耗能、高污染产业的规模扩张，二氧化碳的增长速度被遏制，"碳达峰"的实现也会尽快到来。

3. "碳达峰"其他实现路径

（1）现代能源体系建设

实现"碳达峰"这一目标，将会引起我国能源结构和经济结构的深刻变革。中国是以煤

炭为主要消费能源的大国，要在新一轮能源革命中把握住机会，加快构建清洁低碳、安全高效的现代能源体系，这对实现"碳达峰"具有重要意义。

将清洁低碳、安全高效的现代能源体系建设明确为"碳达峰"目标下我国能源转型的方向之一。基于当前能源发展面临的困难和挑战，顺应国际能源转型大趋势，构建一个以清洁低碳为基础、以安全高效为核心的现代能源体系。主要包括以下几点：

① 加快实现煤炭、石油等传统化石能源的清洁化利用。

② 通过大力发展绿色能源对化石能源的替代实现能源低碳化转型。

③ 通过加快对可再生能源核心技术的突破，完善能源供给侧的多元化结构，减低化石能源的对外依赖，实现能源的安全保障。

④ 通过发展智能电网、储能装置和电能替代等提高能源的高效性。将建设清洁低碳、安全高效的能源体系作为"碳达峰"目标下能源发展的重要方向，不断推动能源结构调整，大力发展绿色清洁能源，控制煤炭等化石能源的开发，实现能源结构低碳化；引导能源产业实现绿色转型与升级，鼓励绿色能源企业发展，限制高耗能、高排放企业规模的扩大，实现能源产业结构的低碳化。

（2）落实 2030 年前"碳达峰"行动方案

① 需要加强统筹协调，党中央对"碳达峰"工作统一领导。

② 我国"碳达峰"任务目标的实现要与优化产业结构紧密结合，大力发展低能耗的绿色能源产业、高新技术产业及现代服务业；大力推广电力、天然气、生物燃料等新能源在交通运输领域的使用，积极扩大新能源汽车在汽车市场的占比，逐步代替传统燃油汽车的使用；推动绿色低碳交通运输体系的形成。

③ 落实各地区"碳达峰"工作，上下联动推进各地方因地制宜，出台与地区特色相适应的"碳达峰"方案。产业结构、能源结构较为优势的地区坚持绿色低碳发展，争取率先实现"碳达峰"；产业结构能源结构较弱、碳排放较高的地区要把节能减排放在首要，从优化产业结构调整能源结构出发，实现碳排放增长与经济增长脱钩，紧跟国家全面实现"碳达峰"步伐。

（3）推动能源技术革命

大力推动能源技术革命，建设"碳达峰"关键技术研究项目与示范点，开展绿色能源关键核心技术攻关，不断提升自主创新能力，突破绿色能源技术瓶颈，提高绿色能源的开发及利用效率，把握住未来能源发展先机，使绿色能源成为推动经济增长的新动能。加大企业对能源技术创新投入，持续提高企业研发能力，使企业在未来能源市场中能抢占优势，同时达成企业节能减排的任务目标。加强人才培养，创新人才培养模式，深化产教融合，引导企业、学校、科研单位共建国家绿色低碳产业创新中心，为能源技术革命不断提供智力支持。推广先进成熟的低碳技术，开展示范性应用，使能源技术创新惠及全社会。不断推动能源技术革命，将会改变中国以煤炭为主的能源结构现状，对碳排放的减少具有突出作用，是中国尽早实现"碳达峰"的关键。

（4）加快碳市场体系建设

我国应加快建设全国性及地方性碳市场体系，进一步完善配套制度，使碳排放交易市场发挥应有作用。能源密集型企业既是碳排放主体也是减排主体，强制命令企业进入碳排放交易市场，并降低进入碳市场的门槛，将会刺激市场交易数量规模的扩大并提升碳价，实现碳价格市场化。据《2021年中国碳价调查报告》预期，2030年之前或将进一步实现全国碳市场平均碳价达到139元/t。碳市场体系的建设、碳交易市场机制的有效发挥将对实现"碳达峰"具有重要作用。

（5）逐步实施征收碳税

为了我国"双碳"目标、碳减排承诺的实现，有必要支持碳税政策，使碳税成为新的税种，并将所得税收专门用于节能减排项目的实施以及对绿色能源企业的资金支持。可以实施差别碳税和差级税率，鼓励企业进行碳交易以低碳额度。对绿色能源企业实行所得税减免政策，鼓励绿色能源企业的发展。碳税的存在可以倒逼行业绿色转型，减少二氧化碳等温室气体的排放使绿色能源与煤炭等化石燃料相比更具成本优势，推动绿色能源的使用，促进"碳达峰"能尽早实现。

（6）提升碳汇能力

我国自然生态系统碳汇功能有限，受到诸多因素限制，目前碳汇能力有很大的提升空间。因此，从系统观念出发，进一步推进山水林田湖草沙一体化保护和修复，增强生态系统的稳定性，提高生态系统碳汇增量。首先，巩固生态系统固碳能力，建立以国家公园为主体的自然保护体系，稳定森林、海洋草原、土壤等的固碳能力。其次，提升生态系统碳汇能力，大力推动生态保护修复工程的实施。推进国土绿化行动，扩大林草资源总量；保护森林资源提高森林质量及稳定性；修复草原生态，增加草原综合植被的覆盖范围；加强对河湖、湿地、海洋保护修复，加强红树林、盐沼等的固碳能力，减少水土流失、土地退化。争取到2030年全国森林覆盖率达25%。最后，加强生态系统碳汇的基础支撑，健全生态保护补偿机制，加强对陆地、海洋生态系统碳汇基础理论及前沿技术研究，建立生态系统碳汇监测核算体系。生态系统碳汇能力的提升，将吸收大气中的二氧化碳，减少二氧化碳在大气中的浓度促使"碳达峰"目标能够尽快实现。

（7）倡导全民绿色低碳行动

倡导全民绿色低碳行动，不断增强绿色低碳、节能环保意识，使人们生活方式向绿色低碳、文明健康转变。加快推动经济社会发展全面绿色转型已形成高度共识，绿色低碳、节能减排、保护环境不仅是国家政策的强制要求，更是每个人应有的责任。加强对公众生态环境保护教育，充分利用现代科技传播方式普及"碳达峰""碳中和"相关知识，将绿色低碳教育融入生活各方面，如开展绿色低碳理念艺术作品比赛、开展全国低碳日等主题的宣讲活动，使绿色低碳理念深入人心。加强宣传绿色低碳生活，倡导全社会节约用能，拒绝铺张浪费，为社会营造绿色氛围。加强对绿色低碳产品的推广，使人们更加青睐于低能耗的清洁产品，让广大群众切实体会到绿色发展带来的好处，大幅度降低化石能源消费。强化企业环境责任意识，引导企业主动向绿色低碳方向发展，推动企业减少能源使用，提升企业绿色创新水平，推进减排目标的实现。全社会、全人民都要树立绿色低碳意识，从小事做起，在每个人的努力下环境将会有所改善，中国2030年前一定会实现"碳达峰"。

4.2 我国"碳中和"路径分析

4.2.1 我国"碳中和"发展现状、比较及存在的问题

1. 我国"碳中和"发展现状

从各省市"碳中和"目标及规划来看，地方积极推进低碳发展规划，为国家低碳发展工作的开展奠定了基础。我国在 2060 年前实现"碳中和"目标已经明确，基于国家战略规划和各部委"碳中和"政策，地方也相继制定"碳中和"发展目标。"碳中和"目标在不同类型地区实现的难易程度和进度并不相同，各地区因地制宜，差异化研究设计了"碳中和"实现的路线图和时间表。随着各省区市"十四五"规划和 2035 年远景目标建议相继公布，多地明确表示要扎实做好"碳达峰"、"碳中和"各项工作，制订"双碳"行动方案，优化产业结构和能源结构，推动煤炭清洁高效利用，大力发展新能源。表 4.2 汇总了部分省市有关"碳中和"目标及规划，可以看出，各地区纷纷提出自身的低碳方案，高碳地区、行业及企业"脱碳"成为未来发展趋势。

表 4.2 部分省区市有关"碳达峰""碳中和"目标及规划

省区市	"十四五"发展目标与任务
北京	碳排放稳中有降，"碳中和"迈出坚实步伐，为应对气候变化做出北京示范
上海	坚持生态优先、绿色发展，加大环境治理力度，加快实施生态惠民工程，使绿色成为城市高质量发展最鲜明的底色
重庆	探索建立碳排放总量控制制度，实施二氧化碳排放达峰行动，采取有力措施推动实现 2030 年前"碳达峰"目标。开展低碳城市、低碳园区、低碳社区试点示范，推动低碳发展国际合作，建设一批零碳示范园区
云南	降低碳排放强度，控制温室气体排放，增加森林和生态系统碳汇，积极参与全国碳排放交易市场建设，科学谋划碳排放达峰和"碳中和"行动
广西	持续推进产业体系、能源体系和消费领域低碳转型，制订碳排放达峰行动方案。推进低碳城市、低碳社区、低碳园区、低碳企业等试点建设，打造北部湾清海上风电基地，实施沿海清洁能源工程
江苏	大力发展绿色产业，加快推动能源革命，促进生产生活方式绿色低碳转型，力争提前实现"碳达峰"
浙江	推动绿色循环低碳发展，落实"碳达峰""碳中和"要求，大力倡导绿色低碳生产生活方式。非化石能源占一次能源比重提高到 24%，煤电装机占比下降到 42%
河北	制定实施"碳达峰""碳中和"中长期规划，支持有条件市县率先达峰。开展大规模国土绿化行动，推进自然保护地体系建设，打造塞罕坝生态文明建设示范区。强化资源高效利用，建立健全自然资源资产产权制度和生态产品价值实现机制
青海	"碳达峰"目标、路径基本建立。开展绿色能源革命，发展光伏、风电、光热、地热等新能源，打造具有规模优势、效率优势、市场优势的重要支柱产业，建成国家重要的新型能源产业基地
山东	打造山东半岛"氢动走廊"，大力发展绿色建筑。降低碳排放强度，制订"碳达峰""碳中和"实施方案

续表

省区市	"十四五"发展目标与任务
河南	构建低碳高效的能源支撑体系，实施电力"网源储"优化、煤炭稳产增储、油气保障能力提升、新能源提质工程，增强多元外引能力，优化省内能源结构。持续降低碳排放强度，煤炭占能源消费总量比重降低5个百分点左右
湖南	落实国家碳排放达峰行动方案，调整优化产业结构和能源结构，构建绿色低碳循环发展的经济体系，促进经济社会发展全面绿色转型

从"碳中和"相关政策体系来看，我国已初步建立起"碳中和"政策体系。2007～2021年，我国围绕低碳发展的政策数量总计168项，形成了种类多元、覆盖全面的低碳政策体系。2021年，各部门以国家"碳中和"战略为总纲领，相继出台相关政策，我国"碳中和"相关政策体系渐趋完善。我国"碳中和"相关政策体系存在以下特征：

（1）在政策文本效力上，低碳政策多数以规划、政策文件、标准为主，顶层设计的法律相对欠缺，低碳发展和"碳达峰""碳中和"理念未充分融入相关的法律法规体系业中。

（2）低碳发展政策多数采用行政命令手段，同时市场化手段越来越成为重要方向。

（3）低碳科技创新的政策内容大多散布在不同的政策文本中，尚未形成较为系统的政策体系，即缺乏专门的体系化设计。

2. 国内外"碳中和"发展比较

从各国实现"碳达峰"与"碳中和"的时间、各国能源碳排放总量及能源消费结构来看，我国提出的"双碳"目标相比其他国家更具挑战性；从"碳中和"战略布局来看，我国"碳中和"顶层设计仍有不足。从各国实现"碳达峰"与"碳中和"的时间来看，我国实现"碳中和"目标时间较紧。2022年7月7日，中国共产党新闻网发布的《以新发展理念推进碳达峰碳中和》一文中说道："如今，全球承诺"碳中和"的国家和地区超过了130个"。且大部分国家实现"碳中和"的时间为2050年。其中，苏里南（2014年）和不丹（2018年）已实现"碳中和"。除中国（30年）和澳大利亚（34年）外，世界主要国家"碳达峰"到"碳中和"的时间均在40～60年间。我国"碳达峰"到"碳中和"的时间最短，仅有30年。我国计划在2030年前实现"碳达峰"，约比欧盟实现"碳达峰"晚约40年，比美国晚约23年，比日韩晚约17年，然而，我国计划在2060年实现"碳中和"，仅比发达经济体实现"碳中和"晚约10年，"碳中和"时间较紧。

从能源碳排放总量来看，我国实现"碳中和"目标的任务较重，减碳脱碳压力较大。依据曾胜等学者分析，2011～2021年中国的能源碳排放量一直居于世界首位，其次是美国。值得注意的是，我国与其余世界主要国家的能源碳排放量相差较大，约为美国（第二位）的2倍、欧盟（第三位）的3倍。同时，我国能源碳排放量呈上升趋势，而美国、法国和日本等发达经济体均呈下降趋势，碳排放量差距逐渐拉大。我国总体处于工业化的中期阶段，第二产业占比仍有40%，能源需求旺盛；结合能源消费结构分析，我国能源消费仍以煤炭为主，单位热值碳排放量较高，致使能源碳排放总量较大。另外，研究发现，中国人均二氧化碳排放量以明显的区域失衡为特征，东部地区各省份的排放量远高于中西部地区。

从各国能源消费结构来看，我国能源结构偏煤，一次电力及其他能源占比较低。2020年我国能源消费仍以化石能源消费为主（占能源消费总量的80%以上），其中煤炭消费最多，占比多达56.8%，天然气消费最少，占比仅有8.4%；非化石能源占比15.9%。相关学者指出天然气将作为我国能源转型早期过渡阶段重要但暂时的能源。而美国、英国、澳大利亚、日本、韩国能源消费主要是天然气或石油；加拿大和欧盟以消费石油、一次电力及其他能源为主。表4.3中列出的世界国家中，英国煤炭费最少，仅占2.8%；加拿大一次电力及其他能源占比最多，占比35.4%，其次是欧盟，占比28.9%。

表4.3　2020年世界主要国家（地区）各能源占能源消费总量的比重　　　　　　　　　%

国家	指标			
	煤炭	石油	天然气	一次电力及其他能源
中国	56.8	18.9	8.4	15.9
美国	10.5	37.1	34.1	18.3
加拿大	3.7	31.2	29.7	35.4
欧盟	10.6	35.9	24.5	28.9
英国	2.8	34.6	37.8	24.8
澳大利亚	30.3	32.9	26.4	10.4
日本	25.6	36.4	25.6	12.3
韩国	27.2	43.9	12.7	16.2

资料来源：《世界能源统计年鉴》。

从"碳中和"战略行动布局来看，发达国家已形成了成熟的"碳中和"战略发展体系，而我国"碳中和"相关战略相对欠缺。将"碳中和"作为发展目标的以发达国家为主，而发展中国家数量较少。主要发达国家/地区近期的相关战略存在共性，具体有：①逐渐采取立法形式确定"碳中和"目标，并加强相关工作的监管与推进（法律实施力度尚不明确）；②密集发布清洁能源相关战略，加快推进氢能等新兴产业发展，同时对氢能在制备、储运和应用方面的发展路径有着不同的侧重。同时，它们的"碳中和"战略行动也有特性，具体有：①欧盟构建了顶层设计较完善的"碳中和"政策体系，将能源系统转型作为经济脱碳的战略重点；②英国围绕多行业布局具体脱碳战略，重点资助优势低碳技术的研发；③美国将气候纳入外交和国家安全核心，加速清洁能源技术创新发展；④日本和韩国重点部署"碳中和"整体方案，通过绿色技术着力发展低碳循环产业。

3. 我国实现"碳中和"存在的问题

"碳中和"目标的实现是个复杂的系统工程，在各个环节都存在风险与不确定性。我国作为全球能源消费和碳排放第一大国，在"碳中和"发展进程中面临着"碳达峰"到"碳中和"的时间紧、任务重、能源结构偏煤、能源利用效率偏低、产业结构偏重、能源转型成本高、新能源的规模发展面临挑战等一系列问题。

（1）我国碳排放总量大，从"碳达峰"到"碳中和"的时间紧、任务重

① 我国碳排放总量大。2011年，我国能源碳排放占全球能源碳排放总量的27.9%；

2012~2018 年，比重稳定在 28.5% 左右；2019~2021 年，分别占全球能源碳排放总量的 29.2%、31.3%、31.2%（见图 4.1）。我国是世界最大的能源生产国和消费国，2011~2021 年，我国能源碳排放占全球碳排放总量的比重一直居于第一位，且有上升趋势。另外，我国能源碳排放量与第二大能源碳排放国有相差较大。以 2021 年为例，我国能源碳排放占全球排放总量的 31.2%，居第一位；其次是美国，占比 13.9%，高出 17.4 个百分点。

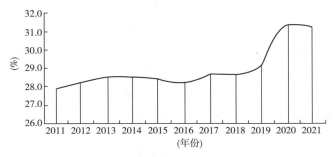

图 4.1　我国 2011~2021 年能源碳排放占全球能源碳排放的比重

资料来源：《世界能源统计年鉴（2022）》

　　② 我国从"碳达峰"到"碳中和"的时间紧、任务重。截至 2021 年，全球约 54 个国家实现"碳达峰"。以第三产业为主的大部分欧洲国家于 1990 年左右达峰，其他欧洲国家在 2008 年前陆续达峰；美国、加拿大于 2007 年达峰，日本韩国于 2013 年达峰。世界主要经济体在"碳达峰"后，提出了"碳中和"时间节点大多为 2050 年。从"碳达峰"到"碳中和"，欧盟用时约 60 年，美国、日本用时 40 年左右，我国仅有 30 年时间。

　　（2）能源结构偏煤，控煤减碳背景下能源安全保障压力较大

　　① 能源结构偏煤。戴厚良院士指出，基于我国的资源禀赋，能源消费结构呈煤炭占比大，石油、天然气、一次电力及其他能源占比小的"一大三小"格局（见图 4.2）。煤炭长期在我国能源安全战略中发挥着基础性作用，是我国第一大能源。2000 年以来，我国煤炭消费在一次能源消费中的比重快速下降，2021 年较 2000 年下降 12.5 个百分点，但仍高达 56%，远高于全球平均 27% 和 G7 国家平均 12% 的水平。煤炭具有高碳属性，高碳的煤约占中国总能源消耗的 58%、电力生产的 66%，煤炭燃烧碳排放占我国能源相关二氧化碳排放量的 79%。

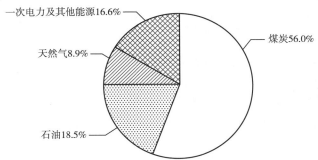

图 4.2　2021 年中国能源消费结构

资料来源：国家统计局

② 能源安全保障压力较大。预计我国煤炭消费量将在"十四五"期间达峰，2035 年前，煤炭仍是我国第一大能源，其间既要控煤减碳，又要发挥好煤炭的重要作用，保障能源安全的难度较大。若"减煤"速度过快、力度过大，煤炭对能源体系安全运转的"托底保供"作用将会被削弱，短期内会引发能源安全问题，如 2021 年下半年，部分地区由于电煤供应不足引发的"拉闸限电"现象。虽然近些年我国能源消费增速趋缓，但增量仍然巨大，且面临长期能源需求增长保障的压力。谢彦祥学者认为，高比例新能源介入使得电网波动的风险和脆弱性增加，同时受西电东送格局影响，部分地区送端电网较为薄弱，一旦出现大面积、持续性、长时间的极端天气，发生电力供给中断甚至系统崩溃风险的概率增大。

（3）能源利用效率偏低，工艺、标准和综合利用等均有不足

戴厚良指出，2000 年以来，我国单位 GDP 能耗持续下降，但仍远高于全球平均水平。根据国际能源署（International Energy Agency，IEA）和世界银行数据，2020 年我国每万美元 CDP 能耗为 3.4tce，是全球平均水平的 1.5 倍、美国的 2.3 倍、德国的 2.8 倍。我国单位能耗偏高、能源利用效率偏低的原因主要有：产业结构中第二产业和高耗能产业占比高；部分产业工艺落后，部分地方政府仍依赖传统产业及生产模式维持经济增长；我国能效标准低于发达经济体，例如欧盟和美国通过提高家电能效标准实现电力消费量下降 15%，而我国下降幅度不足 5%；能源综合利用率低，据统计，我国约 50% 的工业能耗没有被利用，余热资源利用率只有 30% 左右，远低于发达国家 40%～60% 的平均水平。

（4）能源消费侧低碳转型面临挑战

① 交通运输方面，我国交通运输业的能源消耗总量及其占全社会总量的比重呈现逐年递增的趋势，同时也是我国碳排放的重要来源。由于我国城镇化进程尚未完成，城镇化率较发达国家平均水平低，城镇化空间较大，交通需求还将呈刚性增长态势。尽管目前以公交优先为核心的绿色出行模式正在引起各大城市的广泛关注，但依然存在公共交通规划与城市规划融合不够、以减少小汽车依赖为导向的经济型需求管理政策体系尚未真正建立、慢行系统的网络建设和路权管理不到位等问题。

② 供热采暖方面，供热采暖之间的问题涉及多个环节技术操作，而供热需求的增加对供热能力提出新的挑战。首先，热负荷对于新增需求，需接入原有热网，虽然城市整体集中供热能力充分，但难免发生区块供热不均的情况，也可能导致供热管网连接方面的问题；其次，新楼与旧楼并立、多层与中高层同在，供热环境、对象不同，供热方式也不同，但往往集中于一个供热系统，这给供热单位带来了较大困难；最后，用户系统情况复杂多元，难以把控。

（5）"碳中和"窗口期偏短，能源转型成本高

从"碳达峰"到实现"碳中和"，全球平均用时需 53 年，而我国只有 30 年时间。我国不但要完成全球最高碳排放强度降幅，还要用全球历史上最短的时间实现从"碳达峰"到"碳中和"，任务艰巨。发达国家的存量煤电资产大多已经进入集中退役期，50% 煤电机组平均服役年限在 40 年，部分煤电机组服役年限超过 60 年。而我国大量燃煤电厂建成服役时间较短，在运煤电机组平均服役时间为 12 年，约 50% 的容量在过去 10 年内投运，85% 的容量在过去 20 年内投运。按照 40 年的服役年限，为了实现 2060 年"碳中和"，未来新建的煤

电机组将在到达寿命周期之前提前退役，搁浅资产损失巨大。同时，随着"碳中和"推进，化石能源需求减少、行业体量缩小、部分生产场地关停成为必然趋势，传统资源型城市转型和相关行业人员分流、再就业等问题也需要统筹考虑。

（6）零碳能源的规模发展面临挑战

在政策引领和技术进步的推动下我国核能、水能、风能、太阳能、生物质能和地热能等非化石能源以及氢能储能和新能源汽车产业取得长足进展，但规模化发展仍面临诸多挑战，具体包括以下几点内容。

① 核电部分核心零部件、基础材料仍依赖进口，核聚变能开发利用尚处于探索阶段；水电工程施工环境复杂、生态环境脆弱，工程技术、建设管理和移民安置难度不容小觑；风能和太阳能发电具有间歇性波动性和随机性特征，高比例新能源条件下电力系统可靠性不足；生物质能发电总装机容量依然不高，规模化发展仍需时日；地热能领域干热岩资源勘探开发技术尚处于起步阶段。

② 储能方面，抽水储能发展空间有限，电化学储能成本高，尚无法满足长时储能需求，安全性也有待提高。新能源汽车所需锂、钴、镍等关键矿物资源储量不足，但消费量大，严重依赖进口，存在供应中断风险。

③ 氢能方面，虽然我国制氢规模位居世界首位，并形成"制-储-运-加-用"完整产业链，但产业布局趋同、技术成本高、应用场景单一，制约了产业健康发展。同时，由于我国90%以上氢气来自煤制氢，属于灰氢，制氢过程还会造成大量碳排放。

4.2.2　我国"碳中和"趋势分析

1. 我国能源消费量现状

（1）从能源消费量构成来看

2020 年，由煤炭、石油和天然气组成的化石能源的消费量为 418818 万 tce，占总消费量 84.1%，与 2019 年 412902.3 万 tce 相比增加了 5915.7 万 tce，增幅 1.43%。其中，煤炭消费量 282864 万 tce，比 2019 年 281280.6 万 tce 上升了 0.6%，占比增至 56.8%，在能源消费量中占据最大比重；石油消费量 94122 万 tce，比 2019 年 92622.72 万 tce 增加了 1499.28 万 tce，上升了 1.62%，占比增至 22.5%；天然气消费量 41832 万 tce，比 2019 年 38999.04 万 tce 增加了 2832.96 万 tce，上升了 7.3%，上升幅度最大，占比增至 9.99%。2020 年一次电力及其他能源消费量 79183 万 tce，相比 2019 年 74585.7 万 tce 增加了 4596.3 万 tce，上升了 6.16%，在能源消费总量中占比 15.9%（见图 4.3）。

（2）从各行业能源消费总量来看

2019 年我国能源消费总量 487488 万 tce，其中工业能源消费量为 322503 万 tce，是能源消费量最大的行业，在能源消费总量中约占比 66.2%。其中，制造业能源消费量为 268426 万 tce，远超于采矿业与电力、热力、燃气及水生产和供应业，占工业能源消费量的 83.2%；交通运输、仓储和邮政业能源消费量占比位居其次，总量为 43909 万 tce，占比 9%；批发和零售业、住宿和餐饮业能源消费量仅次于交通运输、仓储和邮政业，总量为

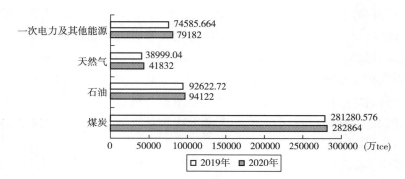

图 4.3　我国 2019 年与 2020 年能源消费量对比

13624 万 tce，占比 2.8%；农林牧渔业和建筑业能源消费量相当，分别为 9018 万 t 和 9142 万 tce，分别占比 1.85%、1.88%；另外其他行业和居民生活能源消费量分别为 27582 万 t 和 61709 万 tce，占比分别为 5.7%、12.7%。

2. 我国终端用能部门能源消费量及其二氧化碳排放量变化趋势

在实现低碳转型的进程中，终端用能部门减少能源消耗、提高用能效率和电气化替代是重要的策略。从我国能源消费现状来看，我国主要的终端用能部门有工业、建筑和交通部门，为了促进节能提效，需对这些部门的能源需求加强管理和控制，并不断创新节能减排技术和促进产业化发展。另外，可通过用电力代替煤炭、石油等化石能源，促进终端用能电气化，以减少终端用能部门的二氧化碳排放量。

（1）工业部门的能源消费量将得到控制

目前工业部门是主要的终端用能部门，其能源消耗量占总能源消耗量的 66.2%，也是二氧化碳排放最主要的部门。在我国 2060 年实现"碳中和"的目标下，我国将对产业结构进行调整，重化工业的占比会逐渐降低，各产业会逐步实现低碳转型升级，不断提高生产质量和效率，能源消耗量会逐渐降低，同时能源的利用效率会不断提高，先进制造业和高新技术的发展会使产品价值链高端化，工业部门的能源消费量会得到有效控制。

① 我国工业部门的能源消费总量将降低。尽量在控制全球温升不超过 2℃的目标下，2050 年，我国工业部门的能源消费量与 2015 年相比将减少大约 26%，预计 2030 年工业部门能源消费量达到 24.7 亿 tce，2050 年降至 16.5 亿 tce。而在实现温控 1.5℃的目标下，我国 2030 年能源消费量为 20.7 亿 tce，2050 年将降至 14.1 亿 tce。

② 工业部门将逐步实现电气化。电力将逐步成为工业部门的主要能源产品，在控制全球温升不超过 2℃目标下，2030 年我国工业部门电气化率将达到 30%，2050 年达到 58.2%。在实现温控 1.5℃的目标下，2030 年我国工业部门电气化率将达到 37%，2050 年将达到 69.5%。

③ 工业部门的 CO_2 排放量将下降。化石能源直接消费的减少将有效降低二氧化碳排放量，在控制全球温升不超过 2℃目标下，2030 年工业部门的二氧化碳排放量将达到 38.2 亿 t，2050 年降至 12 亿 t。而在实现温控 1.5℃的目标下，2030 年工业部门的二氧化碳排放量将达到 27.6 亿 t，2050 年降至 4.6 亿 t。

④ 工业过程的二氧化碳排放量也会下降。随着产业结构的调整和产品高质量化，能源消耗高的产品的需求量会下降，同时通过工业部门内部结构的优化和工艺技术的创新，工业过程的二氧化碳排放量也会呈下降趋势。在实现温控1.5℃的目标下，2030年达到8.8亿t，2040年降至5.6亿t、2050年继续降至2.5亿t，与2020年相比较，2050年工业过程二氧化碳排放量将下降大约81%，如表4.4所示。

表4.4 工业部门能源消费量与二氧化碳排放量

目标	2020年		2030年		2050年	
	能源 （亿tce）	碳排放 （亿tCO$_2$）	能源 （亿tce）	碳排放 （亿tCO$_2$）	能源 （亿tce）	碳排放 （亿tCO$_2$）
2℃	21.8	37.7	24.7	38.2	16.5	12.0
1.5℃	21.8	37.7	20.7	27.6	14.1	4.6

资料来源：《项目综合报告（2020）》。

（2）建筑部门的能源消费量将下降

根据《中国建筑能耗研究报告（2020）》数据，2018年全国建筑全寿命周期能耗总量为21.47亿tce，占全国能源消费总量的46.5%。随着人们生活水平的提高，对建筑的需求量增大，建筑总量会呈现上升趋势，建筑部门的能源消费量也会随之增加。为了达到"碳中和"的目标，需合理计划和控制全国建筑规模，在2050年控制建筑总规模不超过740亿m^3。在此目标下，会逐渐提高建筑部门节能标准，建筑供暖的方式也会逐步以节能为目的进行改进，从供热供气、供电等各个方面进行建筑节能改造。

在控制全球温升不超过2℃目标下，2050年建筑部门能源消费量会下降至7.13亿tce，建筑部门的二氧化碳排放量会降至3.06亿t。而在实现温控1.5℃的目标下，预计2050年，建筑部门能源消费量会下降至6.21亿tce，建筑部门的二氧化碳排放量也会逐渐降至0.81亿t，如表4.5所列。

表4.5 建筑部门能源消费量与二氧化碳排放量

目标	2020年		2030年		2050年	
	能源 （亿tce）	碳排放 （亿tCO$_2$）	能源 （亿tce）	碳排放 （亿tCO$_2$）	能源 （亿tce）	碳排放 （亿tCO$_2$）
2℃	7.75	10.0	7.16	6.50	7.13	3.06
1.5℃	7.75	10.0	6.92	5.65	6.21	0.81

资料来源：《项目综合报告（2020）》。

（3）交通部门的能源消费量将下降

交通部门的能源消费量随着城市化发展保持着持续较快增长的趋势，在"碳中和"的目标下，我国将遵循绿色交通理念，不断优化交通运输结构，使交通运输效率得到有效提高，同时推动交通运输的电气化进程，提高清洁能源的使用比例。在控制全球温升不超过2℃目标下，2030年交通部门的能源消费量将达到5.83亿tce，2050年降至4.02亿tce，其二氧

化碳排放量将在 2030 年前达到峰值 10.75 亿 t，2050 年降至 5.50 亿 t，下降幅度超过
83.4%。在实现温控 1.5℃ 的目标下，2030 年交通部门的能源消费量将达到 5.83 亿 tce，
2050 年降至 3.46 亿 tce，其二氧化碳排放量将在 2030 年前达到峰值 10.75 亿 t，2050 年降
至 1.72 亿 t，下降幅度超过 83.4%，如表 4.6 所列。

表 4.6 交通部门能源消费量与二氧化碳排放量

目标	2020 年		2030 年		2050 年	
	能源 （亿 tce）	碳排放 （亿 tCO_2）	能源 （亿 tce）	碳排放 （亿 tCO_2）	能源 （亿 tce）	碳排放 （亿 tCO_2）
2℃	5.14	9.9	5.83	10.75	4.02	5.50
1.5℃	5.14	9.9	5.83	10.75	3.46	1.72

（4）电力的需求量会上升

电力部门实现低碳化也是实现"碳中和"的重要环节。随着终端用能部门逐渐利用电力代
替化石能源，电气化进程逐步加快，逐步实现深度脱碳，终端用能部门的能源消费中电力所
占的比例会逐渐升高，发电所用的能源量也会增加，因此，在实现"碳中和"的过程中，电力
的需求量会呈现上升趋势。在实现温控 1.5℃ 的目标下，电力的总需求量 2030 年会增至 10.04
$\times 10^4$ 亿 kW·h，到 2050 年将超过 14.27$\times 10^4$ 亿 kW·h。为实现电力部门低碳化，化石能源电
力将逐步被新能源和可再生能源电力代替。在控制全球温升不超过 2℃ 目标下，到 2050 年非
化石能源发电总装机将达到 53 亿 kW，非化石能源电力在总电量中所占的比例将升至 90.4%。

在控制全球温升不超过 2℃ 目标下，电力部门的二氧化碳排放量的峰值将在 2025 年出
现，达到 40 亿 t，之后会以较快的速度下降，2050 年降至 3 亿 t。而在实现温控 1.5℃ 的目
标下，电力部门的二氧化碳排放量的峰值将在 2025 年前出现，小于 40 亿 t，之后会以很快
的速度下降，2045 年会降至接近于零，2050 年基本实现净零排放。

3."碳中和"趋势分析

发展 CCS 技术和 BECCS(Bio-Energy with Carbon Capture and Storage，生物质能碳捕集
与封存；下同)技术在实现二氧化碳净零排放的过程中发挥着至关重要的作用。在实现温控
1.5℃ 的目标下，2030 年将实现 CCS 技术的规模应用，2040 年 BECCS 技术也将实现规模应
用，预计 2030 年农林业碳汇增汇能实现 9.1 亿 t，2050 年实现 7.8 亿 t；CCS 和 BECCS 埋
存量在 2030 年达到 0.3 亿 t，2050 年将达到 8.8 亿 t。在实现温控 1.5℃ 的目标下，我国"碳
中和"进程如表 4.7 所列。

表 4.7 我国"碳中和"进程(单位： t CO_2)

	2020 年	2030 年	2050 年	2060 年
能源消费 CO_2 排放	100.3	103.1	14.7	3.5
工业过程 CO_2 排放	13.2	8.8	2.5	0.3
非 CO_2 温室气体排放	24.4	26.5	12.7	2.0

续表

	2020 年	2030 年	2050 年	2060 年
农林业增汇	-7.2	-9.1	-7.8	-4.3
CCS+BECCS 埋存量	0.0	-0.3	-8.8	-1.5
净排放	130.7	129.0	13.3	0

注：2030 年、2050 年数据来源于《项目综合报告（2020）》，2060 年数据来源于《中国碳中和的时间进程与战略路径（2021）》。

根据以上分析，我国"碳中和"进程将经历以下三个阶段。

（1）实现"碳达峰"的阶段（2020—2030 年）

此阶段，煤炭和石油等化石能源将逐渐达到峰值，2030 年后呈现下降趋势，天然气占比呈上升趋势，非化石能源占比呈现快速增长趋势，农林业碳汇发挥重要作用，二氧化碳净排放量达到峰值 129 亿 t。

（2）二氧化碳排放总量高速低的阶段（2030—2050 年）

煤炭和石油消费量占比大幅下降，不再是我国的主要能源；天然气消费量略微呈现下降趋势；非化石能源成为主要能源。CCS 技术和 BECCS 技术不断发展，实现规模应用。2050 年二氧化碳净排放量降至 13.3 亿 t，下降 115.7 亿 t。

（3）二氧化碳净零排放阶段（2050—2060 年）

能源消费中不再有煤炭和石油的参与；天然气利用碳捕集、利用与封存技术等技术促进可再生能源的发展，在能源消费量中仍占有一定比例；非化石能源作为主要能源，所占比例继续升高。在此过程中，碳汇能力会不断增强，碳捕集、利用与封存技术也会继续发展应用，"碳中和"目标将得到实现。

4.2.3 "碳中和"背景下的能源技术路径

"碳中和"意味着人类活动产生的二氧化碳排放量与生态系统及各种技术所吸收的二氧化碳量大致相等，即碳源约等于碳汇。从碳源来看，主要指以生产侧和消费侧为代表的人类活动，及在此基础上形成的化石能源开发利用；从碳汇来看，主要指以生态系统为基础，捕集、封存、利用二氧化碳。本节围绕基本的碳循环流程，如图 4.4 所示，对节能减排体系建设、碳汇与固碳能力提升进行阐述。

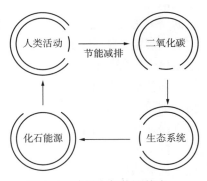

图 4.4　碳循环与能源技术

1. 节能减排体系建设

节能减排包括两大领域：节能和减排。所谓节能，表示在能源生产到消费的过程中采用经济合理的措施来降低能源消耗；所谓减排，表示在加强节能技术应用的同时减少废弃物和环境污染物的排放。主要路径包括重点部门节能减排、发展循环经济、重大设备节能改造和零碳能源发展。

（1）重点部门节能减排

① 工业部门节能减排

石油、钢铁、化工、建材等工业部门用能一直居高不下，在生产时余热资源回收率偏低，仅30%左右，造成了极大的浪费，且目前技术转型存在难度，因此，提高余热资源的利用率是时代的要求。下面介绍基于能源梯级利用理论上的一种技术—工业余热资源梯级利用。根据工业余热资源梯级利用的中心原则，余热资源单独或综合采用"回用、替代、提质、转换"四个层级规划方法来实现能源与效益的双赢，如表4.8所列。

表4.8　工业余热资源层级规划

回用	设备在工业生产中产生的余热资源优先用于原设备
替代	经过回用层级后，若有富余热能优先应用于该设备所在工艺系统中，其次为所在工业区域内的其他工艺系统，最后为其他工业区域
提质	经过前两层级后，若还有富余热能，则利用外部高品位能源提升富余热能品味
转换	经过前三层级后，若还有富余热能，则转换为其他形式能源

除此之外，还有其他技术方法，如干熄焦余热回收发电技术、烧结余热回收发电技术、热管技术、转炉余热回收系统等。虽然余热资源梯级利用是针对发电和供热行业提出的，但可以广泛应用于各类工业中，根据对能源能级的不同需求形成梯级利用关系，减少能源消耗。

② 建筑部门节能减排

我国幅员辽阔，气候呈现多样化特征，北方地区采暖需求旺盛，南方部分城市也有迫切采暖需求，而且随着我国城市不断发展，集中供暖面积有逐渐增大之趋势，这也意味着能源消耗的增多，当然不可避免地也会对环境造成一定的污染。对此，不仅要加大供暖设备的研究力度，也要从供暖前期铺设管道、后期计量等着手以防止能源的浪费。

供暖前：a. 热网设计。首先，选择保温性、抗腐蚀性、导热性较好的材料，我国一般选用聚氨酯保温材料；其次，管网设计因地制宜地选择合理的铺设方式，热网主干线力求靠近热负荷密集区；最后，发展并普及应用热网自动化控制技术以取代传统的手动控制，提高供暖精确度。b. 建筑外围保温。建筑外墙选择防火性较好的保温材料，如聚苯乙烯，有效保证建筑主体的隔热与保暖效果，防止出现热量流失。

供暖中：a. 热负荷监测。实时监测居民热网运行数据，结合运行环境参数做出热负荷可视化折线图，以便控温；b. 用户终端调节阀。我国一直存在过量供热的问题，究其原因为用户无法自己调节室温，有时要开窗散热造成能源浪费，应大力推广智能化技术的应用，设置终端调节阀，做到用户可自动调节建筑温度。

供暖后：在能够实现以上节能改造的基础上进行分户热计量改革，即"每户一阀"，根据各户的采暖热量缴纳费用，从消费者的节约心理出发舒缓"过量供热"问题。

③ 交通部门节能减排

随着工业化与城市化进程加快，交通运输行业日益繁荣，能源需求不断扩大，温室气体排放也随之增多，成为第三大二氧化碳排放源，约占全国碳排放总量的9%，因此，实现此行业的转型升级是实现"碳中和"目标的一大抓手。结合当前形势来看，居民对于出行服务品质要求越来越高，清洁能源还未形成规模化应用，故交通领域的低碳发展路径应分阶段逐步进行。

近期目标：a. 优先发展公共交通。宏观上，城市用地开发应有利于以公共交通为导向的低碳出行体系，精细化组织管理城市道路，加密改造公共交通网络，打造紧凑型交通布局；微观上，应用人工智能、云计算等技术完善公共交通服务系统，减少居民对私家汽车的依赖性。b. 引导机动车零碳转型，推广应用混合电动汽车，该技术利用电驱动代替低效的内燃发动机，降低了机动车油耗；开发研制轻质材料减轻车身自重以降低燃油消耗；推广以氢能为代表的清洁能源车的使用，完善新能源车补贴政策。

中长期目标：大力推广并普及应用燃料替代，尤其要推动氢能的商业化应用；优化水运、航运、公路运、铁路运之间的运输协作结构，加快大宗货物及中长距离货物运输的"公-水""公-铁"等模式转换；逐步普及自动驾驶、共享出行等技术，提升机动车节能驾驶技术。

（2）发展循环经济

现阶段，我国二氧化碳排放源主要为煤炭消费，而电力为煤炭主要消费行业，且鉴于我国当前能源禀赋特点及技术成本优势，燃煤发电在未来一段时期内仍是发电主要手段，故煤电产业在"碳中和"的目标实现中贡献潜力较大，必然要走向循环经济。循环经济是指在生产、流通和消费等过程中，进行的减量化（减少资源消耗、减少废弃物产生）、再利用（废弃物经改造作为产品使用）、资源化（废弃物作为原料再利用）活动的总称，其原则为以更少的资源获取更大的发展。

下面以煤炭为例，介绍一种较为普遍的循环经济模式。

由图 4.5 中可看出，煤炭在燃烧发电时产生的废弃物经过回收处理与再应用，一部分副产品可以进行发电，这在一定程度上减少了起始发电资源的消耗量；另一部分副产品作为新的原材料供其他企业使用，由此形成了行业间的价值链交叉，在整个循环过程中，实现了煤炭价值流的增值。当然其他行业也要紧密实施循环经济模式，如钢铁厂的铁渣、制糖厂废渣废糖、塑料等的回收利用。

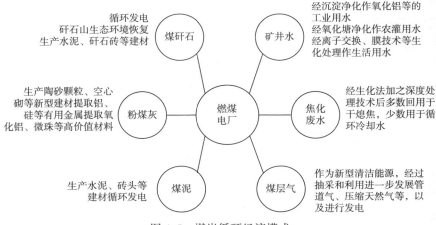

图 4.5 煤炭循环经济模式

（3）重大设备节能改造

工业锅炉。为实现"碳中和"目标所进行的能源结构调整策略中，节约能源是基础措施，许多生产企业通过设备的淘汰或优化，来实现节能减排的目标。节能设备就是在生产过程中通过应用新的节能技术及改造技术设备，以期在相同能源消耗时达到比原来更好的效果，或是在减少能源消耗时达到与原来相同甚至更好的效果。在传统行业中，工业锅炉是不可或缺的热能动力设备，据不完全统计，其能源消耗占比超出了30%，因此锅炉进行节能优化十分具有现实意义（见表4.9）。

表4.9　工业锅炉节能技术

可能同题	对应技术	应　用
燃料燃烧不足	富氧空气助燃术	将空气中的氧气分离并收集，助燃锅炉中的煤渣，提高燃烧热效率
在钢炉运行中缺少检测设备，无法对生产参数进行精确掌握，运行	变频调速技术	合理调节温度、负荷等，有效控制锅炉运行状态，降低有害气体排放量
忽略辅机的能源消耗	辅机改造技术	根据实际情况优化辅机的运行状态，达到节能效果的同时提高了安全性
潜热利用率低	排烟余热回收技术	吸收烟气中的热量，既减少了热量损失，回收的热量又能另作他用
烟气污染	湿法烟气脱硫脱硫硝技术	运用高碱度的物质，如电石渣作为吸收剂中和硫与硝，有效利用了废弃物，并减少了环境污染

这里只是简单介绍了工业锅炉节能优化的几种关键性技术，在平时的工业生产中也要注意其他设备的节能优化，如化工行业运用氢化氢气回收技术循环利用氢气、建筑行业运用智能及实时控制技术实现照明系统的节能等。

煤电机组。2021年国务院印发的《2030年前碳达峰行动方案》（国发〔2021〕23号）指出"严格控制新增煤电项目，新建机组煤耗标准达到国际先进水平，有序淘汰煤电落后产能，加快现役机组节能升级和灵活性改造。"当前煤电机组退役规划应逐步推进，对到达使用寿命且效率较低的机组实施淘汰，对临近使用寿命但能效较高的机组进行综合升级改造。较为典型的煤电机组有纯凝机组和热电联产机组（如表4.10所列）。

表4.10　典型煤电机组低碳转型技术

机组	改造技术	应用效果
纯凝机组	精细化调整燃烧系统	燃烧器改造：降低原单层燃烧器功率的基础上再增加一层燃烧器，增大了煤粉气流的吸热面积，有利于机组低负荷稳燃；助燃燃烧器改造：加装富氧微油点火装置，提高燃料风氧浓度，从而提高燃烧效率（魏海姣，2020）
	抽取供热蒸汽	从机组冷段、中低压气缸、中低压连通管中抽取供热蒸汽进行储热，节约了供热能源消耗

机组	改造技术	应用效果
热电联产机组	汽轮机高背压改造技术	通过提高机组运行背压，加热热网回水，降低冷源损失和发电负荷，从而提升了热电比，实现机组负荷灵活性调节
	增加储热系统	储热水罐：在机组和热网之间设置储热水罐，当机组高负荷运行时进行抽汽储热，机组低负荷运行时释热；电锅炉：将机组产生的过剩电量通过电锅炉转化为热量进行储存，为太阳能、风能发电提供进网空间。以上既降低了机组发电负荷，又满足了供热需求，实现了热电解耦（魏海姣，2020）
	低压缸微出力技术	关闭低压缸的阀门使其不进汽，更多的蒸汽进入中压缸全部进行供热，降低了电负荷，减少了煤耗

我国一部分老电厂还拥有容量为 300 兆瓦以下的纯凝机组，其能耗相当高，在"双碳"背景下的节能市场没有竞争优势，故应淘汰这批设备；而对于其他纯凝机组，因其不涉及供暖，造成了能源浪费，故应进行供热改造向热电联产看齐。而热电联产机组既生产电能，又利用汽轮发电机做过功的蒸汽用于供热，故其节能关键在于降低电负荷的同时提高供热能力（即热电解耦）。随着"碳中和"的进程加快，大中型城市应优先建设热电联产机组、顺势改造纯凝机组、加强培训及分流相关从业人员，从而减少煤电机组的转型成本。不同行业都有与之对应较适合的碳减排技术，然行业之间存在着交叉关系，故单一地使用某种技术并不能达到理想效果，不同技术的综合应用方为上策。在大力研发各种减排技术的同时，也要有相应的政策予以配合，通过建立健全碳税制度和碳排放交易制度提高零碳市场的经济性。同时要充分调动起居民的绿色环境责任感与环境保护意愿性，做到生产侧与消费侧协同发力。

（4）零碳能源发展

零碳能源技术是指从源头控制的无碳技术，即大力开发以无碳排放为根本特征、成本有望持续下降的清洁能源，主要技术包括风能发电、水力发电、太阳能发电、生物质燃料、核能、氢能等，以及零碳能源综合利用服务，其最终目的是完成碳密集型化石燃料向清洁能源的转变，完成零碳化。

清洁能源指不排放污染物的能源，它包括核能与可再生能源（太阳能生物能、氢能、风能、海洋能、地热能、水能），限于篇幅，此处主要介绍氢能。氢能具有能量密度大、转化效率高、使用过程环境友好等特点，是极具发展潜力的二次清洁能源，被专家学者认为是"21世纪的理想能源"。下面从氢气的制取、储运、利用三环节阐述氢能技术路线。

① 制取氢气。氢元素在地球上主要以化合物的形式存在于水和化石燃料中，故氢能需要通过一定的技术来提取。按照氢能生产来源和生产过程中的碳排放强度，氢气被分为灰氢、蓝氢、绿氢。灰氢指由化石燃料燃烧制得的氢气，在生产过程中伴随二氧化碳的排放，技术成熟且成本较低，约占当今全球氢气产量的 96%；蓝氢指化石燃料燃烧时加注了 CCUS 技术制得的氢以及工业副产氢，相较灰氢的生产大幅降低了碳排放，技术较为成熟，成本略高；绿氢指由可再生能源分解水制得的氢气，生产过程中几乎没有碳排放，技术只达到

了初步成熟且尚在深入研究中，目前产量极低，仅占我国氢气产量的 1.5%。

绿氢是发展氢能的初衷，因此绿氢的生产才是目前的技术焦点。其制作方法——电解水制氢就是在直流电的作用下，通过电化学过程将水分子解离为氢气与氧气，分别在阴、阳两极析出。目前电解水制氢主要分为碱性电解水制氢、质子交换膜（Proton Exchange Membrane，简称 PEM）电解水制氢、固态氧化物电解水制氢和阴离子交换膜（Anion Exchange Membrane，简称 AEM）制氢，其技术比较如表 4.11 所示。

表 4.11 电解水制氢技术比较

项目	碱性电解水制氢	PEM 电解水制氢	固态氧化物电解水制氢	AEM 制氢
电解质	KOH、NaOH 等碱性水溶液	质子交换膜（固体电解质）	YSZ 氧离子导体	氢氧根离子交换膜
催化剂	无贵金属催化剂	需贵金属催化剂	无贵金属催化剂	无贵金属催化剂
电解效率	60%~75%	70%~90%	85%~100%	
成本	生产成本低，维护成本高	较高	较高	较低
应用程度	技术较为成熟，实现了大规模应用	开始转向商业化应用	技术不够成熟，处于初期示范阶段	技术有待突破，处于实验室研发阶段

注：KOH 为氢氧化钾的化学式；NaOH 为氢氧化钠的化学式；YSZ 的中文名称为氧化锆稳定钇。

氢气制取有多种方式，需从资源禀赋、提取成本、综合效率等方面考虑选择最佳方式。长远来看，在电解水制氢技术尚未规模化应用前，其他技术应辅之 CCUS 技术以减少碳排放，同时要将研究重点放在绿氢的制取。

② 储运氢气。标准状况下，氢气的密度仅为空气的 1/14、汽油的 1/3000，其质量能量密度约为 120MJ/kg，约为天然气的 2.7 倍，然而体积能量密度仅为天然气的 1/3，且其性质活泼，故如何保持高能量密度氢是技术关键。一般储氢技术有物理和化学两个方向，物理方向常用的是高压气态储氢技术和低温液化储氢技术，化学方向常用的是有机液体储氢技术和金属氢化物储氢技术。几种技术的对比如表 4.12 所示。

表 4.12 储氢技术对比

项目	高压气态储氢	低温液化储氢	有机液体储氢	金属氢化物储氢
原理	将氢气压缩，以高密度气态形式存在	将氢气液化储存	通过加氢反应储存氢气，脱氢反应释放氢气	利用金属或合金与氢气反应，生成金属氢化物，然后加热释放氢气
优势	成本低、耗能少、放氢速度快	质量密度高、纯度高	质量密度高、安全性高、储氢量大	体积密度高、成本低、纯度高
劣势	体积密度低、存在泄漏隐患	成本高、耗能多、易挥发	成本高、技术复杂、易有副产物	质量密度低、循环困难、有温度要求
应用程度	成熟商业化，应用较广泛	通常用于航空领域，近几年向工业方面发展	尚处于研究阶段	尚处于研究阶段

对比四种技术，物理储氢成本低。安全性高，故后期要将研究重点置于化学储氢。氢气运输方面，近距离小体量运输宜用长管拖车，长距离宜用船舶集装箱液态运输，固定线路上大体量输送宜用管网运输。

③利用氢气

氢能作为零碳能源，在交通、化工、建筑等行业均有广阔的应用空间。工业领域，氢气是重要的化工原料，可用于合成氨、甲醇等，应用于电子工业（氢气充当多晶硅生产的生长气）、石油化工（氢能炼钢）、冶金工业（充当金属氧化物的还原气）、食品加工行业（氢化处理天然食用油使之能稳定储存）等行业；交通领域，以氢作为燃料取代传统燃油在船舶、航空领域中的应用，发展氢燃料电池汽车使之与锂电池纯电动汽车形成互补；建筑领域，在供热管道掺氢，或通过氢燃料电池实现热电联供。

综上所述，氢能有着巨大的应用潜力，可再生能源制氢必将是未来的主流制氢方式，掌握整个氢能技术路线（图4.6），方能突破零碳低源发展瓶颈。

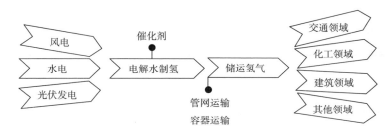

图4.6　氢能技术路线

2. 碳汇与固碳能力提升

"碳中和"愿景下，加强生态系统的固碳增汇能力是抵消和吸纳顽固碳源的最经济有效的途径。碳汇是指通过植树造林、植被等生态系统恢复等措施，吸收大气中的二氧化碳，从而减少温室气体在大气中的浓度。固碳是指将人类活动产生的碳排放物通过人工或自然的方法分离出来，并将其储存到安全的碳库中。通常碳汇、固碳技术与负排放技术结合使用，故以作用侧重点方向为依据，将负排放技术分为碳汇方向与固碳方向。

（1）碳汇技术

土地利用和管理。土地利用和管理包括陆地碳去除与封存和沿海生态系统"蓝碳"。陆地碳去除与封存指通过植树造林、森林管理变化和生态系统恢复、利用生物炭提高土壤碳储存量，具体途径如表4.13所示。

生物质能碳捕集与封存（BECCS）技术结合了生物质能和碳捕集与封存（CCS）技术来实现二氧化碳的负排放，其技术原理可分为去碳和释碳过程（图4.7）。去碳：通过绿色植物的光合作用将大气中的二氧化碳转化为有机物及其衍生物，并以生物质的形式积累储存下来；释碳：然后加以利用这部分生物质，或是燃烧供能或是通过化学反应合成高价值清洁能源，如氢气，在此过程中会释放二氧化碳。在生物质利用过程中产生的二氧化碳通过CCS技术捕获，经过处理与运输，注入合适的地质结构中进行储存。在此过程中，认为光合作用吸收的二氧化碳量与生物质利用中产生的二氧化碳量大致相等,而且产生的二氧化碳也进行了捕集与封存,故整体实现了二氧化碳负排放。

表 4.13　土地利用和管理的碳汇路径及能力

方法	实现路径	碳汇能力
植树造林	种植树木将大气中的二氧化碳固定在生物和土壤中,一亩树林每天能吸收67kg二氧化碳	有较为广阔的部署空间,但农业土壤的碳吸收率有限制,而且农作物的生产以及生物多样性对土地使用形成竞争 综上,陆地碳去除与封存方法负排放能力有所限制
森林管理变化和生态系统恢复	通过人工措施,使生态系统达到能够自我维持的状态,从而减缓气候变化	
生物炭	作为一种土壤改良剂。帮助植物与农作物生长,增强农业土壤吸收和储存二氧化碳的能力	
沿海生态系统"蓝碳"	海洋和沿海生态系统中(红树林、潮汐沼泽、海草床)有机质通过光合作用捕获大气中的碳,并将其储存在海底的沉淀物下面	去碳漕力不会像陆地一样趋于饱和且成本很低甚至为零,但一旦遭到破坏会释放出大量的存碳,故要加强对海平面上升、沿海管理的认识

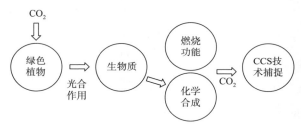

图 4.7　BECCS 流程

相较于其他技术,BECCS 既增加了碳汇,又减少了碳源,具有极高的潜在去碳能力,被专家认为是"有望将全球温室效应稳定在低水平的关键技术",可目前技术成本相对较高,需要尽早攻克壁垒,起码要使 CCS 发展成熟并经济可行。

(2) 固碳技术

直接空气碳捕集(Direct Air Capture,DAC)指直接从大气中捕获二氧化碳,将其浓缩并注入深层地质结构中实现负排放或碳清除,也可以与氢气结合生成合成燃料或应用于其他行业。

目前从空气中捕获二氧化碳有两种方向——液体或固体处理。液体处理指将化学溶液(如氢氧化物溶液)作为吸收剂,经过一系列化学反应将空气中的碳元素生成其他碳化物,从而去除二氧化碳;固体处理指将能与二氧化碳化学结合的固体(如碱土金属碳酸盐)作为吸收剂,将其置于真空中加热,从而释放出浓缩的二氧化碳,便于收集和后续的使用。

从其能力看,DAC 有着较强的潜在去碳能力,且去除率也较其他技术高,但相对而言,其去除成本也高,未来的研究重点应集中在吸收剂材料的研发。

碳矿化。碳矿化指加速风化,使大气中的二氧化碳与活性矿物(如玄武岩熔岩等活性岩石）形成化学键，通过矿化实现碳的长期封存，但目前对从技术缺乏基本认识和技术经济可行性的可信研究，故还需要不断探索和予以一定的经济政策支持。依照当前碳排放速度及"双碳"目标的进展，单一地使用某种技术很难满足时代的要求，各企业应根据各自的工业流程耦合应用能源技术，形成行业交叉与技术交叉的纵横网。世界各国应对碳排放技术和部署相关国际治理问题也将逐步提上日程，中国应积极引领和参与全球环境治理，尽早做好引进知识、技术、人才的准备，同时各决策部门保证各政策的及时性，尽早实现"碳中和"目标。

4.3　中国路径：以点带面助推"双碳"实现

4.3.1　各行业脱碳的现实路径

能源是工业的粮食、国民经济的命脉。新中国成立以来特别是改革开放以来，我们能够创造经济快速发展和社会长期稳定两大奇迹，离不开能源事业不断发展提供的重要支撑。党的十九届六中全会审议通过的《中共中央关于党的百年奋斗重大成就和历史经验的决议》，在总结新时代经济建设的伟大成就时指出，保障粮食安全、能源资源安全、产业链供应链安全，在总结新时代维护国家安全的伟大成就时强调"统筹发展和安全"，指出"把安全发展贯穿国家发展各领域全过程"。2021年中央经济工作会议强调："要确保能源供应""要深入推动能源革命，加快建设能源强国"。在全面建设社会主义现代化国家、向第二个百年奋斗目标进军的新征程上开拓奋进，确保能源安全至关重要。

习近平总书记高度重视能源安全，在主持召开深入推动黄河流域生态保护和高质量发展座谈会上强调，要推进能源革命，稳定能源保供。在出席二十国集团领导人第十六次峰会时强调，中国将持续推进能源、产业结构转型升级，推动绿色低碳技术研发应用，支持有条件的地方、行业、企业率先达峰，为全球应对气候变化、推动能源转型的努力作出积极贡献。

以习近平同志为核心的党中央多次对保障国家能源安全作出部署安排。党的十九届五中全会强调要"保障能源和战略性矿产资源安全"。"十四五"规划和2035年远景目标纲要围绕"构建现代能源体系""提升重要功能性区域的保障能力""实施能源资源安全战略"等作出了一系列重要部署。《2030年前碳达峰行动方案》明确提出，以保障国家能源安全和经济发展为底线，推动能源低碳转型平稳过渡，稳妥有序、循序渐进推进"碳达峰"行动，确保安全降碳。"能源的饭碗必须端在自己手里"，这是对历史经验的深刻总结，是着眼现实的深刻洞察，更是面向未来的深刻昭示。

这些新理念新观点新要求，彰显了党中央驾驭社会主义市场经济的卓越能力，体现了对新的时代条件下保障我国能源安全的深邃思考，展现了维护国家安全发展的坚定意志，为新时代中国能源高质量发展指明了方向。在党中央坚强领导下，我们坚定不移推进能源革命，全面推进能源消费方式变革、建设多元清洁的能源供应体系、发挥科技创新第一动力作用、全面深化能源体制改革释放市场活力、全方位加强能源国际合作、以更大力度深入推进能源低碳转型，能源生产和利用方式发生重大变革，能源发展取得历史性成就，能源事业在高质量发展道路上迈出了新步伐。

改革开放以来，作为经济社会发展的动力源，中国能源建设和发展取得了历史性成就，建立了煤炭、石油、天然气、非化石能源全面发展的多元能源供应体系，成为全球最大的能源生产和消费国。近十年来，中国以较低的能源消费增速支撑了经济中高速增长。当前中国能源发展仍面临煤炭所占比重偏高、油气供应海外依赖度过高、碳排放强度高、可再生能源供给不足以及管理体制机制障碍等问题。

未来中国经济和社会发展仍需要高质量的能源保障，以助力实现第二个百年奋斗目标和全面建成社会主义现代化强国。习近平总书记强调，能源安全是关系国家经济社会发展的全局性、战略性问题，对国家繁荣发展、人民生活改善、社会长治久安至关重要，并提出了"四个革命、一个合作"能源安全新战略。2021年10月，习近平总书记在视察胜利油田时指出，能源的饭碗必须端在自己手里。未来保障能源稳定供应、推进绿色低碳发展依然任重道远，需要更好统筹能源发展与能源安全。

1. "双碳"目标的实现对能源体系变革提出"四大要求"

实现"双碳"目标的关键在于推动能源体系的非化石化和加快化石能源清洁低碳化发展，构建清洁、低碳、安全、高效的现代能源体系。中国石油集团经济技术研究院立足国家、行业需求，研究构建了"世界与中国能源展望模型"。该模型可定量化模拟分析能源气候政策和技术演变对能源转型及碳排放的影响。立足"双碳"目标实现、能源安全供应和高质量发展，运用模型对能源体系演变进行模拟后的结果表明，现代能源体系构建需满足以下几个方面的要求。

（1）能源相关碳排放在尽快达峰后快速下降

在城镇化和工业化进程的推动下，中国一次能源消费总量和相关碳排放量持续上升。2021年9月28日，中国质量新闻网的《"碳达峰""碳中和"促进能源行业革命》表示：2020年，中国一次能源消费量为49.8亿tce，约占全球的26%，消费量较2005年增长近85%；能源相关碳排放量达到100亿t，约占全球的30%，排放量较2005年增长近80%。在"双碳"目标下，中国一次能源需求增速持续放缓，将于2030年后步入峰值平台期。能源相关碳排放量将在2030年前达峰，之后逐步回落，2060年能源相关碳排放量被森林碳汇或者碳捕集等形式抵消，实现净零排放。单位国内生产总值碳排放强度下降较快，2060年将接近完全脱碳。

（2）加快煤炭减量和非化石能源替代

以煤为主的能源消费结构是导致中国碳排放量和强度较高的主要原因。在"双碳"目标下，煤炭中短期消费稳中有降，未来主要发挥"兜底保障"作用，2035年前重点开展煤炭清洁高效利用，煤炭占一次能源消费的比重将从2020年的56.8%降至2035年的约40%，2060年占比需进一步降至10%以下。石油中短期消费仍将持续增长，未来回归原料属性。天然气作为清洁低碳化石能源，中长期将快速增长，成为与新能源协同发展的最佳伙伴。

随着非化石能源技术不断进步，非化石能源投资及使用成本也在不断降低，消费规模将持续增长，2060年成为能源消费主体。

（3）更好地统筹"碳达峰"和"碳中和"两个阶段性目标

2030 年前为"碳达峰"的攻坚期，在这一阶段需要着力推进煤炭减量，加大煤炭清洁利用力度，加大石油替代、控制石油消费增长，继续加快天然气发展，并加大碳捕集、利用与封存技术攻关示范，加快清洁能源（天然气和非化石能源）发展，力争实现一次能源需求增量全部由清洁能源提供。2030—2060 年为碳减排的加速期和"碳中和"的关键期，在这一阶段非化石能源发展将提质提量，对煤炭和石油在发电、工业燃烧、建筑和交通等用能领域形成大规模的替代，推动存量结构的优化调整。

（4）同步推进终端用能电气化和电力部门低碳化

终端电气化是工业、建筑、交通等领域实现脱碳的必然选择，未来终端电气化率将持续提升。根据测算，2030 年和 2060 年终端电气化率将分别超过 30% 和 60%，终端用电量在 2030 年和 2060 年分别达到 11.3 万亿 kW·h 和 14.6 万亿 kW·h，人均用电量将于 2035 年超过日本等发达国家当前水平。

可再生能源主要以电能为载体被终端使用的特点，决定了电力部门的低碳化将是整个能源变革的先导，非化石能源规模化将推动电力部门低碳化，2035 年风能和太阳能装机容量将超过 18 亿 kW，2060 年将超过 60 亿 kW。2060 年，"生物质发电+碳捕集、利用与封存"技术规模化应用将推动实现电力部门负排放。

2. 在转型阵痛期中国能源安全供应同样面临"四大挑战"

（1）面临满足能源需求增长与推进低碳转型的双重挑战

随着中国经济增长步入高质量发展阶段，潜在经济增长率将趋于下降，经济由中高速增长转向高质量增长，但对于能源的需求依旧较高。国际经验表明，当人均国内生产总值达到 2 万~3 万美元时，人均用能达到峰值。

能源结构中煤炭占比高导致能源结构低碳化任务艰巨。从不同化石能源碳排放因子看，煤炭的单位热值排放量最高，分别是原油和天然气的 1.2 倍和 1.6 倍。受资源禀赋影响，煤炭一直是中国能源消费的主体，煤炭年消费量较长时期在 40 亿 t 水平波动，消费波幅在 ±5%。近年来，大气污染环境治理推动煤炭消费加快集中化和清洁化利用步伐，但煤炭仍是主体能源，是中国碳排放量巨大的首要原因。

产业结构偏重使得产业转型升级面临挑战。制造业是国民经济的基石，用能总量大，碳排放量高。高耗能产品产量大是制造业能源消费多的重要因素。构建"双循环"发展新格局，需要建设完整的产业链和供应链，保持制造业比重基本稳定，不可能采取欧美等发达国家（第三产业所占比重达 80% 以上）将高耗能和高排放产业全部向外转移的模式，通过产业升级、能效提升以及循环经济深入发展，促进经济增长和能源消费脱钩的任务依然艰巨。

（2）近中期可再生能源仍受技术和系统成本制约，加剧了保障难度

电力供应从集中式数量相对较少的大型火电厂转向分散的、不稳定的风能、太阳能等可再生能源，系统出力波动性明显加大。在现有技术条件下，可再生能源的 80% 以上需要转化为电能进行利用，非可再生能源（风、光）发电出力不确定性强，具有随机性、波动性特征，在遭遇极端天气时，这些脆弱性会加剧能源系统的安全风险。

随着新能源占比提升，极度稀缺和极度丰饶情况将频繁交替出现，电力负荷峰谷差大概率成为常态，电力系统不稳定性加剧。以欧洲为例，2020年，可再生能源发电在欧盟发电量中的比重达到38%，成为电源结构的主力。2021年上半年北半球天气反常，造成二季度欧洲部分地区新能源发电不及预期，风力发电量比5年平均水平低45%，英国风电出力由往年的25%降至2021年的7%，受天然气价格飙升影响的天然气发电积极性不足，导致电力供应紧张和电价大涨，对经济发展和居民生活产生明显影响。2021年9月，中国东北多地由于风电骤减，煤价高企、电煤紧缺导致的电力供应缺口一再扩大，电网运行面临事故风险，为保证电网安全运行，不得已采取拉闸限电措施。

可再生能源发电大规模并网导致电力系统的可靠性维护成本大幅提升。尽管风能、太阳能等可再生能源发电成本较快下降，甚至达到平价上网，但电力系统的总成本并未下降。模型测算结果表明，如果独立电力系统中新能源电量占比达到40%，系统运行维护成本将与发电效益基本相当。

（3）推进转型过程中传统化石能源的压舱石作用易被忽视

"减煤"被视为能源绿色低碳转型的主要措施，但煤炭在中国能源安全中发挥着主体作用。"减煤"速度过快、力度过大，将削弱煤炭对保障能源体系安全运转的"托底保供"作用。受能源转型和行业去产能影响，近年来中国煤炭产能规模收缩，2020年受疫情影响，产能一直处于低位震荡，行业产能利用率为69.8%，低于2018年、2019年的水平，但煤炭消费受经济复苏带动持续增长，煤炭供应跟不上需求的增长节奏与规模，导致煤炭短缺和煤价上涨。2021年下半年以来，中国多个省市重现供电紧张，采取"有序用电""拉闸限电"手段，不得不启动煤炭阶段性增产增供措施。如果煤电退出操之过急，储能等电力峰谷调节技术没有大突破，今后更大范围、更深程度的缺电现象和电力价格波动将频频出现。

油气对外部资源的高度依赖较长时期内还不能从根本上改变。2020年，中国石油对外依存度超过72%，未来20年，中国石油和天然气的对外依存度将分别保持在70%以上和40%以上。在全球绿色低碳转型背景下，油气需求不被看好，企业投资积极性减弱，2020年全球油气勘探开发投资为3090亿美元，比上年减少1332亿美元，降幅为30%，供应能力较快下降的风险较大。中国天然气需求季节性强，储备和调峰能力建设滞后，进口价格快速攀升，跨境长输管道进口气还存在着减量和断供风险，一直面临着较大的保供压力。发达经济体贸易保护主义不断升温，逆全球化倾向加剧，将阻碍全球油气投资合作和贸易，油气产业链和供应链不稳定、不确定性因素增多。中美两国将在相当长时期内处于战略博弈态势，美国或将通过军事影响、经济制裁、金融霸权、长臂管辖以及操控油价等手段间接影响中国能源海外合作和稳定供应，可能对中国能源安全造成较大影响，包括存在着局部地区冲突造成海外项目、跨境管道以及海运风险。

（4）传统能源安全与新型资源供应安全和网络安全风险叠加

在油气对外依度居高不下的背景下，新能源产业链和供应链面临更加复杂的安全风险。锂、钴、稀土等战略性矿产资源是新能源产业链和供应链的重要物质基础。除稀土外，中国镍、钴、铜等矿物储量并不丰富。目前，中国电动汽车大规模发展所需的电池材料镍、钴对外依存度分别超过80%和90%。中国关键矿产资源储量相对匮乏，但加工规模巨大，铜、镍和钴金属加工量分别占全球的 40%、35%、65%。在原材料高度依赖国际市场的情况下，国际原材料价格的大幅波动会对产业链和供应链造成严重冲击，例如 2021 年初以来铜和钴分别涨价 64% 和 36% 以上。未来中国除了要应对油气供应保障压力，还面临关键矿产供应中断、贸易限制、价格波动或其他事态发展带来的风险。

除此之外，能源系统互联性和自动化程度提升，受网络攻击的风险便会加大。随着能源生产和运输方式的信息化和智能化发展，能源行业遭受网络攻击逐渐呈现频次多、影响大的双重特征。例如，2012 年沙特阿美石油公司遭到一次破坏性网络攻击，企业内部计算机网络完全瘫痪，对生产运行产生较大冲击；2020 年欧洲大型能源企业 Enel Group（一家意大利国家电力公司名称）公司两次遭遇勒索软件攻击，窃取数据多达 5TB。2021 年 5 月，美国最大的天然气和柴油运输管道公司科罗奈尔公司因遭受勒索软件攻击，暂停其在美国东海岸的输送业务，对当地油气供应造成很大影响。目前，勒索软件还停留在个体化的锁定能源交易和运输环节的关键数据、破坏操作计算机、瘫痪能源运营系统等层面，尚未对管道运输等进行物理损害。一旦敌对力量通过网络系统延伸至破坏管道压力和温度，或篡改管输流向，则可能引发严重中断、泄漏甚至是爆炸等安全问题。

3. 实现"双碳"目标需处理好"四大关系"

（1）能源需求增长与绿色发展的关系

中国经济增长尚未与能源消费增长完全脱钩，实现第二个百年奋斗目标仍需大量能源支持。控制能源消费总量和控制能源消费强度（简称"双控"）是实现"双碳"目标的重要手段，但需处理好其与经济发展的关系，避免限产式能耗"双控"让经济进一步承压，才能确保低碳转型可持续。能耗"双控"是地方政府常规考核项目，2020 年，由于受新冠疫情冲击，该指标增长率较低，部分省市放松了警惕。2021 年部分地区前期能耗指标管控较松，抢上高耗能、高排放的"两高"项目，部分省份甚至在一季度就用完了上半年的能耗指标，"双控"形势十分严峻，也给后期"双碳"目标的实现增加了难度。近期，国家发展改革委直接点名上半年能耗强度同比不降反升的省区，另外有 10 个省份的能耗强度降低率未达到进度要求，各地相继出台严格的限电限产举措对"两高"行业进行限产，直接影响经济发展。

（2）化石能源与可再生能源发展的关系

在"双碳"目标下，以高碳能源为主体的传统能源产、供、储、销、贸格局将被打破，以可再生能源为主体的新的能源体系将逐步建立。构建清洁低碳安全高效的能源体系，需稳定化石能源保底供应，实现可再生能源增量替代，先立后破，有序转型。特别是要继续发挥好煤炭对保障能源体系安全运转的"托底保供"作用，加大国内油气勘探开发力度，尽快将原油年产量恢复到 2 亿 t，天然气年产量达到 3000 亿 m³ 以上。同时，应有序拓展可再生能源的消纳渠道，提升火电机组运行的灵活性，大力发展气电、抽水蓄能和新型储能等灵活性电源，支持风电、光伏发电等可再生能源快速发展。此外，化石能源产业链长、增值环节多、就业规模大，需要处理好传统能源基地新旧产业的接续。

（3）产业链上下游价格传导的关系

能源转型需要新的投资，用能成本可能出现阶段性上升，建立成本疏导和分摊机制十分关键。以欧洲为例，随着绿色低碳转型进程加速，可再生能源占比快速提升，电力系统的输配成本显著提升，终端电价随之不断攀升。2021 年部分国家电价创历史新高，下游用户成本明显提升，引发民众对欧盟激进减排政策的抵触。目前，中国政府对能源价格实行管控，市场作用还不充分，对于公众而言，能源转型带来的成本上升、供应压力等问题还不明显，但对能源生产企业的影响较大。2021 年 6 月以来，"市场煤""计划电"的价格机制导致上游煤炭成本无法有效疏导至电力终端用户，发电企业 6 月亏损面超过 70%，煤电板块整体亏损。"双碳"目标推动经济发展方式由资源依赖转向技术依赖，需要形成能够反映能源资源稀缺程度、市场供求关系、生态环境价值和代际补偿成本的能源价格机制。

（4）绿色低碳技术与转型成本的关系

能源转型最终要依靠技术进步，不同的技术路线选择将导致能源成本的较大差异。实现"碳中和"目标，需要商业化应用可再生能源发电，氢能，先进储能，碳捕集、利用与封存以及其他碳汇等低碳（无碳）技术，能源基础设施和技术成本将增加。从现有技术趋势看，2025 年后全社会用能成本将达到万亿元规模，考虑到新能源关键核心技术对外国依赖性较强，部分技术路线还不确定，技术投资和用能成本还将提升，需要全面梳理低碳、零碳、负碳能源技术体系，明确技术成熟度、"卡脖子"技术清单及关键核心技术攻关重点，确立安全可控的新能源技术实现路径，确保实现低成本转型。

4. 统筹能源发展与能源安全的相关建议

（1）坚决有效执行顶层设计规划

中央已出台做好"碳达峰""碳中和"工作的意见和"碳达峰"行动方案，各地区和各行业需要完整、准确、全面贯彻新发展理念，有效落实并科学执行顶层设计方案。一是经济社会低碳转型应建立在技术可行、经济合理、社会可承受、安全有保障的基础上，建议以先控碳排放强度后控碳排放总量的思路有序推进低碳转型，在 2035 年中国基本建成社会主义现代化国家前，控制碳排放强度为主要约束指标，2035 年后逐步加大碳排放总量约束。二是统筹考虑、科学分解国家碳减排总目标至各地区、各行业。三是坚持因地制宜，分清轻重缓急稳步推进各行业碳减排行动，例如能源行业要分阶段推进去煤化、天然气替代、煤油气退出等。

（2）构建安全可靠的能源储备系统

坚持"立足国内、补齐短板、多元保障、强化储备"，增强能源安全保障能力。油气核心需求依靠自保，夯实国内能源生产的基础性地位，加大油气勘探开发力度。不断完善石油应急管理协同机制，统筹建立国家战略储备、商业储备和企业生产运行库存动态监测体系，形成储备与生产、加工、运输和供应之间的联动应急能力。尽快建成一定规模的国家天然气战略储备，形成国家、资源企业、城市燃气企业三级储备主体，以及战略储备和商业储备相结合的天然气储备体系，同时增加储气规模，形成地下与地上相结合的储库系统。加快建立战略性矿产资源"产、供、储、循、替"新体系，提升调控市场供应、应对突发事件和保证资源供应安全的能力。

（3）建立统筹兼顾的利益平衡机制

在可再生能源发电占比快速提升进程中，需要高度重视新能源和可再生能源利用的综合成本上升问题，建立成本疏导机制，以市场化手段化解成本增加问题。建议在综合考虑各环节成本与收益的基础上，以用户能接受、各类电力生产与运营主体有合理回报为原则，形成分主体、分季节、分峰谷的电力价格形成机制，使电价在各个环节能及时反映成本与供求关系变化。

（4）超前规划布局关键技术

科技创新是推动低碳转型和降低用能成本的根本动力。建议加强科技战略引领，制定新型低碳、零碳技术发展规划，围绕构建新型电力系统，二氧化碳捕集与封存/二氧化碳捕集、利用与封存技术布局等，持续攻克新型清洁能源发电技术和新型电力系统规划、运行及安全稳定控制技术，以及新型先进输电技术、新型储能技术、电氢碳协同利用技术、二氧化碳回收和利用技术等。

5. "碳中和"背景下的氢能发展机会

在低碳经济时代，氢能无疑是未来最具发展潜力的能源，但利用化石能源制氢，获得产物氢气的同时会排放大量的二氧化碳，这严重制约着氢能发展。碳捕集与封存技术和氢能相耦合，有利于 CCS 与氢能产业协同发展。

氢能可通过可再生能源电解水制氢和化石能源转化制得。我国的氢能主要来自化石燃料的转化，因此，从严格意义上讲这种氢能不属于清洁能源。氢能通过化石能源转化的过程（如煤制氢、天然气制氢等）中会排放大量二氧化碳，碳排放的问题将制约氢能的发展。

（1）氢能参与脱碳的必要性

世界上主要的经济体提出，"碳中和"目标以来，氢能成为各国"碳中和"技术唯一的救命稻草。目前氢能产业存在的主要问题有：①绿氢在整个氢产业链中占比较少（仅为 4% 左右）；②绿氢成本较高，其受制于电解水制氢设备的价格和高昂的电价。尽管氢气的发展存在各种各样的问题，但是各国仍努力发展绿氢产业，以求最终降低其成本。因为在实现"碳中和"目标以后仍有 30% 左右的能源用户无法通过电气化满足，比如冶金行业就无法完全通过电气化实现脱碳，除使用可再生能源外，还需通过氢能来实现脱碳。大规模绿氢产业将带来较高的新增电力需求，加快绿氢的应用也是我国构建高比例可再生能源电力系统的重要途径。

氢除了可在冶金等碳减排难度较大的领域有应用空间外，还可作为合成氨和甲醇的化工原料。以氢为燃料的氢燃料电池车在交通领域也有很大的应用空间，在交通领域能够发挥其能量密度高和续航能力强的优势。在发电和电网系统内，氢能可借助氢燃料电池发挥调峰和分布式供能的作用。实现"碳中和"的目标离不开氢的参与。

（2）氢能发展政策

近年来，包括我国在内的主要经济体都出台了氢能相关发展规划。我国"十四五"开局以来，各地方、各企业纷纷出台相关文件支持氢能发展。很多企业，包括大型国企、私企等纷纷布局氢能产业，成立了氢能公司。比如国家电力投资集团有限公司、中国能源建设集团有限公司、隆基绿能科技股份有限公司、阳光电源股份有限公司等都成立了自己的氢能公司，企业层面也体现出了对氢能发展的重视。

这些政策涉及氢能产业上下游的多个行业，多个文件都提到了有关氢能产业基础设施建设的指导性政策，比如"源网荷储一体化"政策就明确提出，在新增风、光等新能源布局的同时要建设一定比例的负荷端，这个负荷就包括制氢。我国很多地方政府都出台了对发展氢能有利的政策文件，这一系列的氢能指导意见都体现了氢能在我国的受重视程度非常高，也体现了我国对氢能产业发展的重视。

（3）氢能参与脱碳的可行性分析

要想真正获得绿氢，必须解决氢能生产过程中碳排放的问题。根据氢能产业发展阶段可以把氢能的发展过程大致分为3个阶段：初期阶段（灰氢阶段）、中期阶段（蓝氢阶段）和最终阶段（绿氢阶段）。目前我们正处于初期阶段，氢气主要来源于灰氢，是通过化石燃料转化获得。例如通过天然气制氢、煤制氢等工艺得到的氢气称为灰氢，灰氢的生产过程中会伴随着大量的碳排放。中期阶段的氢气被称为蓝氢，这个阶段是灰氢与CCS技术相耦合，减少碳排放的阶段，这个阶段的氢能碳排放降低，但是投资较高。最终阶段的氢气被称为绿氢，这也是我们发展的终极目标。此阶段氢气是通过可再生能源电解水获得，新能源发电不消耗化石能源，没有碳排放。电解水所用的原料水在氢气消耗的过程中又会被生成，从这个角度看水也是可再生的、循环的。制氢过程可实现完全脱碳，这个阶段是氢能发展的最终目标。目前从价格上来看，氢气的价格高低排序为：灰氢-蓝氢-绿氢。考虑到成本和环保等因素，现阶段的主要方向是提升科技水平、降低绿氢成本，在逐步实现脱碳制氢的同时，进一步降低制氢成本。

在蓝氢和绿氢之间还有一种氢气，叫"蓝绿氢"，蓝绿氢有时也被称为"青氢"。青氢的制备原料是采用天然气，但不用水气转化法，而是采用热裂解技术，在高温反应器中甲烷被直接裂解为氢与固体碳。固态的碳不会排放到大气中，可以直接储存起来，或是用作冶金等。这种高温裂解工艺通常需要耗用大量化石燃料，从这个角度讲也会有碳排放；也可采用可再生能源或者"碳中和"能源来加热，这种方式能源转化次数较多，能量转化效率会降低。

目前工业上制氢的方式有电解水制氢、天然气制氢、煤制氢、工业尾气制氢和甲醇制氢等，各种制氢方式占总氢产能的百分比如下：工业尾气制氢为45%、煤制氢为41%、天然气制氢为10%、电解水制氢为4%。从数据可看出，目前氢气的主要来源为工业尾气制氢，电解水制氢所占的比例最低。目前新能源电解水制氢的发展瓶颈主要是电解水制氢设备成本和度电成本较高，随着电解槽、电极、双极板成本的下降和新能源发电成本的降低，绿氢将成为一种脱碳的终极方案。

6. 交通运输部门脱碳路径分析

（1）总体构想

交通运输部门"碳中和"目标的实现不可能一蹴而就，需要从供需两侧出发，统筹考虑近中期和中远期的目标。

近中期，应以结构调整和效率提升为重点，加快建立完善以高速铁路、公共交通为核心的交通运输基础设施体系，推动工业化、城市化，实现优化布局，加快电动汽车推广，适当推广车船用天然气，推动交通碳排放尽早达峰。同时，加快生物燃料、氢能等替代技术的研发示范推广力度，不断夯实"碳中和"前提基础。

中远期，推动形成以铁路为骨架的城间客货运，以轨道交通和公共汽车为主体的城市交通，以电动化、共享化及自动化为特点的私人出行，建成畅通成网、配套衔接的综合交通运输体系，大幅提高电力在交通用能中的比重，全面推进道路货运电动化、船舶运输氨氢化与电动化，民航领域以生物航煤、氢燃料、动力电池等去油化举措，摆脱交通部门对油品的依赖，争取交通部门尽早实现"碳中和"目标。

（2）脱碳路径

在交通部门实现"碳达峰""碳中和"目标的过程中，应结合交通运输部门特点及技术发展趋势顺势而为，以高效化、智能化、去油化和电气化为抓手，从优化产业布局和城市化模式，实现源头减量；发展铁路和公共交通，实现结构减量；加快普及新能源汽车，实现燃料替代；大幅提升乘用车和载货汽车燃油经济性等四条路径推进。

优化产业布局和城市化模式，实现源头减量。从国内外发展经验看，降低工业化发展对重化工行业的依赖，推行大中小城市协调发展的城市化模式，能够明显降低煤炭、铁矿石等基础原材料运输的需求，并减少不必要的运输距离。模型分析表明，通过加快产业升级、推动大中小城市协调发展，发展紧凑型城市和城市群，与基准情景相比，2030 年和2060 年，"碳中和"情景货运周转量将分别下降15%和38%。在城市化方面，通过引导城市群一体化发展，大力发展紧凑型城市，推动城市内部空间布局向多中心、混合功能、小街区模式发展，积极发展远程办公、视频会议、在线购物等，也可以大幅降低机动化出行需求。

发展铁路和公共交通，实现结构减量。推动交通运输结构优化，以铁路、公共交通等替代卡车、私家车等运输出行方式，是打造现代高效交通运输体系的关键举措，有利于实现交通石油需求结构的减量。

加快普及新能源汽车，实现燃料替代。通过加快新能源汽车推广，可以实现良好的石油替代效果。2050 年，交通部门能源需求将呈现"电力为主，氢燃料、生物燃料为辅"的格局。《中国碳中和综合报告 2022 之电气化专题报告》显示：预计 2060 年，中国建筑部门的平均电气化率将达到 80%（模型测算区间为 66%~93%），工业和客运交通部门的直接电气化率将达到 60%（工业部门为 58%~69%，客运交通部门为 56%~64%）。

大幅提升乘用车和载货汽车燃油经济性。在加快发展新能源汽车的同时，传统内燃机汽车也具备持续提高能效的巨大空间。通过持续提升机动车燃油经济性标准，加快普及轻量化、小型化、动力总成升级优化等先进成熟技术，到 2030 年乘用车新车平均油耗有望下降到 3L/100km 左右，比目前平均油耗水平下降一半以上，商用车油耗有望与国际先进水平同步。同时，由于货物运输能耗占我国交通能源需求的一半左右，载货汽车领域能效提升对交通能源低碳发展的积极作用更显著。

对此，可以提出一些建设性的政策建议以供参考。

① 推动交通强国、低碳城市、能源转型协调发展

为实现绿色低碳转型，推动交通运输结构、汽车产业、能源体系整体变革，实现我国交通能源利用方式全面重塑。贯彻落实《能源生产和消费革命战略（2016—2030）》，大力推

进纯电动汽车、燃料电池等动力替代技术发展，加快建设汽车充换电基础设施，大幅提高电动汽车市场销量占比。把发展公共交通与高速铁路作为交通能源革命的基础前提。引导社会资本加大投入，把公共交通作为各地区基础设施体系"补短板"的主要方向。城乡规划要在土地供应、财税政策、路权分配等方面加大扶持力度，推动公共交通成为居民日常出行的优先选择。推动石油行业与汽车、互联网、智能制造等行业实施跨行业兼并重组和优势互补合作，在车联网、自动驾驶、充电等方面培育新的增长点。

② 优化完善交通运输节能降碳目标体系

构建减量化、结构优化、高效化、替代化"四位一体"的交通运输节能降碳目标体系，合理引导交通服务需求、优化调整交通运输结构、显著提升交通设备能效水平以及加快清洁燃料替代。针对降低不合理货运需求、发展紧凑型城市和城市群、优化货运结构、优化城市出行结构、提高汽车燃油经济性、发展电动汽车、发展替代燃料等 7 个重点领域 16 个具体评价指标，构建有利于交通运输节能降碳的目标体系。

③ 建立健全轨道交通体系

我国多式联运仍处于起步阶段，特别是铁路多式联运存在硬件和软件等诸多问题，需要通过加强高质量设施供给、创新运输组织模式、改进市场服务理念等举措促进铁路多式联运发展。"十四五"及未来一段时期，我国要进一步调整交通运输结构，提高综合运输效率。提升铁路运能，铁路要加快创新货运服务，建立灵活的运价调整机制，规范铁路专用线收费，推动铁路运输企业与大客户签订运量互保协议，提高铁路货运服务质量和水平，增强市场竞争力。升级水运系统，加快完善内河水运网络，增强长江干线航运能力，大力推进集疏港铁路建设，重点推动环渤海、山东、长三角等地区大宗物资集疏港运输，向铁路和水路转移。建立以高铁和铁路为骨架的城际客运体系，减少民航与私家车出行。优化轨道交通和城市公交系统，提高公共出行比重。

④ 大力推动新技术新业态融合发展

我国具备引领全球交通能源融合发展的基础和条件。当前，我国电动汽车产销规模居于世界首位，已经在电动汽车发展中取得初步的先发优势。现阶段我国正在大力发展以 5G（5th Generation Mobile Communication Technology，第五代移动通信技术，简称 5G）和大数据为引领的新基建，此时提前考虑电动汽车大规模应用场景，并将其与智能交通耦合，可以实现叠加效应。特别是我国在电动汽车、电池制造、共享出行、智能网联等方面已取得了一定成就，具有弯道超车的较大潜力空间。建议"十四五"期间，重点推动新能源汽车、信息技术、人工智能、新能源等领域已取得成果的加速融合，鼓励信息化、智能化优势企业与汽车产业融合发展，在灵活制造、租赁共享、电网汽车储能等商业模式创新方面寻求突破。通过支持新技术，新业态加快融合发展，推动交通用能及碳排放峰值尽早到来。

⑤ 加快推动新能源汽车发展

把推广新能源汽车作为重塑城市交通用能的突破口。大气污染防治重点区域和城市要完善综合激励政策，率先推广普及新能源汽车。完善分时电价政策，加快出台电动汽车参与电网调峰调频的辅助服务政策，提升新能源汽车在终端市场的便捷性和竞争力。建立和完善财税补贴、标准等政策动态调整机制，引导全产业链技术进步和应用创新发展，并开展我国禁售燃油汽车可行性等研究。

⑥ 构建与高比例新能源汽车相适应的配套系统

提前布局，构建与大规模新能源汽车发展相适应的能源供应体系。一是推行充电与换电互补发展，促进城市能源和交通基础设施融合升级。目前，我国电动汽车发展以充电设施为主，换电设施比重相对较低，但公共充电桩利用效率不高，充电设施运营商普遍亏损，继续盲目加大投资可能造成新的资产沉淀。建议把换电网络建设作为"新基建"投资重要内容，促进城市能源和交通基础设施融合升级。加快出台快换电池箱、电池系统接口、换电站、换电车辆安全性等相关标准，加大对先进成熟换电系统建设和运营的财政奖补力度；试点开展换电站电池储能参与城市电力调峰、智能电网发展的可行性商业模式，促进充换电企业盈利模式多元化发展；依托换电模式加强电池全生命周期管理，减少废弃动力电池可能带来的环境污染和健康风险。二是顺应交通用能去油化、电气化发展趋势，严控新建炼化项目，避免加剧产能过剩和汽油柴油的失衡矛盾。加快调整炼化行业产品结构，引导石油行业加大对替代燃料、精细化工等方向的研发力度。三是把非化石能源作为满足新增能源需求的重点，不断增加靠近终端的分布式能源供应，持续提高非化石能源的电力比重，发挥新能源汽车全生命周期的节能减碳优势。

4.3.2 实现碳的"负排放"技术支持

全球气候变化危及当代人及子孙后代的福祉，严重制约人类的可持续发展。《巴黎协定》明确提出到 21 世纪末将全球平均气温上升幅度控制在工业化前水平之上 2℃ 以内并努力实现 1.5℃ 目标。越来越多的研究认为，提高能源效率和开发可再生能源等常规的减缓行动，即使在可预见的技术取得突破的情况下，实现 2℃ 温控目标难度也相当大，且成本高昂。联合国政府间气候变化专门委员会第五次评估报告（AR5）预测，到 2100 年，许多情景下每减少 1t 二氧化碳排放量的成本将超过 1000 美元。大规模实施负排放技术是最低成本的排放路径，能够更快实现 2℃ 温控目标。《全球升温 1.5℃ 特别报告》也指出，要实现 1.5℃ 目标，需要在 21 世纪中叶实现净零排放，几乎所有排放路径都不同程度依赖负排放技术的大规模应用。

长期以来，气候策略分析大都聚焦于减缓和适应手段，但《全球升温 1.5℃ 特别报告》发布以后，国际社会对负排放技术的研究和讨论掀起热潮。其中，研究认为生态系统在人类活动产生的所有二氧化碳排放量的大约一半的清除和长期存储中起关键作用，所以通过采用基于自然的解决方案，也称为"自然气候解决方案"，使自然在大规模碳移除中发挥重要作用，即二氧化碳移除的基于自然的解决方案。2019 年，美国国家科学院发布了一份长达 500 多页的报告《负排放技术和可靠的封存：研究议程（2019）》，对主要负排放技术进行评估，呼吁政府尽快部署，加强负排放技术研发，英国、加拿大、瑞士等国家也纷纷启动相关的研究计划。

负排放技术不仅有科学研究价值，还可能成为未来科技竞争的新领域，关乎全球生态安全和国家核心竞争力。但聚焦国内，关于负排放技术的研究还十分欠缺，自然科学领域从微观技术角度对负排放的研究有所涉及，但相比国外研究还很薄弱，从社会科学尤其是经济学角度对负排放技术的研究更是缺乏。基于此，我们首先要明白负排放技术的概念和分类，辨析负排放技术与二氧化碳捕集、封存与利用、二氧化碳移除、二氧化碳移除的基于自然的解决方案之间的联系与区别，重点剖析负排放技术经济分析的基本框架，阐述具体负排放技术的成本收益评估、负排放策略与减缓和适应不同的经济学属性以及应对气候变化与可持续发展目标协同视角下包含负排放策略的气候变化综合评估模型（Integrated Assessment Model，IAM）的构建思路，最后提出中国在全球气候治理和生态文明建设中应对负排放议题的几点建议。

1. 负排放技术的概念辨析

（1）负排放技术的定义和分类

全球气候变化的原因分为自然原因和人为原因两大类。IPCC（Intergovernmental Panel on Climate Change，联合国政府间气候变化专门委员会）第五次评估报告明确指出，温室气体排放以及其他人类活动影响已成为自20世纪中期以来气候变暖的主要原因。在减缓和适应气候变化之外，负排放技术试图通过技术手段将已经排放到大气中的二氧化碳从大气中移除并将其重新带回地质储层和陆地生态系统。

根据作用机理不同，负排放技术主要有土地利用和管理、直接空气捕获、生物能源的碳捕集与封存和碳矿化4类，其中，土地利用和管理类技术包括陆地碳去除与封存和沿海生态系统的"蓝碳"。陆地碳去除与封存是指植树造林/再造林、森林管理的变化或提高土壤碳储存量的农业做法的变化，即农业土壤法；沿海蓝碳是指增加红树林、潮沼地、海草床和其他潮汐或咸水湿地植物或沉积物中储存的碳。直接空气捕获指直接从空气中捕获二氧化碳并将其浓缩和注入储存库。生物能源的碳捕集与封存则是通过捕获和封存生物质利用过程排放的二氧化碳实现负排放，是指利用植物生物质生产电能、液体燃料、热能，并将生物能源和不在液体燃料中的剩余生物质碳利用后所产生的二氧化碳进行捕获和封存。碳矿化即加速风化，使大气中的二氧化碳与活性矿物（特别是地幔橄榄岩、玄武岩质熔岩和其他活性岩石）形成化学键，通过矿化实现碳的长期封存。此外，无论是生物能源的碳捕集与封存还是直接空气捕获，实现负排放都离不开地质封存技术的支持，即将二氧化碳注入合适的地质层，如咸水层，使二氧化碳长时间停留在岩石的孔隙空间。

（2）负排放技术与捕集、封存与利用二氧化碳技术之间的联系与区别

负排放技术直接将二氧化碳从大气层中隔离出来，将其储存，或增强天然碳汇，与直接从大型燃煤电厂等二氧化碳排放源捕集、封存与利用二氧化碳（CCS/CCUS）不同。负排放技术与减排等量的二氧化碳一样，都能起到降低大气中二氧化碳浓度的效果。不同的是，负排放技术能直接移除已经排放到空气中的二氧化碳，当移除量大于排放量时，就可以起到降低大气中二氧化碳存量的作用，而CCS/CCUS只能减少二氧化碳流量，所以《全球升温1.5℃特别报告》将能源和工业部门应用CCS/CCUS技术归为减排技术。此外，负排放技术中的生物能源的碳捕集与封存依靠生物能源。由于生物质作为原料生长并燃烧以产生能量，而燃烧过程释放出的二氧化碳被捕获并永久隔离，从而将二氧化碳排放从碳循环中去除，所以，生物能源的碳捕集与封存与CCS/CCUS都是从排放源移除二氧化碳。生物能源的碳捕集与封存也需要用到能源端的CCS技术，不同的是，生物能源的碳捕集与封存所用的燃

料是生物燃料,由于生物燃料生长过程作为碳汇而消耗过程排放的二氧化碳被捕获和封存,所以整个生命周期可达到负排放的效果。

（3）负排放技术经济分析的基本框架

尽管负排放策略在当下气候行动策略讨论中备受关注,但社会科学领域有关负排放技术的研究还很不足。从经济学视角看,对于负排放技术的研究可分为3类:①狭义的经济分析,即评估每一种具体技术实施产生的成本收益;②从理论经济学视角,结合环境经济学、公共经济学、发展经济学与福利经济学等经济学理论对其经济学属性进行剖析;③广义的经济评估,就是将原有气候变化综合评估模型进行拓展,把负排放技术作为新的变量引入福利最优化方程,探究新的最优气候策略组合。

（4）具体负排放技术的成本收益评估

要同时实现气候和经济增长目标,就需要负排放技术发挥重要作用,到21世纪中期在全球范围内每年移除100亿t二氧化碳,到21世纪末每年移除200亿t二氧化碳。目前全球每年已经有数十亿t、每吨低于20美元的二氧化碳负排放。一旦人为减排达到一定水平,继续减排的成本将非常高,负排放技术很可能在相当长的时间内（包括在全球持续净负排放时期）成为重要竞争者。

从成本、收益看,减缓措施的实施成本普遍较高。适应气候变化在应对气候变化行动中与减缓处于同样地位,适应措施需要综合考虑气候风险、社会经济条件及地区发展规划等多项内容。但适应的经济评估需要在行业或项目水平上进行评估,无法直接与具体负排放技术的成本收益进行比较。研究表明,负排放技术与某些减排措施相比,成本较低,破坏性也较小,但从负排放技术的特性看,其在应对气候变化中的作用与适应措施更多是互补和协同效应,虽与减缓措施存在一定的替代性,但相比减缓来说还能减少二氧化碳存量,有其独特之处。所以,下面不再过多比较负排放技术与减缓措施的成本收益。

造林/再造林与森林管理变化、农业土壤吸收和储存以及生物能源的碳捕集与封存这3种负排放技术具有中低成本（每t二氧化碳100美元或更低）特点,具有从当前部署中安全扩大规模的巨大潜力,还产生协同效益,如森林管理的变化能提高森林生产力,增加农业土壤的吸收和储存能提高农业生产力,生物能源的碳捕集与封存能提高液体燃料生产和发电等。直接空气捕获目前受到高成本的限制,碳矿化目前缺乏基本认识。许多沿海蓝碳项目的投资以生态系统服务和适应等其他效益为目标,因此,去碳成本很低或为零,但需要改进对海平面上升、沿海管理和其他气候效应对未来吸收率影响的认识。

从负排放能力看,直接空气捕获和碳矿化具有很高的潜在去碳能力;造林/再造林与森林管理、农业土壤吸收和生物能源的碳捕集与封存虽然已经可以在相当高的水平上部署,但农业土壤的碳吸收率限制以及粮食生产和生物多样性对于土地使用的竞争可能会将这些方案的负排放量限制在全球范围内每年远低于100亿t;沿海蓝碳方法去碳的潜力虽然低于其他负排放技术,但需要不断探索和支持。此外,二氧化碳地质封存的研究对于改善化石燃料发电厂的脱碳至关重要,对推进直接空气捕获和生物能源的碳捕集与封存也至关重要。同样,对生物燃料的研究也将推进生物能源的碳捕集与封存。

（5）负排放策略与减缓、适应的经济学属性比较

从经济学视角看，气候变化与技术进步都具有全球公共物品属性，既具有全球性，也存在外部性。而负排放技术既具有技术本身的经济学属性，作为应对气候变化手段的重要选项，其与减缓和适应的经济学属性不尽相同。负排放技术与减缓、适应不同的经济学属性的比较有以下几点。

① 外部性。减缓措施不仅减少碳排放，还起到节约资源、保护环境、倒逼技术创新的正外部性，且局部行动能产生全球性的正外部性；适应措施能直接降低气候变化引起的灾害损失，改善局部福利，主要是局部行动产生局部影响，区域溢出效应有限。所以，减缓和适应都能产生确定可见的正效益。而负排放技术直接减少二氧化碳存量，实现净负排放，削弱或者避免气候变化引起的损失，且基于自然的负排放手段还产生生态协同效益。从区域溢出效应角度，负排放技术局部实施也同减缓一样带来全球正外部性，但负排放技术也存在风险，如大规模部署生物能源的碳捕集与封存需要的土地利用变化可能对土地使用、粮食和水安全以及生物多样性产生较大的负外部性，需要将其置于可持续发展目标下进行综合评估。

② 减缓和负排放技术都是应对气候变化的全球公共物品。从公共经济学理论上看，两种全球公共物品并没有相应的全球政府来供给。而适应措施往往是局部的，具有私人物品属性，不存在全球供给的困境，且是相对快速和低成本的。此外，全球在实施减缓措施或应用负排放策略时，会产生"搭便车"问题，由于减排技术和某些负排放技术的高成本问题，理性的国家、企业和个人自然会倾向于推迟减排或应用负排放技术，或希望其他国家或他人做出更大的减排或负排放努力而坐享其成，这在一定程度上增加了气候谈判达成一致的困难。

③ 发展权益与福利。经济活动必然伴随着能源利用，从而产生二氧化碳排放，因此，从发展经济学角度，二氧化碳排放的权利相当于基本发展权益。对于一些欠发达区域，过度减少二氧化碳排放将损害人的发展权益和福利，而且是不公平的，因为发达经济体的历史排放更多；适应措施不直接与碳排放相关，是区域有效且相对公平的；而负排放技术减少二氧化碳存量这一特性，在一定程度上可以降低历史碳排放对当下以及未来的影响，且不会直接损害人类的发展权益，同时能通过其特殊传导机制提高人类和自然生态系统的福利，但是，需要解决负排放技术本身对生态系统的负面影响。

总之，负排放技术的引入会给气候系统、经济社会系统和自然生态系统带来新的不确定性，需要从社会科学领域、经济学视角对负排放技术的影响和损害进行更多的量化研究。在减缓和适应策略基础上，负排放技术将如何优化现有的气候策略？它对自然生态系统有何影响？它对社会经济系统和人类福祉产生影响的机制是什么？这些问题都需要提前评估和研究。在此基础上，还需要探索具体机制来确保有效地、公平地实施负排放技术，探讨如何创建可以适应这些新技术并减少气候风险的治理机制。

2. 中国在全球气候治理和生态文明建设中应对负排放议题的建议

负排放技术对于全球实现 2050 年净零排放和《巴黎协定》气候目标至关重要。将负排放技术纳入应对气候变化策略组合，可以避免对高成本减排的依赖，降低风险，但目前面临

的问题除了负排放技术本身的成本、环境与经济影响及风险外，随着减排成本增加和人类减排意愿减弱，负排放技术的纳入也可能导致道德风险。需明确的是，减少人为排放是解决气候变化问题的根源措施，但降低二氧化碳存量仅靠减排无法实现，需要进行广泛的技术组合来寻求成本有效、影响最小的解决方案，包括减排、近零排放和负排放技术，技术和策略组合的形式也更有助于管理和应对自然和减缓行动带来的意外风险。

从实践层面看，近年来，美国、英国、加拿大、瑞士等国纷纷启动负排放技术的研发、示范和商业化。美国已经有公司开展直接碳捕集、直接空气捕获技术的应用；英国剑桥大学成立气候修复中心，其中就包括从大气中清除二氧化碳的项目；英国还开展了生物能源的碳捕集与封存试点，将英国最大的 Drax（德拉克斯）发电厂的发电机组升级了三分之二，改用生物质替代煤炭，并每天从生物质发电产生的气体中捕集 1t 二氧化碳，成为欧洲最大的脱碳项目；加拿大 Carbon Engineering（碳工程）公司自 2015 年以来一直运营一家二氧化碳萃取试验厂，开展直接空气碳捕集，进行成本估计，并发布详细经济分析报告；瑞士 Climeworks（一家提供碳捕集技术的公司名称）公司开设了一个商业设施，每年可从大气中捕获 900t 二氧化碳，在冰岛开设第二个设施，每年可捕获 50t 二氧化碳，并将其埋在地下玄武岩地层中。放眼全球，直接空气捕获技术已开始商业化竞争，一旦突破成本限制，将迅速进行广泛应用，但中国的重视程度和研发投入明显不足。

从增强国家科技竞争力的角度看，及早掌握最佳的负排放技术、拥有知识产权的国家将会从中获得经济效益。中国有一定的 CCS/CCUS 和森林湿地管理基础，但目前对负排放技术的认识和研究有待加强。中国需要高度重视、密切关注负排放技术国际研究动态，加强评估，尽快开展研究，在应对气候变化和生态文明建设大框架下精心部署负排放技术的发展战略。

中国在全球气候治理和生态文明建设中应对负排放议题的建议如下。

（1）重视负排放技术，将其纳入应对气候变化大框架，促进其与减缓、适应发挥协同效应。在应对气候变化的共同目标下，负排放技术与减缓和适应措施联系紧密，以降温为目标，负排放可以视为减缓技术。《联合国气候变化框架公约》曾将造林/再造林和土壤封存两种负排放技术纳入净减排技术组合，一直作为减缓措施。植树造林等基于自然的负排放技术也兼有适应的作用，在吸收碳的同时主要改变局地小气候。但在过去的气候变化政策和行动中，基于自然的解决方案，NBS（Nature Based Solutions，基于自然的解决方案，简称 NBS）CDR（Carbon Dioxide Removal，二氧化碳清除，简称 CDR）未得到充分重视，资金支持明显不足。要充分发挥 NBS CDR 类负排放方案的潜力，针对 NBS CDR 和减排、适应开展协同效应展开研究，优化传统的基于技术的气候变化应对方式，降低成本和技术风险，识别出更安全有效的气候策略组合，并在生态文明制度大框架下制定与 NBS CDR 相关的激励政策，响应国际启动多领域 NBS CDR 协同治理进程。

（2）防范道德风险，加强负排放技术的环境影响评估

开展负排放技术的研究并不意味着放松或削弱减缓和适应的努力，负排放技术的环境影响有待评估，中国应组织相关领域专家开展研究。在负排放技术的科学研究不足、人们对其可能带来的风险和不确定性普遍担心的情况下，避免负排放技术的道德风险至关重要。

负排放技术的应用需要进行土地利用变化，这将对环境和社会产生严重影响，如重新利用大量现有农业用地来种植新的森林或生物质能源的原料可能对粮食供应产生重大影响；重新利用热带森林会损害生物多样性；等等。虽然增加农林业碳汇和生物能源的碳捕集与封存可以进行大规模部署，但其负排放能力受到农业土壤的碳吸收率以及粮食和生物多样性对于土地使用的竞争的限制。所以，如果大规模应用负排放技术，影响将涉及全球范围，需要加强国际治理。对于中国，需要评估沿海蓝碳、陆地碳去除与封存、生物能源的碳捕集与封存这些负排放技术在中国发展和部署的潜力、成本和负面影响。如何进一步开发和部署生物能源的碳捕集与封存需要重点评估。大规模生物能源的碳捕集与封存受到土地和水的制约，加上中国土地和水资源紧张，国际技术合作可能是未来的机遇。

（3）区别对待不同的负排放技术，识别关键技术并加紧研发，寻求国际合作

要实现全球2℃或1.5℃温控目标，就必然需要负排放策略。据英国皇家科学院和皇家工程师学会估计，到2050年，生物能源的碳捕集与封存可以实现每年捕集5000万t二氧化碳，大约相当于英国全国排放目标的一半。中国应加紧生物能源的碳捕集与封存，沿海蓝碳、陆地碳去除与封存等关键技术的研发，改善现有负排放技术，增加其负排放容量，降低成本，减少负面影响。同时，加强对直接碳捕集（直接空气捕获）技术和碳矿化技术的研发，作为技术储备；加强生物燃料、地质封存等相关技术的协同研发，加强技术支撑。特别是在直接空气捕获方面，瑞士Climeworks公司已开设了世界上第一家商业直接空气捕获工厂，向附近温室供应捕获的二氧化碳以帮助种植蔬菜。目前，该公司已经就其新的二氧化碳清除方案签署了几项历史性合同，这是全球首次有一家公司被委托将其客户的二氧化碳从大气中永久清除出去，标志着实现气候目标的新的市场机制的建立。中国应及时把握机遇，积极学习国外先进的直接空气捕获技术，寻求商业合作。

（4）积极引领和参与全球环境治理，为负排放治理做好技术和人才准备

随着世界各国负排放技术的研发和部署，相关国际治理问题也逐步提上日程，中国要提前预见，做好知识、技术、人才等方面的准备。负排放治理进程一旦启动，意味着后续有大量科学评估、论坛、磋商、谈判等活动，中国要积极参与并提出解决问题的中国方案，需要尽快在科学、技术、政策、伦理、法律等诸多方面加强研究和人才队伍培养。目前，中国对负排放技术的研究明显不足，相关决策部门的认识和关注度也非常有限。中国作为负责任大国，在全球环境治理多个机制中都需要面对新议题的挑战，特别是2021年，中国主办《联合国生物多样性公约》第十五次缔约方大会，负排放技术有可能进入谈判议题，中国作为东道主，应以可持续发展和生态文明的价值理念为指导，积极引领和促进构建有效的生态安全和负排放治理机制。

4.3.3 打造绿色碳排放交易体系

当前全球变暖引起的气候与环境变化已成为制约人类社会可持续发展的重要风险之一。在此背景下，各国相继作出"碳中和"的政治承诺。2020年9月，我国正式提出将力争在2030年前"碳达峰"、2060年前实现"碳中和"的目标。要实现上述目标，离不开产业结构调整、生态环境保护、市场化碳交易等一系列减排举措，而对碳排放进行准确核算是各项

工作开展的基础。

引起全球变暖的温室气体主要包括臭氧、二氧化碳、氧化亚氮、甲烷等，在这些气体中最为重要的是二氧化碳。根据2019年世界气象组织发布的《温室气体公报》，1990—2018年，所有长寿命温室气体带来的辐射增加了43%，其中二氧化碳的贡献高达80%。因此，对人为活动产生的不同种类温室气体排放量进行测算，并将其乘以全球变暖潜能值统一折算为二氧化碳当量的过程，被称为碳排放核算（也称为温室气体核算）。实现全球范围内的"碳中和"是一项复杂工程，需要对不同层级主体的碳排放情况进行准确把握，由此形成了针对国家、地区、企业、产品以及项目等的碳排放核算体系。

基于经济发展进程，发达国家能够有充足的时间在21世纪中叶实现"碳中和"目标，而我国尚处于工业化与城镇化进程之中，构建完善的碳排放核算体系对于我国在较短时间内实现"碳中和"目标意义重大。首先，完善的碳排放核算体系有助于摸清我国碳排放底数，帮助我国在国际气候谈判中做好应对之策。其次，完善碳排放核算体系是我国加快经济转型、实现高质量发展的内在要求，有助于抓住经济和能源结构转型的"牛鼻子"，提出科学合理的"碳达峰""碳中和"路线。最后，完善碳排放核算体系是我国各层级主体落实碳减排工作的重要依据，能够为碳减排目标设定、碳排放管理、碳减排成效评估等提供有效抓手。

近年来，我国高度重视碳排放核算体系的构建工作，并取得了一定进展，但鉴于我国面临巨大的碳减排任务且时间紧迫，现有的核算体系尚不能提供及时、完整、准确的碳排放信息，完善碳排放核算体系刻不容缓。基于此，本节对我国碳排放核算体系进行了梳理，并在总结国际社会碳排放核算体系实践的基础上，针对我国碳排放核算体系的不足提出了相应建议。

1. 国际碳排放核算体系的框架与经验

为应对全球气候变暖，20世纪90年代以来众多国际机构围绕不同层级的碳排放核算标准制定开展了大量探索。主要包括两类：一类是对区域的温室气体排放进行核算，包括国家、州、城市甚至是社区层面；另一类是围绕企业（或组织）、项目以及产品层面的碳核算。核算标准的制定包括核算边界界定、排放活动分类、核算数据来源、参数选取、报告规范等一系列内容。从影响力来看，部分国际机构如联合国政府间气候变化专门委员会、世界资源研究所（World Resources Institute，WRI）、国际标准化组织（International Organization for Standardization，ISO）等制定的温室气体核算指南已成为各国开展温室气体核算的蓝本。

（1）IPCC出台的国家温室气体核算指南

IPCC是由世界气象组织（World Meteorological Organization，WMO）和联合国环境规划署（UN Environment Programme，UNEP）在1988年建立的政府间组织，其重要职责是为《联合国气候变化框架公约》和全球应对气候变化提供技术支持。为帮助各国掌握温室气体的排放水平、趋势以及落实减排举措，IPCC在1995年、1996年分别发布了国家温室气体清单指南及其修订版，旨在为具有不同信息、资源和编制基础的国家提供具有兼容性、可比性和一致性的编制规范。

2006年，IPCC在整合《IPCC国家温室气体清单指南（1996年修订版）》、《2000年优良做法和不确定性管理指南》和《土地利用、土地利用变化和林业优良做法指南》的基础上，发布了更为完善的清单指南。根据《2006 年 IPCC 国家温室气体清单指南》(以下简称《IPCC 2006 年清单》),国家温室气体的核算范围包括能源、工业过程和产品使用、农业、林业和其他土地利用、废弃物以及其他部门。与 1996 年版本相比,《IPCC 2006 年清单》在使用排放因子法时考虑了更为复杂的建模方式,特别是在较高的方法层级上。此外,其中还介绍了质量平衡法。随着 2006 年指南越来越难以适应新形势下温室气体核算,IPCC 从 2015 年开始筹备并最终发布了《2006 年 IPCC 国家温室气体清单指南(2019 年修订版)》。与已有版本相比,2019 年修订版更新完善了部分能源、工业行业以及农业、林业和土地利用等领域的活动水平数据和排放因子获取方法,同时,强调了基于越来越完善的企业层级数据来支撑国家清单编制,以及基于大气浓度(遥感测量和地面基站测量相结合)反演温室气体排放量的做法,以提高国家清单编制的可验证性和精度。

(2) WRI、C40 和 ICLEI 发布的城市温室气体核算标准

2014 年,世界资源研究所(World Resources Institute,WRI)、C40 城市气候领袖群(C40)和国际地方政府环境行动理事会(International Council for Local Environmental Initiatives,ICLEI)在世界银行以及联合国的支持下,正式发布了全球首个城市温室气体核算国际标准(Global Protocol for Community-Scale Greenhouse Gas Emission Inventories,简称 GPC),旨在提供统一透明的城市温室气体排放核算方法,为城市制定减排目标、追踪完成进度、应对气候变化等提供指导。目前全球已有多个城市基于 GPC 测试版,建立了城市温室气体清单。

根据 GPC,温室气体清单的边界可以是城市、区县、多个行政区的结合以及城市圈或者其他,排放源则包括固定能源活动、交通、废弃物、工业生产过程和产品使用、农业、林业和土地利用以及城市活动产生在城市地理边界外的其他排放。上述排放活动可以进一步划分为范围一(城市边界内的直接排放)、范围二(城市边界内的间接排放)和范围三(由城市边界内活动产生,但发生在边界外的其他间接排放)。鉴于数据可得性和不同城市间排放源的差别,GPC 为城市提供了"BASIC"和"BASIC+"两种报告级别。前者的报告范围包括固定能源活动和交通的范围一和范围二排放,废弃物处理的范围一和范围三排放。后者的报告范围还包含工业生产过程和产品使用、农业、林业和土地利用以及跨边界交通。在计算方法上,GPC 建议使用与 IPCC 国家清单指南中相一致的方法进行计算。在该标准下,城市温室气体清单可以在区域和国家层面进行汇总,从而能够为评价城市减排贡献、提高国家清单质量等提供支撑。

(3) WRI 和 WBCSD 发布的温室气体核算体系

世界资源研究所和世界可持续发展工商理事会(World Business Council for Sustainable Development,WBCSD)联合建立的温室气体核算体系,是全球最早开展的温室气体核算标准项目之一。该体系是针对企业、组织或者产品进行核算的方法体系,旨在为企业温室气体排放许可目录建立国际公认的核算和报告准则。主要包括《温室气体核算体系:企业核算与报告标准(2011)》(下面简称《企业标准》)、《温室气体核算体系:产品生命周期核算和报告标准(2011)》(下面简称《产品标准》)、《温室气体核算体系:企业价值链(范围三)核算与报告标准(2011)》(下面简称《范围三标准》)。

《范围三标准》是《企业标准》的相互补充，增进了企业在核算和报告其价值链间接排放时的完整性和一致性，因此这两个标准的适用对象一致。而《范围三标准》和《产品标准》都采用价值链或者全生命周期的方法进行温室气体核算。这三大主要标准的相互之间有一定的联系与相互补充的关系。首先，《范围三标准》是以《企业标准》为基础，补充规范企业标准中划分的核算范围中第三范围的温室气体情况，两者属于补充关系。其次，《产品标准》是面向企业的单个产品来核算产品寿命周期的温室气体排放，可识别所选产品的寿命周期中的最佳减缓机会，是作为企业价值链的核算角度上的补充核算标准。这三项标准共同提供了一个价值链温室气体核算的综合性方法，来进一步制定和选择产品层面和企业层面上的温室气体减排战略。

（4）ISO 制定的温室气体排放系列标准

国际标准化组织是全球标准化领域最大、最权威的国际性非政府组织。2006 年，ISO 发布了 14064 系列标准，旨在从组织或项目层次上对温室气体的排放和清除制定报告和核查标准。2013 年，ISO 进一步发布了 14067 标准，基于"碳足迹"为产品层面的温室气体核算量化提供指南。目前 ISO 系列标准在国外企业温室气体核算中已有广泛的应用。

具体来看，ISO 14064 主要包含了三部分内容：第一部分在组织（或公司）层面上规定了 GHG（Green House Gas，温室效应气体）清单的设计、制定、管理和报告的原则和要求，包括确定排放边界、量化以及识别公司改善 GHG 管理具体措施或活动等要求；第二部分针对专门用来减少 GHG 排放或增加 GHG 清除的项目，包括确定项目的基准线情景及对照基准线情景进行监测、量化和报告的原则和要求；第三部分则规定了 GHG 排放清单核查及项目审定或核查的原则和要求，包括审定或核查的计划、评价程序以及对组织或项目的 GHG 声明评估等。

ISO 14067 则是建立在生命周期评价（ISO 14040 和 ISO 14044）、环境标志和声明（ISO 14020、ISO 14024 和 ISO 14025）等基础上，是专门针对产品碳足迹的量化和外界交流而制定的。

2. 部分国家的碳排放核算经验

在国际温室气体核算体系的指引下，欧盟、美国、加拿大、澳大利亚以及新加坡等国或地区纷纷建立了自身的温室气体核算体系。其中发达国家作为《联合国气候变化框架公约》中附件一的缔约方，相比发展中国家在全球气候治理上具有更大的责任和义务，在向联合国报送温室气体清单的频度以及透明度等方面也面临着更高的要求。因此，发达国家在碳排放核算方面积累了相对丰富的经验。接下来，以英、美两国为例进行分析。

（1）英国

当前英国已建立了国家、地区和企业及产品等层面的温室气体核算体系，在部分核算领域的实践上走在了全球前列。从编制机制看，英国国家温室气体清单主要由里卡多能源与环境公司代表商业、能源与工业战略部（Department for Business, Energy & Industrial Strategy, 简称 BEIS）进行编制和维护。BEIS 负责国家清单的管理和规划、相关部门的统筹协调以及系统开发等，里卡多能源与环境公司凭借先进的数据处理和建模系统负责清单计划、数据收集、计算、质量保证/控制以及清单管理和归档。同时，受 BEIS 和权力下放管理局的委托，里卡多能源与环境公司还负责按年编制英国四大行政区的温室气体排放清单，并对其减排目标的实现情况进行追踪。在城市层面，英国一些城市将温室气体核算视为重要的减排工具，如大伦敦管理局按年编制伦敦地区总体以及下辖33个市区的温室气体核算清单。在企业层面，英国强制要求每个财年所有上市公司和大型非上市公司在董事会报告中披露温室气体排放情况以及可能的影响，有限责任合伙企业在年度能源和碳报告中披露温室气体排放情况以及可能的影响。

在基础数据来源方面，BEIS通过与其他政府部门（如环境、食品和农村事务部、运输部）、非部门的公共机构、私营公司（如塔塔钢铁公司）以及商业组织（如英国石油工业协会和矿产协会）等关键数据提供者签订正式协议，建立了常态化的数据收集体系，并通过《综合污染预防和控制条例》和《环境许可条例》，规定了工业运营商排放数据的法定报告义务。为解决地方温室气体清单编制中部分数据缺失的难题，英国政府基于已有数据和辅助模型，专门开发了针对地方当局的能源数据库。同时，英国还建立了与气候变化相关的排放源监测网络，该网络能够实现对主要温室气体的高频监测。通过保证基础数据的完整以及公开、透明，为相关主体的清单编制提供了有力支撑。

在核算方法上，英国国家温室气体清单基于IPCC发布的最新指南进行编制，并结合最新可用数据源以及政府资助的研究成果进行方法上的改进。四大行政区层面的温室气体编制方法与英国国家温室气体清单的编制尽可能保持了一致。在城市层面，英国标准化协会在遵循《城市温室气体核算国际标准》等国际标准的基础上，提出了城市温室气体排放评估规范（PAS2070）。该评估规范包含了城市直接产生（来自城市边界内）和间接产生（在城市边界之外生产但在城市边界内使用的商品和服务）的温室气体排放，并以伦敦为例，为英国城市间温室气体清单的编制提供了具有可比性和一致性的方法。针对企业的温室气体排放核算，参考《温室气体核算体系：企业核算与报告标准（2011）》，英国环境、食品和农村事务部和BEIS于2012年发布了关于企业报告温室气体的排放因子指南。2013年，进一步发布了环境报告指南（包括简化的能源和碳报告指南）。此外，英国标准协会还于2008年发布了全球首个基于生命周期评价方法的产品碳足迹标准，即《PAS 2050：2008商品和服务在生命周期内的温室气体排放评价规范》。同时，补充制定了以规范产品温室气体评价为目的的《商品温室气体排放和减排声明的践行条例》，建立了碳标识管理制度，帮助企业披露产品的碳足迹信息。

在核算质量方面，英国为保证温室气体核算质量，主要采取了以下做法：①推动温室气体核算与报告规范化，英国通过公司法规定了相关企业的温室气体强制披露义务，并建立了相对完善的碳排放数据监管体系及有效的约束机制；②英国是世界上少有的定期通过大气测量和反演模型相结合对排放清单进行外部验证的国家之一，通过将反向排放估算值与清单估算值进行比较，对查找及减少核算误差提供了有力支撑；③BEIS建立了国家气体排放清单网站（网站名称为NAEI），方便公众查询和下载Excel（全称为Microsoft Office Excel，是微软办公套装软件的一个重要组成部分，中文名称一般为表格）格式的各项排放源、排放因子等详细数据，同时还提供了用户友好界面的排放地图，允许用户以各种比例探索和查询数据。在地区和企业等层面，温室气体清单也保持了完整、透明的披露，并向公众提供了相应的沟通交流和反馈机制。

在核算结果应用方面，作为世界上第一个为净零排放目标立法的经济体，英国将温室气体核算作为追踪减排目标实现的重要工具。英国目前公布的 1990—2019 年国家以及四大行政区的温室气体清单，不仅作为评估《京都议定书》(《Kyoto Protocol》，全称为《联合国气候变化框架公约京都议定书》)下英国减排承诺进展以及英国对欧盟减排贡献的重要依据，也为地区追踪减排政策有效性、帮助民众了解温室气体和空气质量、监测目标实现进度、履行各种报告义务提供了重要支撑。部分城市如伦敦加入了"全球市长气候与能源盟约"，基于已发布的 2000—2019 年的温室气体报告，定期评估伦敦市二氧化碳减排目标的进展情况。英国企业及产品层面的温室气体清单核算主要用于帮助企业及利益相关者了解风险敞口并应对气候变化，从而推动企业或产品层面的低碳转型。

（2）美国

美国于 1992 年签署并加入《联合国气候变化框架公约》，并承诺每年向 UNFCCC(United Nations Framework Convention on Climate Change，联合国气候变化框架公约)提交国家温室气体清单，目前已形成了包含国家、州、城市、企业和产品等层面的相对成熟的核算体系。在核算机制上，美国国家温室气体清单主要由环境保护署(U.S Environmental Protection Agency，缩写为 EPA)牵头编制。EPA 建立了相对稳定的编制团队，各行业专家在 EPA 领导下工作，并按年向联合国提交清单。在州和城市层面，美国政府未强制要求编制温室气体清单，但美国许多州和城市利用宪法赋予的权利自主推行低排放政策，通过出台相应的法律和指定专门的机构实现常态化温室气体清单编制。比如，加利福尼亚州通过法案授权空气委员会负责温室气体清单的编制，并定期发布报告。在企业层面，美国实施强制报告制度，要求满足如下门槛的排放设施所有者、经营者或供应商按年向 EPA 报告温室气体排放情况：①覆盖源的温室气体排放量每年超过 25000t 二氧化碳当量；②如果供应的产品被释放、燃烧或氧化，将导致超过 25000t 的二氧化碳温室气体排放；③该设施接收 25000t 或更多的二氧化碳用于地下注入。此外，美国的一些州(如加利福尼亚州)或机构(如美国能源信息管理局)还鼓励企业自愿报告温室气体排放情况，并为企业提供了核算的方法学、第三方审核要求和报告平台。

在基础数据来源上，EPA 通过与能源部、国防部、农业部以及各州和地方的空气污染控制机构等数据源拥有者签订合作备忘录或非正式协议的方式，建立了稳定的合作关系，确保各政府机构的基础数据能被方便地使用。同时，EPA 开发了电子化的数据报送管理平台，根据温室气体报告项目，要求 41 类报告主体定期采集并报送温室气体排放数据及其他相关信息，从而实现了对不同来源数据的实时、高效采集。此外，美国还拥有地面基站、飞机、卫星等一体化的大气观测体系，能够获得高频、准确的温室气体数据，为温室气体的测量和验证提供支持。通过将上述基础数据对外开放，为研究机构、地方政府、行业协会、社会组织等主体编制温室气体清单提供了较好支撑。

在核算方法上，美国高度重视温室气体核算的准确性、完整性、一致性及可比性。当前，美国国家温室气体清单的编制在《IPCC 2006 年清单》的基础上，充分吸纳了 IPCC 2013 年补充和 2019 年改进后的方法。在采用最新方法及数据计算当前年份的清单时，EPA 会重新计算所有历史年份的排放估算值，以保持时间序列的一致性和可比性。此外，EPA 于 1993 年实施了排放清单改进计划，该计划与 IPCC 兼容，且部分是对 IPCC 的改良，旨在使温室气体核算更加符合美国实际。在州和城市层面，EPA 分别开发了州政府和本地温室气体清单工具，旨在帮助地方政府制定相应的温室气体清单。比如州政府清单工具是一种交互式电子表格模型，温室气体核算方法与国家温室气体清单相同，通过为用户提供应用特定状态数据或使用预加载默认数据的选项，能够最大限度地减少州政府制定清单的时间。在企业和产品层面，EPA 企业气候领导中心作为资源中心，在参考 WRI 和 WBCSD 发布的温室气体核算体系的基础上，为企业和产品层面的碳核算提供了较为简化以及更具可操作性的计算方法。

在核算质量上，美国建立了相对完善的保障机制。首先，EPA 于 2009 年正式发布了温室气体强制报告制度，从法律层面对温室气体的监测、报告、核查和质量控制等各个环节进行了明确规定。其次，出台了具体排放源的报告指南，并在清单编制过程中形成了统一的工作模版，以减少清单编制工作的不确定性。再次，制定了专门的质量保证和控制以及不确实性分析操作手册，以及温室气体报送的质控模版。最后，在电子化的数据报送管理平台中，EPA 为每个环节配备了专门的质控人员，并通过电子系统内置的质量控制程序和现场核查相结合的方式，提高碳排放核查质量。

在核算结果的应用上，目前 EPA 公布了 1990 年至 2019 年以来的国家温室气体排放相关数据，除了被国内外机构广泛引用并用来追踪美国温室气体排放趋势外，各州、城市和社区也可以利用 EPA 的温室气体数据在其所在地区找到高排放设施，比较类似设施之间的排放量，并制定常识性气候政策。许多州和城市的温室气体核算，主要被用来推进碳减排行动以及增进公众对所在地区气候变化的了解。在企业或产品层面，温室气体核算被作为企业碳排放管理、参与碳市场交易以及产品碳标签认证等活动的重要依据。

从上述分析可以看出，尽管英、美两国在温室气体核算体系和一些细节上略有差异，但总体来看仍有以下共同点。

① 建立了强大的数据收集和披露体系。包括通过正式或非正式协议以及强制性法规等获得的相关主体报送的数据，以及利用先进技术实现的大气监测数据等，并实现了标准的数据收集、计算、归档、报告和分享流程。

② 核算方法较为先进。在遵循国际核算指南的基础上，均注重吸纳最新的国内外研究成果。针对部分领域的碳核算，甚至走在了全球前列并形成了较大的国际影响力，如英国标准协会发布的 PAS 2070 以及 PAS 2050：2008 标准，已成为全球一些城市或企业碳排放核算的重要参考标准。

③ 核算质量较高。两国均通过自上而下的顶层设计，为温室气体核算制定统一、详细的标准，甚至开发了具体的产品或工具，来帮助地区或者企业等主体进行便捷、高效的碳核算。同时，以立法的形式规范了温室气体的监测、报告和核查流程，保证了不同主体核算结果的一致性、准确性和可比性。

④ 核算结果应用广泛。当前英、美两国已形成了透明度高、连续性好、时效性强、覆盖范围广的国家甚至区域层面的温室气体排放清单、企业及产品或项目层面的碳核算也相

对成熟，已成为国际社会引用或相关主体开展碳排放管理的重要依据。

⑤ 建立了强大的数据管理系统。包括排放因子、排放源的活动水平以及核算结果等数据，便于查询源数据、过程数据和结果数据，并通过多种途径对外发布，形成了外部监督屏障。

3. 我国建立碳排放核算体系的背景及实践

（1）建立碳排放核算体系的背景

据估计，迄今为止，人为活动引起的温室气体排放已导致全球气温比工业化前水平高出约 1.0℃。二氧化碳气候变化带来的不仅是海平面上升和更多极端天气等环境问题，也是政治和经济问题，亟须全球建立积极有效的合作应对机制。在此背景下，1992 年各国签署了《联合国气候变化框架公约》，旨在将温室气体浓度稳定在"防止对气候系统造成危险的人为干扰水平"。按照 UNFCCC 要求，各国有义务披露国家温室气体清单以及减排情况。为将减排行动落实到具体的区域、行业、企业等中微观层面，各国需要对不同主体的温室气体排放情况进行进一步核算。2000 年以来，各类国际组织和部分国家针对不同主体的温室气体核算进行了探索，形成了相对全面的碳排放核算体系。近年来，随着全球碳减排压力增大，各国愈加重视温室气体的核算工作。

作为 UNFCCC 中非附件一缔约方，我国从 2001 年开始便积极组织开展国家温室气体清单编制工作，并按要求向联合国报送。2006 年，我国二氧化碳排放量达到 63.8 亿 t，超过美国，且之后一直处于快速上升趋势。我国面临着更为严峻的国际气候谈判和经济转型压力。为此，我国"十一五"规划首次提出建立资源节约型、环境友好型社会。2009 年哥本哈根国际气候会议中，我国提出 2020 年单位 GDP 二氧化碳排放比 2005 年下降 40%～45% 的目标。2015 年《巴黎协定》签署后，我国在应对气候变化国家自主贡献文件中提出 2030 年单位国内生产总值二氧化碳排放比 2005 年下降 60%～65% 的目标。2020 年，我国进一步提出 2030 年"碳达峰"、2060 年"碳中和"的目标。

为推动上述目标实现，"十二五"时期，我国明确提出要构建国家、地方和企业的三级温室气体核算工作体系。2013 年，国家发改委会同统计局制定了《关于加强应对气候变化统计工作的意见》，提出根据温室气体清单编制和考核工作要求，建立基础的统计指标体系。与此同时，以发展碳交易市场为契机，我国先后推动部分省市以及行业出台了温室气体核算指南。2021 年，为进一步加快建立统一规范的碳排放统计核算体系，加强全国及各地区、各行业碳排放统计核算工作的统筹协调，我国在国家层面成立了由发改委资源节约和环境保护司、统计局能源统计司共同牵头的碳排放统计核算工作组。在相关政策及体制机制的支持下，当前我国已初步形成了从国家到地方、从企业到产品的温室气体核算体系，为落实节能减排任务、创建低碳城市、成立碳交易市场、推动产业升级等提供了可能。

（2）建立碳排放核算体系的具体实践

① 国家层面的碳核算

根据 UNFCCC 提出的"共同但有区别责任"原则，我国有义务提供温室气体的国家清单。2003 年，我国专门成立了新一届国家气候变化对策协调小组，负责组织协调参与全球气候变化谈判和联合国政府间气候变化专门委员会工作。根据气候变化对策协调小组的安排，我国国家层面的温室气体核算主要由发改委负责。2018 年按照国务院机构改革方案，这一职能被划转至新组建的生态环境部。截至目前，我国已分别于 2004 年、2012 年和 2017 年，向联合国提交了 1994 年、2005 年、2012 年的国家温室气体清单，于 2019 年提交了 2010 年和 2014 年的国家温室气体清单，并对 2005 年的清单进行了回测。

我国温室气体清单主要参考《IPCC 国家温室气体清单指南（1996 年修订版）》等文件进行编制，排放源覆盖范围包括能源活动，工业生产过程，农业活动，土地利用、土地利用变化与林业，废弃物处理五个领域。各领域的温室气体排放主要使用活动数据乘以排放因子（排放因子法）进行计算。活动水平数据主要来自农业、工业、能源等领域的官方统计数据以及企业提供的统计数据，排放因子使用本国特定的排放因子以及 IPCC 提供的缺省排放因子。随着编制经验的持续积累，我国 2019 年提交的国家温室气体清单较之前年份在完整性和透明性上有了进一步的提升。

② 省级层面的碳核算

在国家温室气体清单编制工作的基础上，为了加强省级温室气体编制能力建设，2010 年 9 月，国家发改委办公厅下发了《关于启动省级温室气体清单编制工作有关事项的通知》，要求各地组织做好 2005 年温室气体清单编制工作。同时，为了积累省级清单编制经验，广东、湖北、辽宁、云南、浙江、陕西、天津七个省市被要求作为试点省市，先行开始编制。2011 年 5 月，为进一步加强省级清单编制的科学性、规范性和可操作性，国家发改委印发了《省级温室气体清单编制指南（试行）》。

我国省级温室气体清单指南主要借鉴了 IPCC 指南以及国家温室气体清单编制中的做法，排放源覆盖范围与国家温室气体清单保持了一致。具体领域的温室气体计算方法主要采用排放因子法，在排放因子的选择上优先使用能够反映本省情况的实测值，在无法获得实测值的情况下，可以使用省级编制指南中的推荐值或 IPCC 指南中的缺省排放因子。从编制进度看，31 个省（自治区、直辖市）均已完成 2005 年、2010 年、2012 年和 2014 年省级温室气体清单编制。根据生态环境部《2019 年全国生态环境系统应对气候变化工作要点》的要求，目前各省正在组织推动 2016 年、2018 年省级清单的编制。从公开渠道看，目前尚未有省市公布本省市温室气体的核算过程和结果。

③ 市县（区）层面的碳核算

目前我国尚未出台统一的市县（区）层面温室气体核算指南。为落实国家关于启动各省温室气体编制工作的要求，当前各省市已陆续组织开展省内市县（区）级的温室气体排放清单编制工作。考虑到编制工作的复杂性，为统一统计口径和核算方法，少数省市如广东、四川等参考《省级温室气体清单编制指南（试行）》，制定了市县（区）级清单编制指南。从已发布指南看，不同省份的市县（区）温室气体清单编制在具体的核算范围、数据来源上存在一定差异。比如，在化石燃料移动源燃烧活动水平的确定中，广东省规定除交通运输部门外其他部门的公路交通能源消费量使用一定的抽取比例进行计算，如汽油和柴油在工业部门相应能源消费中的抽取比例分别为 95% ~ 100% 和 24% ~ 30%；山西省规定其他部门的交通工具能源消费量，比如工业部门能源品种的消费量使用规上企业交通工具消费量作为替代。从核算方法上看，各地指南温室气体排放测量主要以排放因子法为主，少数使用物料平衡法(用输入物料中的含碳量减去输出物料中的含碳量进行平衡计算得到二氧化碳排放量)和实测法(在排放源处安装连续监测系统进行实时监测)。从核算进展看,目前市县(区)层面的核算基本处于起步探索阶段,尚未有地区公开发布历年的碳排放核算情况。

④ 企业层面的碳核算

碳排放权交易是碳减排的重要举措,推动建立企业温室气体排放核算报告制度是我国发展碳交易市场的重要基础工作之一。从"十二五"时期开始,我国便着手推动企业温室气体核算工作。2013—2015 年,发改委陆续组织编制了火电、电网、钢铁等 24 个高碳排放行业企业的温室气体核算指南。2017 年 12 月,国家发改委办公厅进一步印发了《关于做好2016、2017 年度碳排放报告与核查及排放监测计划制定工作的通知》,明确要求对石化、化工、建材、钢铁、有色、造纸、电力、民航等 8 大重点排放行业(全国碳排放权交易市场覆盖行业),在 2013 年至 2017 年任一年温室气体排放量达 2.6 万 t 二氧化碳当量及以上的企业或者其他经济组织,制订 2016 年、2017 年度碳排放报告与核查及排放监测计划。在此过程中,北京、天津、上海、重庆、广东、湖北、深圳等碳排放交易试点省市,相继出台了本地区企业温室气体核算与报告指南。随着全国性碳市场的启动,2021 年 3 月,生态环境部发布了《企业温室气体排放报告核查指南(试行)》,进一步规范了全国重点排放企业温室气体排放报告的核查原则、依据、程序和要点等内容。

总体上看,在碳市场发展的背景下,目前我国针对重点排放企业碳核算已初步建立了监测、报告与核查体系(监测——Monitoring;报告——Reporting;核查——Verification;简称为 MRV)。各行业企业温室气体的核算主要参考了《省级温室气体清单编制指南(试行)》、《2006 年 IPCC 国家温室气体清单指南》、《温室气体议定书——企业核算与报告准则 2004年》、《欧盟针对 EU ETS 设施的温室气体监测和报告指南》以及国外具体行业的温室气体核算指南等文件。核算主体为具有法人资格的生产企业和视同法人的独立核算单位,企业需要核算和报告在运营上有控制权的所有生产场所和设施产生的温室气体排放。核算方法主要为排放因子法,指南针对不同行业温室气体核算提供了排放因子的缺省值,并鼓励有条件的企业可以基于实测方法获得重要指标数据。

⑤ 产品层面的碳核算

当前我国尚未统一出台针对企业产品层面的碳核算指南。根据国际标准,产品层面的碳核算主要是基于生命周期方法(又称为碳足迹计量),从设计、制造、销售和使用等全生命周期出发,核算不同环节中的温室气体排放量,从而为企业生产或申报绿色产品、消费者选择低碳产品等提供依据。目前我国仅在少数领域发布了产品的碳排放计量标准或指南。

从实践看,2019 年国家住建部正式发布了《建筑碳排放计算标准》(GB/T 51366—2019),为建筑物从建材的生产运输、建造及拆除以及运行等全生命周期产生的温室气体核算提供了技术支撑。2021 年,北京市市场监督管理局发布了《电子信息产品碳足迹核算指南》,规定了电子信息产品碳足迹核算的目标、范围以及核算方法等内容。此外,为促进企业了解基于产品碳足迹评价的碳标签认证要求,中国低碳经济专业委员会也发布了电子电器产品以及共享汽车、酒店服务等少数领域的碳足迹评价标准,鼓励上述企业基于自愿原则开展产品的碳足迹评价。目前我国仅有少数企业在官网公布了产品的碳足迹核算报告,大量企业尚缺乏产品的碳足迹核算意识。

（3）我国碳排放核算体系存在的不足

当前我国碳排放核算体系存在不足，与开展温室气体核算起步较早的英、美等国相比，尽管我国在碳排放核算体系建设上已取得了一定进展，但总体而言仍处于起步探索阶段。从实践看，我国碳排放核算具有推广难、透明度不高、可比性不强、准确性差等特征，客观上制约了碳减排工作开展并影响了我国在气候治理领域的国际话语权。我国碳排放核算体系存在以下不足。

① 基础统计数据较为薄弱

由于缺少基础统计数据，我国编制国家和地区层面的温室气体清单基础数据主要从农业、煤炭工业、化工业、畜牧业以及城市建设等统计年鉴中获取，在数据收集环节涉及统计、住建、农业、林业等多个部门的协调，数据获取及验证工作量较大，导致我国国家温室气体清单的编制耗时基本在 1 年以上。在市县（区）层面，编制温室气体清单的统计数据更为有限。为此，国际社会在讨论中国碳排放情况以及应当承担的减排责任时，通常援引国际能源署、美国橡树岭国家实验室二氧化碳信息分析中心等国际主流碳核算数据库发布的具有连续性和及时性的中国碳排放核算结果。相关研究表明，在基础数据获取困难、透明度较低的情况下，这些数据库在活动数据及排放因子的选择上相对粗糙，对中国碳排放核算结果往往存在着高估。此外，国内一些研究机构如中国碳排放数据库（数据库名称为CEADs）公布的核算数据与中国官方公布的数据也存在较大误差，降低了我国碳核算结果的可信度。

从企业层面看，目前我国针对企业层面的温室气体核算报告制度主要集中在纳入碳排放交易市场的重点企业。大量企业的基础数据统计主要集中在财务领域，对能源消耗、工业生产过程中的碳排放数据统计不足。特别是一些中小企业碳排放管理意识薄弱，对外提供数据的意愿不强，加之缺乏足够的人力、物力及技术手段等进行碳排放数据的收集，准确核算其碳排放较为困难。此外，当前我国企业的碳核算主要集中在组织层面，对产品或服务的碳足迹数据采集不足。在欧美国家正加快推进碳关税的背景下，我国企业若不能及时掌握产品或服务的碳排放情况并进行优化管理，将在出口贸易中面临较高的碳关税成本，从而降低市场竞争力。

② 核算方法相对滞后

a. 当前我国区域温室气体清单核算方法相对滞后。我国国家温室气体清单编制的方法主要参考 IPCC 发布的《IPCC 国家温室气体清单指南（1996 年修订版）》，2014 年的清单部分参考了《2006 年 IPCC 国家温室气体清单指南》。与此同时，省级以及市县（区）层面的温室气体清单主要参考国家温室气体清单的编制方法。从目前形势看，1996 年修订版已属淘汰之列，欧美国家温室气体清单的编制除了主要参考 2006 年指南，还结合了 2019 年修订版的最新方法。随着我国产业结构升级、技术水平不断更迭，与碳排放相关的参数不断变化，基于滞后方法核算出的结果已不能准确反映我国碳排放现状。

b. 企业层面的碳排放核算主要以准确性相对较低的测量法为主。与基于排放因子法测量的温室气体排放相比，现场实测法主要是基于连续排放监测系统（CEMS）对二氧化碳排放量进行直接监测，具有中间环节少、准确性高且可以将排放数据实时上传的优点。随着碳市场建立，提高企业碳排放核算准确性已成为数字化时代的必然要求。当前欧美普遍较重视现场实测法的应用。早在 2009 年，美国环保署在《温室气体排放报告强制条例》中就明文规定：所有年排放超过 2.5 万 t 二氧化碳当量的排放源自 2011 年起必须全部安装 CEMS，并将数据在线上报美国环保署。此外，美国环保署还出台了用于保证 CEMS 数据质量的相关标准文件。2020 年 11 月，我国标准化协会发布了《火力发电企业二氧化碳排放在线监测技术要求》，对火力发电企业在线监测项目、性能指标、数据质量保证等进行了规范，目前仅有少数发电企业安装了二氧化碳在线监测系统，基于 CEMS 的现场实测法应用还较为有限。

③ 核算质量的保障机制不足

a. 部分领域的碳排放核算缺乏统一标准。当前我国市县（区）层面的碳排放核算缺乏统一标准，各地区主要依靠第三方机构完成自身碳排放核算，不同的机构在核算时参考的标准、核算的范围以及报告的形式等均存在差异，降低了结果的可比性，难以为国家以及省级层面温室气体的核算或政策出台提供有效支撑。在企业层面，已出台的 24 个行业企业温室气体核算指南由于编制主体并不完全相同，在核算报告标准上同样具有差异。例如，部分行业（如钢铁生产企业）需报告范围一（直接排放）和范围二（间接排放）的排放情况，另一些行业（如水泥生产企业）则未作出上述区分。此外，还有一些行业尚未出台企业层面的温室气体核算指南，针对产品或服务的碳足迹核算指南也仅有少数行业进行了公布。

b. 碳排放核算的核查监督机制不健全。可核查、可报告、可监测是国际社会温室气体排放核算的基本要求。当前我国出台的温室气体排放核算与报告指南，在排放核算方法与要求方面相对细致，但在数据质量控制、监测计划、不确定性分析等方面的要求相对欠缺。如省级温室气体编制指南以及部分地区出台的市县（区）温室气体编制指南中，对于质量保证程序仅作出了原则性规定，并未明确评审人和审计人应具有的资质、权利范围和应承担的责任；同时，也未要求对质量控制情况进行强制性报告。《企业温室气体排放报告核查指南（试行）》仅针对碳排放交易市场覆盖的 8 大行业约 10000 家重点企业，核算方式是以企业自查、各省生态环境主管部门组织核查的方式展开。从实践看，各主体核查主要是委托第三方机构进行。目前我国具备资质的第三方核查机构大概有 300 余家，核查力量明显不足，在缺少统一的核查标准以及对第三方机构监管不完善的情况下，碳排放核查质量参差不齐。此外，当前除了国家层面的温室气体核算进行了公开外，我国其他层级的温室气体核算情况大多未公开披露，难以发挥公众对碳排放核算过程、结果及应用的监督作用。

④ 核算结果的运用较为有限

加强碳排放核算结果的应用不仅能够对核算工作的完善形成正反馈，提高核算结果权威性，也能对核算主体的碳减排行动形成有效激励。从我国实践看，目前纳入碳排放交易市场的企业碳核算结果已成为各地为企业分配碳排放配额的重要依据。如《上海市 2020 年碳排放配额分配方案》规定，纳管企业 2020 年度基础配额基于行业基准线法、历史强度法和历史排放法确定，但无论哪种方法，均需要企业自身的碳排放核算结果。此外，我国少数地区如浙江衢州建立了工业企业碳账户、农业企业碳账户和个人碳账户，为当地基于不同碳排放等级实施差别化产业政策和金融政策提供了支撑，有力地推动了地区传统产业绿色低碳转型。此外，上海市 2021 年 8 月发布的《上海市低碳示范创建工作方案》提出，"十四五"期间将基于区域的碳排放核算结果，认定一批高质量的低碳发展实践区和低碳社区。

但总体来看，当前我国碳排放核算结果的应用还相对有限。比如，中国目前仅公布了 5 个年度的国家温室气体清单，其中 1994 年和 2012 年温室气体清单在计算方法和计算范围上与其他年份的清单不完全一致，清单编制机构尚未对其进行回算。缺少连续的历史排放值以及部分年份不可比，导致我国温室气体核算结果难以用来测算历史累计和人均累计碳排放量以及预测碳排放趋势拐点，不能为国际气候谈判和碳减排政策制定提供及时有效的支撑。同时，省级层面的碳排放核算除了曾服务于"十三五"规划的碳强度目标设定外，未能成为各省监测碳减排目标、追踪减排政策有效性的重要工具。从国家对各省碳减排的考核看，《国家发展改革委关于印发<单位国内生产总值二氧化碳排放降低目标责任考核评估办法>的通知》(发改气候〔2014〕1828 号)》以及《完善能源消费强度和总量双控制度方案》等文件中，省级温室气体清单的核算结果并未成为主要的考核依据。此外，大量企业也未能将自身或产品层面的碳核算结果应用到生产经营决策中。目前我国各层级的碳排放核算结果尚未实现广泛应用。

4. 完善我国碳排放核算体系的建议

（1）加强基础数据库建设，提高数据质量

基础统计数据库的建设对改善碳排放核算效率、提高核算质量至关重要。当前我国碳排放统计数据库建设存在的难点主要在于，温室气体清单核算所需的数据分布在多个统计年鉴或统计调查中，且部分指标不能从已有的统计数据中直接获得，特别是在回算历史年份的碳排放过程中，严重的数据缺失加大了核算难度。此外，数据来源单一，缺少交叉验证渠道。为此，实现对历史数据的填充与当前数据的实时采集，并增强基础数据库的查询、核验功能，应成为数据库建设的重点。

① 可以利用大数据技术加强对碳核算相关数据的挖掘。当前我国在环境、能源电力等方面积累了大量数据，比如，环境方面积累了包括全国污染源普查、生态环境调查、环境监测等海量数据；电力方面基于智慧电网建设形成了大量时序性强、真实性高的数据；能源方面依托重点用能单位能源在线监测系统积累了大量数据。依靠机器学习、人工智能等大数据处理技术，可以实现对已有数据的整合挖掘和历史缺失值填充。同时，也可以基于模型构建，实现对碳排放数据的交叉验证。

② 加快建设基于天地基站遥感技术的碳排放数据采集系统。基于大气浓度数据反演温室气体排放量的做法，是国际上最新兴起的技术。该方法基于卫星、飞机、雷达以及基站等载体形成一体化大气浓度采集体系，能够应用于国家、地区以及企业等不同尺度的碳排放数据校验，增加温室气体核算的外部验证渠道。中国于 2016 年发射了首颗自主研制的碳卫星，已具备获取全球碳通量数据集的能力，为我国基于大气浓度测算全球碳排放奠定了良好基础。为此，可以进一步加强大气监测系统的建设与完善，增强我国碳排放自主监测数据的实时采集、处理与分析能力，提高我国碳排放数据采集的国际影响力。

③ 加快建设碳排放基础数据的在线直报系统。当前我国碳排放核算数据的报送主要采用层层上报的方式，上级政府负责对下一级政府报送的温室气体排放清单报表进行审核把

关。报送链条较长，且不同省份在报送内容、格式要求、审核力度等方面可能存在一定的差异。建议从国家层面规范碳排放数据采集，加强对地方政府和企业等主体的指导和培训，推动设立专职碳核算工作人员，同时，加快建立由生态环境部牵头的全国统一温室气体数据直报系统，推动地方政府和企业等主体的基础排放数据实现在线填报、交叉验证、核查和自动计算与发布等，提高数据采集与处理效率。

（2）推动核算方法更新，加快与国际接轨

① 加快国家温室气体核算最新方法的应用。IPCC 温室气体核算指南是国家温室气体核算的最基本依据，而国家温室气体的核算方法又将影响省级、地市以及县（区）等更小地理空间尺度上的核算，因此，保持国家温室气体核算方法与 IPCC 最新指南一致，既是增强国家温室气体核算结果国际可比性的必然要求，也是提高我国温室气体核算整体质量的内在要求。《2006 年 IPCC 国家温室气体清单指南（2019 修订版）》是 IPCC 迄今为止发布的所有报告中中国作者参与度最高的报告，2019 年修订版中的每一卷均有我国作者参与，这为推动我国快速应用最新的方法和规则奠定了基础。建议成立常态化的国家温室气体清单编制小组，在吸纳最新方法的基础上，结合我国实际更新清单的编制方法并按年编制清单，进一步提高我国温室气体核算的及时性和准确性。

② 加快在线监测法在企业碳排放核算中的应用。随着连续在线监测系统的应用，企业级数据越来越完善，为支撑国家清单的编制提供了可能，加快企业碳排放核算中的在线监测法应用，已成为国际趋势。建议在当前火电行业应用的基础上，加快制定并开展其他行业企业二氧化碳在线监测技术标准、设备认证、数据监管等工作，为在线监测法的推广应用奠定基础。同时，鉴于当前 CEMS 在企业大气污染物监测方面已得到广泛应用，可以在现有系统中加载二氧化碳监测模块，降低企业碳排放监测成本、提高管理效率。

（3）完善核算标准与核查机制建设，保障核算质量

① 建立统一的碳排放核算标准。在地区层面，可以在借鉴国际城市温室气体核算指南和欧美发达国家经验的基础上，结合当前广东、浙江、四川等地发布的核算指南，制定全国统一的市县（区）温室气体核算指南。在行业企业层面，应尽快统一不同行业的核算范围、相同能源的排放因子以及报告格式等，加快出台 24 个行业之外的企业温室气体核算指南，规范不同行业碳排放核算标准。在产品和服务层面，可以依托中国低碳经济专业委员会，逐步将碳足迹核算指南扩大至更广泛的领域，尤其是出口导向型产品和对外服务中。

② 加快完善我国碳排放核查体系。一方面，要通过加快完善《全国碳排放权交易的第三方核查指南》，进一步规范碳排放核查行业准入标准、细化工作流程、统一核查标准、明确核算的法律责任、建立市场退出机制等，推动碳排放核查行业健康运行。加快形成碳核查行业协会，加大碳核查人才和机构培育，提升我国碳核查机构整体水平。另一方面，可以将碳核算数据发布作为重要抓手，在进行排放数据密级研究的基础上，建立不同层级的排放源活动水平数据、排放因子选择及来源等信息查询机制，提高信息透明度。充分发挥社会力量对碳核算工作的监督，加大对数据造假行为的处罚力度，加强执法保障。

（4）扩大碳核算覆盖面，强化核算结果应用

从国际经验看，碳排放核算结果可以为碳排放目标制定、碳排放过程管理以及追踪目

标完成情况等提供依据。当前我国碳排放核算结果总体上尚未成为各级政府和企业碳减排行动的"指挥棒"，从而弱化了碳排放核算体系的建设完善。

为此，一方面，要充分发挥碳排放核算结果在地区碳减排行动中的应用。当前我国国家和省级层面温室气体清单编制的时滞在两年以上，建议将清单编制的频度缩短至一年，为政策制定和评估提供及时参考。鉴于市县（区）层面的温室气体清单编制尚处于起步阶段，建议设立常态化编制机制，为区域温室气体清单编制提供自上而下的支持。在此基础上，通过将地方政府的碳减排成效评估与碳排放核算结果挂钩，引导各地将核算结果应用于中长期减排目标设定、精准化减排举措制定，以及绿色发展试验区、低碳城市、低碳社区的申建等工作中。

另一方面，要增强碳排放核算结果对企业的激励引导作用。首先，当前我国除了纳入碳交易市场 8 大行业的重点企业外，其余企业的碳排放核算结果尚未成为直接影响企业生产经营成本的重要变量，客观上弱化了企业碳排放核算意识。据统计，2020 年 A 股上市公司中自主披露 2019 年碳排放量的公司数量不足全部上市公司的 6%，建议在当前碳交易市场的基础上，按照"成熟一批纳入一批"的原则，将其他行业的企业逐步纳入碳排放交易市场，将企业碳核算结果内化于企业的生产经营成本之中。其次，可以借鉴浙江衢州经验，推动建立中小企业碳核算账户，基于企业的碳核算结果对不同类型企业予以差异化政策支持，提高企业的核算减排动力。最后，鉴于当前企业针对产品或服务的碳排放核算基础还较弱，可以通过引导企业在开展产品或项目碳足迹核算的基础上，为产品或项目进行绿色认证，或应用碳税、财政奖励等调节手段，鼓励企业加大产品或服务层面的碳排放核算及管理。

4.3.4 深化主流清洁能源改革

1. 清洁能源补贴改革

清洁能源作为我国未来能源发展的重要战略方向之一，对清洁能源进行补贴是促进相关产业发展和资源环境目标达成的重要政策工具。目前已进入能源革命的战略机遇期，优化能源布局、提高清洁能源消费和能源利用率是主要发展方向，对清洁能源补贴政策改革势在必行。

当前，我国能源领域投资过度，产能过剩现象普遍，但并没有引起足够重视。对电力领域已经出现比较严重的产能过剩但仍然认识不统一，继续盲目增加产能投资必然导致危机性后果。供给侧结构性改革要解决投资越多效益越低、生产越多附加值越低的恶性循环。供给侧结构性改革是重大经济政策方向性调整，对我国经济发展具有重大意义。作为高能耗国家，清洁能源补贴改革对加快产业发展和改善环境系统具有积极意义，目前清洁能源补贴改革研究成果多集中在相关机制、能源结构和替代弹性等方面。

能源补贴是通过政策工具干预经济活动的政府行为，主要采用转移支付或税收政策弥补能源价格机制，从而降低能源使用成本。目前我国能源补贴主要用于化石能源，一方面是面临经济增长压力和消费惯性，能源消费刚性较强；另一方面僵化的补贴制度加大了对化石能源的补贴力度。这不仅阻碍了能源价格改革的进程，也加剧了环境污染和碳排放。

2009 年 G20 峰会及联合国气候变化峰会提出发展清洁能源是促进减排的重要手段，而在支持清洁能源发展的政策中，最直接有效的就是进行清洁能源补贴，因此，清洁能源补贴制度改革势在必行。

当前我国清洁能源补贴范围涵盖风能、光伏、新型电池以及新能源汽车行业等领域，主要以环境类和供给类政策工具为主，其中环境类政策工具中的目标规划使用频率较高，通过对清洁能源产业发展的顶层设计和宏观引导，提供更加优质的清洁能源供给服务，有效降低环境污染物的产生和碳排放强度，促进社会可持续发展。从其政策目标和功能设定看，补贴政策改革的目的在于通过提高清洁能源供给力度，降低能源综合使用成本，优化能源消费结构。

在世界能源消费结构中，清洁能源比重占到 15% 左右，各国能源消费差异较大，但清洁能源的总体发展方向较为一致，我国清洁能源比例为 13%~14%，虽然份额低于世界平均水平，但发展速度较快。从清洁能源补贴的效果看，国家开始尝试通过法律手段将清洁能源税收和补贴政策制度化，对于氢燃料电池、生物质能、太阳能以及核能的研发投入进行补贴，贯穿清洁能源发展需要经历的各阶段。由于能源补贴往往会形成能源的过度消费和低效率使用，在低碳转型的生态文明背景下，清洁能源补贴政策改革有利于促进社会发展。然而要完全弥补清洁能源的成本，加大补贴规模仍十分必要。实际上，关于清洁能源补贴规模和改革的争议在政商界和学界争议不断，改革清洁能源补贴制度能够更好地实现生态文明和资源环境目标，特别是对加快实现我国碳减排和大气雾霾治理目标具有重要意义，其中合理而有效的清洁能源补贴机制构建是关键。

近几年能源改革虽然取得了一些成绩，但在一些关键性的领域，能源改革进展仍然缓慢，能源领域目前的市场化程度还相对较低，例如，能源的政府定价和交叉补贴，不仅降低了能源生产和消费效率，同时也对能源安全产生了一些负面影响。所以，党的十九大是全面深化能源领域改革的一个重要里程碑，未来需要从中国能源现状入手，结合国内外能源变化，树立能源改革的道路自信和制度自信，积极稳步坚定地推进能源革命。正如党的十九大报告提出，创新是引领发展的第一动力，目前能源领域正处于生产系统大革命和能源技术大创新的时代，需要通过能源生产和消费革命完善能源体制机制，促进新能源和储能、核电、页岩气、海洋油气资源开发、电动汽车、分布式能源、特高压输电、能源互联网等技术的快速发展与创新。

2. 低碳清洁转型

石油安全是国家能源安全的关键所在，石油需求持续增长的同时，国内原油产量近年来持续下降。在资源禀赋限制和需求持续增长的双重作用下，中国油气对外依存度不断快速上升，2017 年石油和天然气的对外依存度已经分别接近 70% 和 40%。作为一个经济大国，除了能源安全的担忧，随着中国成为第二大石油消费国和第一大石油进口国，石油价格波动使中国比以往更容易受到冲击。如何对石油进行替代，既涉及国家安全，又涉及低碳清洁转型。

作为发展中的经济大国，中国的低碳清洁转型难度很大。2016 年煤炭占中国能源消费的 62%，煤炭在我国能源消费中处于主导地位这一大的格局在未来相当长一段时间内不会改变，这是由庞大的能源消费量和煤炭在能源结构中占绝对比重所决定的。中国形成"以煤为主"的能源结构有两个主要原因：一是资源禀赋；二是煤炭的低成本优势。煤炭虽方便和便宜，但有更高的污染物排放和碳排放系数，使生态和环境承受了巨大的压力。目前中国人均能源消费还处于比较低的水平，2016年中国的人均电力消费量约为4000kW·h，人均能源消费量约为3.1tce，相当于美国的1/3，日本、韩国的1/2，因此，可以预见中国的能源需求还将继续增长。在经济快速增长阶段，能源需求大起大落，难以准确预测。因此，基于能源需求假定的相关指标模拟预测需要谨慎，由于短缺的影响比过剩大，能源电力产能有必要保持"适度"超前。

3. 能源生产革命与能源消费革命

党的十九大提出要树立社会主义生态文明观，坚持绿色发展理念，推进能源生产和消费革命，构建清洁低碳、安全高效的能源体系。

（1）能源生产革命

能源生产革命，即在满足能源需求的前提下改变能源结构，发展清洁能源，形成多元化能源供应体系，保障能源安全等，使能源供给低碳化、清洁化、多元化、稳定化、网络化发展。环境污染的主要原因是庞大的能源消费和以煤为主的能源结构，在环境治理压力下，位居能源供给革命首位的是能源的清洁化与多元化。近年来雾霾蔓延，一般的观察说明，"蓝天白云"的地方都维持比较低的煤炭消费占比。"清洁"煤炭受到成本限制，也受到碳排放的约束。中国可能需要大幅度减少煤炭占比，才能实现真正的"蓝天白云"。顺利的清洁低碳转型需要关注能源成本，转型的短中期主要靠用较清洁的能源如天然气替代煤炭，长期则可以依靠光伏、风电、核电的发展。对于中国实现能源清洁低碳转型，页岩气的发展和风电、光伏的发展可能同样重要。但是，天然气的发展尤其是非常规天然气的发展相对滞后，政府需要通过税收和补贴政策，营造有利于页岩气技术进步的大环境。从体制上放宽市场准入、鼓励民营资本参与，同时配套实施能源价格改革、开放管网基础设施、降低民营资本投入的风险和盈利的不确定性等。

（2）能源消费革命

能源消费革命是由中国庞大的能源消耗总量以及愈加严峻的环境压力决定的。为了推动能源生产和消费革命，政府提出了五点要求，并将推动能源消费革命、抑制不合理能源消费摆在首位，同时明确要求树立勤俭节约的消费观，加快形成能源节约型社会，这代表无限制满足消费侧的能源需求、敞开式的传统能源供应模式已经结束。全社会应该追求用更少的能源做更多的事，从而逐步适应适度从紧的能源供应。能源消费增长推动能源需求增长，因此，控制能源消费是实现能源需求总量控制目标最直接的手段。

能源消费革命对清洁低碳发展的重要性不言而喻。最清洁的能源消费方式是，加强各消费领域的节能降耗，提高能源利用效率，扼制不合理能源消费。此外，能源消费革命还包括通过调整产业结构影响能源的消费，在城镇化建设过程中注重节能工作等。中国的工业化和城镇化仍未完成，仍需要有大量的能源消费作为支撑，仍需要推动能源的有效利用和节约。长期以来，能源的定价是在政府指导下进行的，能源价格并非市场上供需的充分反映，也没有充分考虑环境污染和不可再生能源的稀缺成本。在经济发展初级阶段，为了获得经济增长和提供普遍的能源服务，政府希望维持较低的能源成本，这个政策措施好像是合理的，但是它没有考虑到价格激励对消费者的促进作用。价格是影响能源消费的关键因素，是消费者节能降耗、提高能源效率的基本动力，若没有适当的价格激励，消费者有效利用能源、节约能源的积极性就会大打折扣，因而也就谈不上能源的有效利用和节约。

能源消费革命可以向能源生产端传导，更加清洁的能源消费方式将迫使能源生产更加清洁化，推动能源供应结构的转变，例如，增加非化石能源消费和天然气消费比例也是使能源消费清洁化的重要手段。未来能源消费总量控制目标将得到严格执行，能源供应从紧的压力将日益成为常态。这并不意味能源短缺，政府能源政策的重要目标依然是满足普遍的能源需求，核心是追求"用更少的能源做更多的事"。这种类型的例子有很多，如通过技术进步和汽车设计提高燃油经济性，开发替代燃料汽车等。更多的消费侧节能技术可能提供更多的节能选择和空间，这类技术的进步及其商业化运用对形成节能消费模式的作用很大。

4. 能源行业体制机制改革

能源行业体制机制改革是能源生产和消费革命的制度保障，完善的能源体制是衡量能源革命是否成功的重要标志。能源体制改革主要包括能源价格机制改革、还原能源商品属性、构建有利于市场竞争的交易体系、转变政府对能源的监管方式、建立健全能源法制体系。

中国的能源价格长期实行政府成本加成定价，公众习惯能源价格缓慢向上调整，加上他们不了解能源企业的生产成本，因此对能源价格改革非常敏感。中国的清洁转型无论以何种方式进行，都将涉及能源的环境相关成本的内部化。如果能源价格无法正确反映供需关系，将导致资源配置失当。如何通过能源价格改革有效分摊能源成本会影响清洁低碳发展的程度和速度，所以改革势在必行。党的十九大报告指出，要推动能源生产和消费革命，强调还原能源商品属性，让市场决定能源价格，能源价格改革强势进入公众视野。以这个原则为基础，现阶段能源价格改革的核心是建立合理、透明的能源价格机制，并以公平、有效的能源补贴设计和严格的成本监管作为补充。

对能源企业，甚至受价格监管的能源垄断企业而言，改革是中长期利好。能源价格改革减少了政府干预，意味着更稳定和可预期的营运环境。能源价格改革有助于民营资本进入能源行业和混合所有制的改革。长期以来，政府将能源价格作为政策工具，导致价格扭曲，能源价格形成机制不合理、不透明、不确定，且民营资本进入能源行业的风险升高。民营资本对能源领域投资的长期不足已证明了这一点。因此，减少政府价格干预是民营资本参与的一个基本条件。

由于历史的原因，经济体制改革中最大的短板是能源管理体制，能源管理体制常被看作计划经济最后的"堡垒"。目前能源行业整体国有化程度很高，在经济高速发展阶段，国有能源企业能满足能源需求的高速增长，但其效率相对低下、垄断寻租、竞争力不足等问题都可能阻碍能源行业进一步健康可持续发展，也不利于技术创新。技术创新需要好的环境和宏观支持，包括能源行业体制和能源价格机制。通常，参与主体越多，市场竞争越激烈，越能促进技术创新。政府行政定价可能导致企业缺乏技术创新的动力。

第5章 我国能源结构转型与新型能源体系建设

5.1 我国能源结构现状及存在的问题

中共十八大以来，中国坚定不移推进能源革命，能源生产和利用方式发生了重大变更，能源发展取得了历史性成就。能源生产和消费结构不断优化，能源利用效率显著提高。

5.1.1 能源供给现状

2020年12月国务院发布的《新时代的中国能源发展》白皮书显示，我国基本形成了煤、油、气、电、核和可再生能源多轮驱动的能源生产体系。初步核算，2019年中国一次能源生产总量达39.7亿tce，为世界能源生产第一大国。煤炭仍是保障能源供应的基础能源，2012年以来原煤年产量保持在34.1亿~39.7亿t。努力保持原油生产稳定，2012年以来原油年产量保持在1.9亿~2.1亿t。天然气产量明显提升，从2012年的1106亿 m³ 增长到2019年的1762亿 m³。电力供应能力持续增强，累计发电装机容量20.1亿kW，2019年发电量7.5万亿kW·h，较2012年分别增长75%、50%。可再生能源开发利用规模快速扩大，水电、风电、光伏发电累计装机容量均居世界首位。截至2019年底，在运在建核电装机容量6593万kW，居世界第二，在建核电装机容量世界第一。而从2020年到2023年，中国的能源生产总量则持续稳步增长，2020年生产原煤38.4亿t，此后产量逐年增长，2023年原煤产量达到47.1亿t；原油产量则从2020年的1.95亿t到2023年的20902.6万t；天然气产量从2020年的1888亿 m³ 到2023年的2324.3亿 m³；电力方面，2020年发电量为74170亿kW·h，而2023年总发电量已达到94564.4亿kW·h，其中，火电62657.4亿kW·h，水电12858.5亿kW·h，核电4347.2亿kW·h，风电8858.7亿kW·h，太阳能发电5841.5亿kW·h。

能源输送能力显著提高。截至2023年底，建成天然气主干管道超过12.4万km、石油主干管道13万km、220kV及以上输电线路长度92.05万km。

能源储备体系不断健全。建成9个国家石油储备基地，天然气产供储销体系建设取得初步成效，煤炭生产运输协同保障体系逐步完善，电力安全稳定运行达到世界先进水平，能源综合应急保障能力显著增强。

可再生能源开发利用规模居世界首位。截至2023年底，中国可再生能源发电总装机容量 15.16 亿 kW，约占全球可再生能源发电总装机容量的 40%。其中，水电、风电、光伏发电、生物质能发电装机容量分别达 4.2 亿 kW、4.4 亿 kW、6.1 亿 kW、4414 万 kW，均位居世界首位。

可再生能源供热广泛应用。截至 2019 年底，太阳能热水器集热面积累计达 5 亿 m²，浅层和中深层地热能供暖建筑面积超过 11 亿 m²。

风电、光伏发电设备制造形成了完整的产业链，技术水平和制造规模处于世界前列。2019 年多晶硅、光伏电池、光伏组件的产量分别约占全球总产量份额的 67%、79%、71%，光伏产品出口到 200 多个国家及地区。截至 2023 年底，我国光伏组件产量达到 518.1GW，约占全球总产量的 84.6%。此外，我国已成为世界第一大风电整机装备生产国，生产的风电机组占到全球市场的三分之二左右，这表明了我国在全球风电设备制造产业链中占据重要地位，具有显著的竞争力和市场份额。

2023 年中国可再生能源继续快速发展，2023 年我国新能源新增装机容量达到了 2.93 亿 kW，风电新增装机 7590 万 kW，光伏发电新增装机容量 2.17 亿 kW；利用水平持续提升，2023 年可再生能源发电量达到了 2.95 万亿 kW·h，占社会用电量的 32%，全年水电、风电、光伏发电利用率分别达到 97%、97.3% 和 98%；产业优势持续增强，水电产业优势明显，是世界水电建设的中坚力量，风电、光伏发电基本形成全球最具竞争力的产业体系和产品服务；减污降碳成效显著，2020 年我国可再生能源利用规模达到 6.8 亿 tce，相当于替代煤炭近 10 亿 t，减少二氧化碳、二氧化硫和氮氧化物排放量分别约达 17.9 亿 t、86.4 万 t 和 79.8 万 t，2023 年我国可再生能源在我国能源结构中的比重不断增加，对减少煤炭消费和污染物排放做出了重要贡献，为生态文明建设夯实基础根基；惠民利民成果丰硕，作为"精准扶贫十大工程"之一的光伏扶贫成效显著，水电在促进地方经济发展、移民脱贫致富和改善地区基础设施方面持续贡献，可再生能源供暖助力北方地区清洁供暖落地实施。

5.1.2 能源消费现状

能源利用效率显著提高。2012 年以来单位国内生产总值能耗累计降低 24.4%，相当于减少能源消费 12.7 亿 tce。2012 年至 2019 年，以能源消费年均 2.8% 的增长支撑了国民经济年均 7% 的增长。

能源消费结构向清洁低碳加快转变。初步核算，2019 年煤炭消费占能源消费总量比重为 57.7%，比 2012 年降低 10.8 个百分点；天然气、水电、核电、风电等清洁能源消费量占能源消费总量比重为 23.4%，比 2012 年提高 8.9 个百分点；非化石能源消费占能源消费总量比重为 15.3%，比 2012 年提高 5.6 个百分点，已提前完成到 2020 年非化石能源消费比重达到 15% 左右的目标。新能源汽车快速发展，2019 年新增量和保有量分别达 120 万辆和 380 万辆，均占全球总量一半以上；截至 2019 年底，全国电动汽车充电基础设施达 120 万处，建成世界最大规模充电网络，有效促进了交通领域能效提高和能源消费结构优化。从 2020 年到 2023 年，中国的能源消费总量持续稳步增长。煤炭消费量在 2020 年至 2023 年期间保持增长，但增速逐渐放缓，特别是在 2020 年和 2022 年受到疫情等因素影响，增速相对较低，然而，在 2021 年和 2023 年，随着经济复苏和能源需求的增加，煤炭消费量增速有所回升；尽管煤炭消费量在绝对值上仍有所增长，但其在能源消费总量中的占比却逐年下降。石油消费量在 2020 年到 2023 年期间呈现波动趋势，在 2020 年和 2022 年，由于全球经济形势和疫情等因素的影响，石油消费量有所下降，但在 2021 年和 2023 年，随着经济复苏和交通运输等行业的快速发展，石油消费量显著增长。天然气消费量和电力消费量均呈现稳步增长趋势，但同时，清洁能源发电的快速发展也为电力消费提供了更多清洁、高效的能源选项。

积极优化产业结构，提升重点领域能效水平。大力发展低能耗的先进制造业、高新技术产业、现代服务业，推动传统产业智能化、清洁化改造。推动工业绿色循环低碳转型升级，全面实施绿色制造，建立健全节能监察执法和节能诊断服务机制，开展能效对标达标。提升新建建筑节能标准，深化既有建筑节能改造，优化建筑用能结构。构建节能高效的综合交通运输体系，推进交通运输用能清洁化，提高交通运输工具能效水平。全面建设节约型公共机构，促进公共机构为全社会节能工作做出表率。构建市场导向的绿色技术创新体系，促进绿色技术研发、转化与推广。推广国家重点节能低碳技术、工业节能技术装备、交通运输行业重点节能低碳技术等。推动全民节能，引导树立勤俭节约的消费观，倡导简约适度、绿色低碳的生活方式，反对奢侈浪费和不合理消费。重点领域节能持续加强。

加强工业领域节能。实施国家重大工业专项节能监察、工业节能诊断行动、工业节能与绿色标准化行动，在钢铁、电解铝等 12 个重点行业遴选能效"领跑者"企业。开展工业领域电力需求侧管理专项行动，发布《工业领域电力需求侧管理工作指南》，遴选 153 家工业领域示范企业(园区)。培育能源服务集成商，促进现代能源服务业与工业制造有机融合。

强化建筑领域节能。新建建筑全面执行建筑节能标准，开展超低能耗、近零能耗建筑示范，推动既有居住建筑节能改造，提升公共建筑能效水平，加强可再生能源建筑应用。截至 2023 年底，累计建成节能建筑面积 303 亿 m^2，占城镇既有建筑面积比例超过 64%。

促进交通运输节能。完善公共交通服务体系，推广多式联运。提升铁路电气化水平，推广天然气车船，发展节能与新能源汽车，完善充换电和加氢基础设施，鼓励靠港船舶和民航飞机停靠期间使用岸电，建设天然气加气站、加注站。淘汰老旧高能耗车辆、船舶等。截至 2019 年底，全国已建成港口岸电设施 5400 余套、液化天然气动力船舶 280 余艘。

加强公共机构节能。实行能源定额管理，实施绿色建筑、绿色办公、绿色出行、绿色食堂、绿色信息、绿色文化行动，开展 3600 余个节约型公共机构示范单位创建活动。

推动终端用能清洁化。以京津冀及周边地区、长三角、珠三角、汾渭平原等地区为重点，实施煤炭消费减量替代和散煤综合治理，推广清洁高效锅炉，推行天然气、电力和可再生能源等替代低效和高污染煤炭的使用。制定财政、价格等支持政策，积极推进北方地区冬季清洁取暖，促进大气环境质量改善。推进终端用能领域以电代煤、以电代油，推广新能源汽车、热泵、电窑炉等新型用能方式。加强天然气基础设施建设与互联互通，在城镇燃气、工业燃料、燃气发电、交通运输等领域推进天然气高效利用。大力推进天然气热电冷联供的供能方式，推进分布式可再生能源发展，推行终端用能领域多能协同和能源综合梯级利用。

5.1.3 存在的问题

经过对我国能源现状的分析发现，首先，我国煤炭占比过高，碳排放量逐年增加，导致了严重的环境问题；其次，我国石油进口量逐年增加，对外依存度居高不下，造成一定的能源安全问题；最后，我国的新能源虽然近年来开发力度较大，但是相比发达国家，利用率还是比较低。所以我国的能源结构存在以下几个问题。

1. 石油短缺与能源安全

根据《BP世界能源统计年鉴》（英荷壳牌石油公司编撰的能源统计年鉴），2019年我国石油已探明储量占世界总量的1.5%，但是我国人口占世界总人口18%，可见，我国石油人均占有储量大幅低于世界平均水平。

自1993年成为原油净进口国以来，2002年成为世界第二大石油消费国、第七大石油进口国，2017年全年中国日均原油进口量为840桶，超过美国日均790桶的进口量，首次成为全球第一大原油进口国。如图5.1可以看出，我国原油出口量从1998年以来变化不大，呈现逐年下降的趋势，原油进口量却呈现逐年上升的趋势，1998年我国原油进口量为2732万t，2020年为54238.6万t，是1998年的19倍多。如图5.2所示，我国原油对外依存度也在不断地增大，2008年，对外依存度为49%，而到了2020年原油对外依存度达到了70.44%。石油资源匮乏带来石油对外依存度的增加，严重威胁我国的能源安全，尤其是面临全球高油价时代的到来，石油安全就成为能源安全，事关国计民生和国家经济可持续发展的关键性和紧迫性问题。

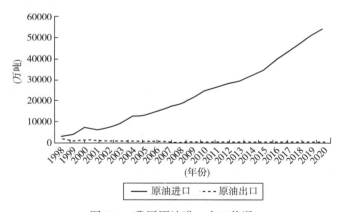

图5.1 我国原油进、出口状况

2. 煤炭消耗与环境恶化

中国煤炭储量仅次于美国，位居世界第二位。中国不仅是世界煤炭生产第一大国，也是世界煤炭消费第一大国。2005—2020年，我国煤炭生产在能源生产结构中维持在70%上下，而煤炭消费比例也在能源消费结构中维持在60%上下，可见煤炭在我国能源结构中有着举足轻重的作用，但是煤炭的大量燃烧却导致二氧化碳排放逐年增大。世界资源研究所的最新报告显示，中国、欧盟和美国是全球温室气体排放量最大的3个国家和地区，其温

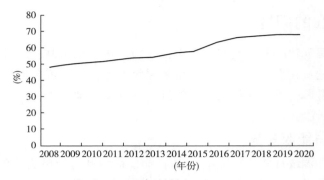

图 5.2　我国原油对外依存度变化情况

室气体排放量占全球排放总量的一半以上(土地利用、土地利用变化和林业除外)。2020年,数据显示全球碳排放累计达到了 322.84 亿 t,中国的碳排放总量达到了 98.99 亿 t,约占总量的 31%,而在总碳排放量中能源行业是最大的贡献者,其中又当以煤炭为最多,2020 年,中国煤炭消费量在 43 亿 t 左右。由于煤炭是一次性能源资源,它的不可再生性以及对环境带来的严重影响日益凸显,研发可再生的清洁能源受到越来越多的人的关注。

3. 新能源开发不足,影响结构优化

中国具有丰富的新能源和可再生能源资源。据统计,我国国土面积 2/3 以上都有较好的太阳能开发价值和开发条件,其太阳能年日照时数在 2200h 以上、年辐照总量大于5000MkJ/m^2。风能资源理论储量为 32.26 亿 kW,而可开发的风能资源储量为 2.53 亿 kW。地热资源的远景储量相当于 2000 亿 tce,其储存条件较好。生物质能资源非常丰富,每年农作物能产生秸秆量约 7 亿 t,2.8 亿~3.5 亿 t 可用作生物质能资源。

我国新能源转化和开发空间还很大,但是对新能源的研发和开发力度也还亟待加强。

5.2　"双碳"目标下的新能源机遇与挑战

中国科学院发布的《中国"碳中和"框架路线图研究》提出,"碳中和"看似很复杂,但概括起来就是一个"三端发力"的体系:第一端是能源供应端,尽可能用非碳能源替代化石能源发电、制氢,构建"新型电力系统或能源供应系统";第二端是能源消费端,力争在居民生活、交通、工业、农业、建筑等绝大多数领域中,实现电力、氢能、地热、太阳能等非碳能源对化石能源消费的替代;第三端是人为固碳端,通过生态建设、土壤固碳、碳捕集和存储等组合工程去除不得不排放的二氧化碳。

新时期的新能源技术的内涵与范围也发生了改变,不再仅仅是新的能源开发技术,而是涵盖了新能源的规模化利用技术、传统能源清洁利用技术和能源系统的高效运行技术三个方面,很好地契合了"碳达峰""碳中和"目标达成的各个环节。在此背景下,新能源技术的发展和产业化将迎来前所未有的机遇,但与此同时,我国新能源技术的科技创新能否满足国家战略的需求,也将迎来一个个现实的挑战。

5.2.1 "双碳"目标下新能源发展的机遇

从辩证的角度看,"双碳"目标的实现过程,也是催生全新行业和商业模式的过程,我国应顺应科技革命和产业变革大趋势,抓住绿色转型带来的巨大发展机遇,从绿色发展中寻找发展的机遇和动力。

1. 促进低碳零碳负碳产业发展

2010—2019 年,中国可再生能源领域的投资额达 8180 亿美元,成为全球最大的太阳能光伏和光热市场。2020 年中国可再生能源领域的就业人数超过 400 万,占全球该领域就业总人数的 40%左右。

在"双碳"背景下,能源结构、产业结构等方面将面临深刻的低碳转型,能源技术也将成为引领能源产业变革、实现创新驱动发展的原动力,给节能环保、清洁生产、清洁能源等产业带来广阔的市场前景和全新的发展机遇,我国应借此机遇,催生零碳钢铁、零碳建筑等新型技术产品,推动低碳原材料升级、生产工艺升级、能源利用效率提升,构建低碳、零碳、负碳新型产业体系。

2. 绿色清洁能源发展佳期

在我国能源产业格局中,煤炭、石油、天然气等产生碳排放的化石能源占能源消费总量的84%,而水电、风电、核能和光伏等仅占16%。截至 2022 年末,我国光伏、风电、水电装机容量均已占到全球总装机容量的 1/3 左右,领跑全球。若在 2060 年实现"碳中和",核能、风能、太阳能的装机容量将分别超过 2022 年末数据的 5 倍、12 倍和 70 倍。化石能源的零碳高效利用技术也将迎来大规模商业应用。为实现"双碳"目标,能源革命势在必行,加快发展可再生能源,降低化石能源的比重,巨大的清洁、绿色能源产业发展空间将会进一步打开。

在"双碳"背景下,传统能源将会优胜劣汰,推进并购重组。对传统能源来说,效率低的企业会逐步被淘汰,而效率高的企业会继续生存下去。现在能源仍然有落后的产能,这时并购重组也是必然的。

3. 绿色金融行业迎来春天

中国人民银行(简称央行)已经开始构建绿色金融标准体系,推动发展绿色信贷等绿色金融产品。2016 年央行等七部委发布《关于构建绿色金融体系的指导意见》,最早提出通过货币政策工具支持绿色金融。为发展绿色信贷,2018 年央行印发《关于开展银行业存款类金融机构绿色信贷业绩评价的通知》,并制定《银行业存款类金融机构绿色信贷业绩评价方案(试行)》,开始将绿色金融纳入宏观审慎评估体系(Macro Prudential Assessment,MPA)"信贷政策执行情况"维度进行评估。2017 年,我国在浙江、江西、广东、贵州、新疆建立了 8 个首批绿色金融改革创新试验区,探索形成了可复制推广的绿色金融产品和市场模式。截至 2021 年一季度末,我国本外币绿色贷款余额 13.03 万亿元,同比增长 24.6%。

4. 碳交易市场全面市场化

碳交易市场方面,我国已从 2011 年开始建立试点市场。2021 年 1 月 5 日,生态环境部发布《碳排放权交易管理办法(试行)》,建立全国碳排放权集中统一交易市场。适用范围包括碳排放配额分配和清缴,碳排放权登记、交易、结算,温室气体排放报告与核查等活动及监督管理。全国碳排放权集中统一交易系统已于 2021 年 6 月底启动上线。北京、天津、上海、重庆、广东、湖北、深圳先后启动碳交易试点。目前,我国碳排放权交易市场主要有两种交易类型:总量控制配额交易和项目减排量交易。前者的交易对象是企业获配的碳排放配额,后者的交易对象是中国核证自愿减排量(China Certified Emission Reduction,CCER)。

5.2.2 助力"双碳"目标达成新能源所面临的挑战

实现"碳达峰""碳中和"是一场广泛而深刻的社会经济变革。"双碳"目标的提出,是新能源面临的机遇,然而新能源受自然条件限制很大。作为发展中国家,我国目前仍处于新型工业化、信息化、城镇化、农业现代化加快推进阶段,实现全面绿色转型的基础仍然薄弱,生态环境保护压力尚未得到根本缓解,这是我们要面临的挑战。当前我国距离实现"碳达峰"目标已不足 10 年,从"碳达峰"到实现"碳中和"目标仅剩 30 年左右的时间,与发达国家相比,我国实现"双碳"目标,时间更紧、幅度更大、困难更多。

1. 国内整体能源结构长期单一

"碳达峰""碳中和"的深层次问题是能源问题,可再生能源替代化石能源是实现"双碳"目标的主导方向。但长久以来,我国能源资源一直是"一煤独大",呈"富煤贫油少气"的特征。

2020 年我国全年能源消费总量 49.8 亿 tce,占能源消费总量的 56.8%,相比 2019 年增长 2.2%。我国煤炭消费量能源生产总量与煤炭消费量均居世界首位,石油和天然气对外依存度分别达到 73% 和 43%,能源保障压力大。集能源生产者和消费者于一体的电力行业,特别是火电行业,在供给和需求两端受到压力。2019 年底,我国煤电装机容量高达 10.4 亿 kW,占全球煤电装机容量的 50%,煤电发电占据了我国约 54% 的煤炭使用量。

在此能源资源背景下发展起来的能源供给结构,难以实现迅速转型,这将严重制约我国的减排进程。面对碳减排要求,我国大量的化石能源基础设施将带来高额的退出成本。作为传统劳动密集型产业,煤电退出涉及数百万人,若延伸至上游煤炭行业,波及的人数会更加庞大。员工安置、社会保障问题事关社会稳定的民生大局。

2. 可再生能源难以实现稳定供给

风电、光伏、光热、地热、潮汐能等可再生能源从自身技术特性来看,受限于昼夜和气象条件等不可控的自然条件,存在较大的不确定性;由于供应源头分散,生物质能原料收集困难,农作物生长季节周期性明显,难以成为稳定主流能源形势;核电目前依然存在核燃料资源限制和核安全问题。在"双碳"目标下,我国能源系统的转型很长一段时间内依然要发挥煤电的兜底作用,保证电力供应的稳定性、安全性和经济性。同时,我国尚未建立全国性的电力市场,电力长期以省域平衡为主,跨省跨区配置能力不足,严重制约了可再生能源大范围优化配置。在高比例新能源并网目标下,新能源电力大范围消纳问题仍不容小觑,消纳形势依然充满严峻挑战,新能源电力过剩风险会随着装机攀升相应突显。从化石能源向可再生能源转变,需要在技术装备、系统结构、体制机制、投融资等方面进行全面变革。深度脱碳技术成本高且不成熟，与发达国家相比，我国要实现"双碳"目标，还存在巨大的压力与挑战。

3. 关键技术发展进入困境

从科技创新的角度看，我国低碳、零碳、负碳技术的发展尚不成熟，各类技术系统集成难，环节构成复杂，技术种类多，成本昂贵，亟须系统性的技术创新。低碳技术体系涉及可再生能源、负排放技术等领域，不同低碳技术的技术特性、应用领域、边际减排成本和减排潜力差异很大。

我国脱碳成本曲线显示，可再生能源电力可为我国最初约50%的人类活动温室气体排放低成本脱碳，年度减排成本估算值约为2200亿美元。可再生能源电力的发展对诸多行业（包括发电和其他需要电气化的行业）减排提供支撑，而且在中长期内对制备"绿色"氢能十分关键。在达到75%脱碳后，曲线将进入"高成本脱碳"区间，实现90%脱碳的年成本可能高达约1.8万亿美元。如果仅延续当前政策、投资和碳减排目标等，现有低碳、零碳和负碳技术难以支撑我国到2060年实现"碳中和"。被寄予期望的碳捕集、利用与存储（CCUS）技术，成本十分高昂，动辄数亿元甚至数十亿元的投资和运行成本以及收益不足，卡住了CCUS项目的顺利建设。

4. 企业面临产业结构调整的阵痛

当前中国煤炭和石油消费量较高，从能源供应系统到能源消费行业、相应的重大基础设施，需在2060年前完全实现脱碳化改造升级，存在巨大挑战。"双碳"目标下，高能耗地区的产业结构调整将成为能源消费强度控制的着眼点之一，以煤炭为主的传统能源地区，将面临主体性产业替换的严重冲击；钢铁、有色、化工、水泥等高耗能产业为主导的区域也将面临同样的挑战。

5. 区域财政可持续发展面临冲击

山西、内蒙古、陕西、黑龙江等采矿大省，青海、内蒙古、云南等电力大省，贵州、甘肃、青海等建筑大省，地方财政对采矿业、电力行业、建筑业等依赖程度较高。短期内，"双碳"战略的实施将不可避免对相关区域的主导产业产能造成巨大冲击，给当地财政的可持续发展造成相当的冲击。能源和经济低碳转型，将不可避免导致高碳排放的资产价值下跌，导致资产搁浅、高碳资产泡沫破灭、高碳产业和企业消失，贷款、债券违约和投资损失风险上升，进而成为区域乃至整个金融体系稳定的风险源。

5.3 能源转型与数字化转型

5.3.1 能源转型

1. 能源转型是"双碳"目标的核心

"温室气体"是指大气中吸收并重新发射由地球表面、大气和云层所发射的红外光谱范围内的特定波长的、辐射的、自然的和人为的气态成分。温室气体包括二氧化碳（CO_2）、甲烷（CH_4）、氧化亚氮（N_2O）、氢氟碳化物（HFCs）、全氟化碳（PFCs）和六氟化硫（SF_6）等。"碳达峰"即"碳排放达峰"，是指在某个时间点（段），人为向大气环境中排放的二氧化碳（或包括其他主要温室气体）量达峰，简而言之，即指二氧化碳（或包括其他主要温室气体）排放量达到历史最高值。"碳中和"是指在规定的时间段和规定的区域内（如某个国家、地区或组织内），以直接或间接方式，人为向大气环境中排放的二氧化碳（或包括其他主要温室气体）排放量和人为从大气环境中去除的二氧化碳（或包括其他主要温室气体）去除量相平衡，即做到"碳源"与"碳汇"的平衡。

与美国、日本、欧盟等发达国家或地区相比，中国当前已成为全球温室气体年排放量（即碳源）最多的国家。

2060年前实现"碳中和"之路面临着严峻挑战：

（1）时间紧、任务重、难度大

从时间角度而言，欧盟、美国、日本等发达经济体的碳排放早已自然达峰，其从"碳达峰"到"碳中和"的过渡期长达50～70年，而我国仅有30年的时间；从温室气体减排量而言，近年我国年碳排放量占全球30%左右，超过美国、欧盟、日本年碳排放量的总和，减排难度可想而知。

（2）发展与碳排放仍为强耦合关系

发达国家已完成工业化，处于后工业化时代，其经济增长与碳排放为弱耦合关系，而我国尚处于工业化发展阶段，经济发展与碳排放仍处于强耦合关系。

（3）能源电力领域控制碳排放任务艰巨

中国能源研究会2023年7月的《"双碳"战略背景下光储直柔与数字化》报告指出，我国二氧化碳排放量中，能源活动占比88%，能源活动中电力排放占能源活动的40%。对于完成我国双碳战略任务而言，能源行业是关键，电力行业是主力军。

（4）电力系统"双高"、"双峰"特征日益明显

随着能源电力低碳绿色转型的加快，电力系统正快速从常规电源（如煤电、气电等）、常规机电设备向高比例可再生能源、高比例电力电子设备过渡。风电和光伏发电等新能源自身具有高间歇性、波动性、弱转动惯量等特点，随着电力系统中风电、光伏等渗透率的提高，极易导致电力系统灵活性和可靠性降低，转动惯量持续下降，随机性调频、调压能力不足；同时国内的用电需求已呈现冬、夏"双峰"特征，峰谷差不断扩大。

综上可见，能源绿色低碳转型是"双碳"目标实现的核心和关键，构建满足可靠性、充裕性、韧性等多维需求的以新能源为主体的新型电力系统至关重要。

2. 能源转型概念、主要目标及关键方法

维基百科将"能源转型"（Energy Transition）定义为：能源转型是用低碳能源替代化石燃料的持续过程。通常而言，能源转型会带来能源系统在能源供应和能源消费方面的重大结构性变化。国际可再生能源署（International Renewable Energy Agency，IRENA）指出，能源转型是到21世纪后半叶全球能源部门实现从化石能源向零碳能源转型之路，其核心是需要减少与能源相关的二氧化碳排放，以遏制气候变化。国际能源署也指出，全球能源转型应

与世界气候目标相适应，全球能源部门应力争在 2050 年实现净零二氧化碳排放，这是一项艰巨的任务。

中国各关键时间节点的双碳主要目标如表 5.1 所列。其中，"十五五"末，非化石能源消费占比约 25%，单位 GDP 能耗下降 65% 以上，实现"碳达峰"；2060 年，非化石能源消费占比 80% 以上，单位 GDP 能耗达到国际先进水平，实现"碳中和"。

表 5.1 国家"碳达峰""碳中和"主要目标一览表

时间	非化石能源消费比重	单位 GDP 能耗	单位 GDP 二氧化碳排放	森林覆盖率	森林蓄积量/m^3
十四五（2025 年）	20% 左右	下降 13.5%（2020 年基线）	下降 18%（2020 年基线）	24.1%	180 亿
十五五（2030 年）	25% 左右	下降 65% 以上（2005 年基线）	2030 年前"碳达峰"	25% 左右	190 亿
2060 年	80% 以上	国际先进水平	"碳中和"		
全面建立：①绿色低碳循环发展的经济体系；②清洁低碳安全高效的能源体系					

实现"碳达峰""碳中和"主要节点目标，实现能源转型，全面建立清洁低碳、安全高效的能源体系，需遵循"四个革命、一个合作"的能源安全新战略，在能源转型的关键方法上（包括技术和经济）取得实质性的全面突破。

能源转型覆盖电力（包括发电、储电、电网、需求侧控制）、热力（制热、储热）、生物燃料（制取）、氢/氨（制取、储存、输送、使用）、合成碳氢化合物燃料（制取）、精炼等多个维度，相关的关键方法或技术有：

（1）可再生能源或低碳能源

如通过风力发电、光伏/光热发电、地热发电、生物质能发电、海洋能发电、水电或核电等高效、大规模应用，低碳、零碳电源逐渐取代化石燃料电源。用可再生的生物质（如生物质颗粒、沼气、生物甲烷、生物乙醇、生物柴油等）代替不可再生的燃料或原料。

（2）能效

国际上通常认为能效是满足人类需求的第一能源。通过能效提升（如提高建筑保温性能或废热回收利用等）可降低建筑物、工厂或基础设施的能源强度。

（3）电气化（电能替代）

大力提高工业、交通、建筑等用能终端的电气化水平，如到 2060 年，将电力占终端能源消费比重由当前 25% 提升到 75%。

（4）氢或其衍生品（如氨）

用绿氢（可再生能源制氢、生物制氢等）或蓝氢（化石燃料制氢+碳捕集封存）或绿氨（可再生及无碳制氨）等替代碳密集型燃料或原料，可为钢铁、水泥、重型交通等难以电气化的行业提供低碳、零碳解决方案。

（5）储能

储能是能源转型、新型电力系统构建的"瑞士军刀"，通过储能，其一可解决风/光等可再生能源的间歇性、不可调度性，增加其灵活性；其二可用于平抑电力系统功率波动、负荷削峰填谷、改善电力品质；其三是通过性价比、安全性等进一步提升，也可解决电能难以大规模存储的难题等。

（6）主要温室气体的捕集和储存或利用

捕集在过程或燃料消耗或泄漏中排放的 CO_2、CH_4 等主要温室气体，或直接从大气中捕集这些温室气体，并加以储存或利用，以达到温室气体的零排放，甚至负排放，如 CCS（碳捕集与封存）、CCUS（碳捕集、利用与封存）、BECCS（生物质能碳捕集与封存）、DAC（直接空气碳捕集）等。

此外，基于"富煤、贫油、少气"的化石能源资源禀赋和能源安全的考虑，在我国能源转型进程中不可能因循发达国家走过的"煤→石油或天然气"自然转型之路。因而在新型电力系统构建的早期和中期，煤基能源的低碳高效利用（如超临界二氧化碳循环煤电技术）仍是保障实现"碳达峰""碳中和"目标的关键所在。

5.3.2　数字化转型

1. 数字化转型概念

维基百科将"数字化转型"（Digital Transformation，DX）定义为：数字化转型是指组织采用数字技术，旨在提高效率、创造价值或创新。Gartner 将之定义为：数字化转型是利用数字技术来改变商业模式，并提供新的营收和价值创造机会，转向数字业务的过程。数字化转型可指从 IT（Information Technology，信息技术）现代化（如云计算）到数字优化，再到新型数字商业模式的发明等任何事物。国际电工委员会（International Electro Technical Commission，IEC）将之定义为：数字化转型是考虑到当前和未来的变迁，以战略和优先的方式，充分利用数字技术及其对社会各方面的加速影响之组合所带来的变化和机遇，对商业和组织活动、流程、能力和模式的深刻变革。

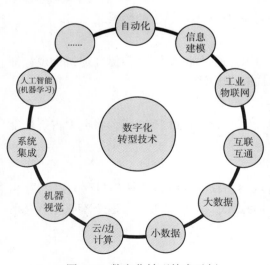

图 5.5　数字化转型技术示例

2. 数字化转型技术及方法

数字化转型技术种类繁多（如图 5.5 所示），常见的有机器人过程自动化、物联网、人工智能、云计算/边缘计算、IaaS（Infrastructure as a Service，基础设施即服务）、PaaS（Platform as a Service，平台即服务）、SaaS（Software as a Service，软件即服务）、EaaS（Equipment as a Service，设备即服务）、数据分析、网络安全、微服务、API（Application Programming Interface，应用程序编程接口）、VR（Virtual Reality，虚拟现实）或 AR（Augmented Reality，增强现实）等，此外，新兴的有新一代协作式机器人、生物机器、量子计算、神经元计算、生物计算、软件 2.0、Web3.0、低代码/无代码平台、零信任安全等，组织需在需求分析和风险分析的基础上，选择一种或多种技术或架构来进行数字化转型，继而带来生产方式，乃至生产力、生产关系及文化等方面的变革。

在工业中，数字化转型涉及新一代信息通信技术、运营技术、工程技术、制造技术、管理技术、人工智能技术等多技术的融合应用，需管理系统、人员系统和技术系统三端协同发力，企业才能形成数字化转型的蝶变：

（1）管理系统指管理资源的规范性结构、过程和系统。可采用如敏捷式、跨专业的矩阵式团队，动态看板和性能管理，数字转型工具等新的工具和过程。

（2）人员系统指单个人员或群体在工作场合感知、思考、行动的方式方法。在数字化转型中，重要的是使人员重新掌握新的数字技能，建立新的数字能力，如满足需求的数字知识、设计思维法（Design Thinking）、协同工作方法、敏捷工作方式、质量工程、DevOps 数字驱动创新等。

（3）技术系统指资产和资源通过组合、优化等来创造价值、最大化减小损耗的方式方法。如数字孪生、数字主线、动态过程优化、预测性维护和自动工作流等技术和工具。

5.4　"双碳"目标下我国的能源结构转型路径

5.4.1　供给侧的能源转型

全球能源转型的基本趋势表现如下。一是低碳化。在传统的化石能源中，天然气的使用在过去 20 年快速增长，作为一种低碳能源，在替代煤炭的过程中显著减少了二氧化碳排放。过去 10 年美国的碳排放大幅下降，其中最主要的贡献就来自页岩气对煤炭的替代。过去 10 年，风、光等可再生能源的成本快速下降，风电、光伏等新增装机快速增长，已经成为增长最快的能源品类，加速了能源系统低碳化转型的步伐。二是去中心化（分布式），以去中心化为特征的分布式能源正在成为传统集中式能源强有力的补充，改变了原来能源供应金字塔的主体结构。诸如冷热电多能互补系统、电动汽车、屋顶光伏、余热利用、生物质能源和多种消费侧储能等分布式能源，正在改变传统能源系统的价值链，也大大提升了可再生能源并入能源系统的比例。三是数字化。数字技术为能源系统的升级转型赋能，数字化降低了分散、小型化可再生能源的系统接入成本，也能够更加实时和智能地对变动性需求做出响应。数字化使供给侧和需求侧之间的界限变得模糊，一方面为"生产型消费者"的产生提供了条件，另一方面为更加广泛的需求侧响应创造了技术条件。

上述趋势直接导致能源供给侧面临着各方面的转型挑战，包括整体供给方式的转型、能源供给可持续的挑战、能源供给安全稳定问题出现以及能源供给市场的协调。

1. 供给侧能源转型路径

在供给侧，"碳中和"愿景下的能源系统绿色低碳转型，需要加快调整一次能源结构，大幅度提升非化石能源消费比重。一方面，可再生能源将逐步替代化石能源，可再生能源等清洁能源在一次能源供给和消费中将占更大份额，煤炭等化石能源的消费量将受到控制而逐步减少。另一方面，化石能源的利用方式也会趋于清洁高效，通过电能转化的比重将逐步提高。推动能源转型，建设清洁低碳、安全高效现代能源体系的核心是实现最大限度开发利用可再生能源和最大程度提高能源综合利用效率两大关键目标。

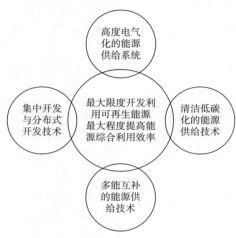

图 5.6　能源供给侧转型路径

如图 5.6 所示，为实现上述两大关键目标，能源供给方式需要逐步转型，首先，能源供给系统将转变为高度电气化；其次，清洁低碳化的能源供给技术势必成为重要突破方向；再次，能源供给方式不再受限于单一能源领域，多能互补成为低碳化的重要手段；最后，能源转型的去中心化也体现在能源供给方面。

（1）高度电气化的能源供给系统

在能源供给侧，不论是可再生能源逐步替代化石能源，还是化石能源的清洁高效利用，都推动着能源供给系统逐步变为高度电气化。近年来，可再生能源在全球能源供给消费中的比重不断提升。据国际能源署统计，2022 年，全球有 60 多个国家超过 10% 的发电量由可再生能源提供。全球可再生能源发电装机容量达 33.72 亿 kW。新增装机容量达 2.95 亿 kW，占新增总装机容量的比重达到 83%，增长率 9.6%。可再生能源占去年新增发电量的 83%。2022 年，太阳能继续引领装机扩张，大幅增长 192GW，增长率 22%，其次是风能，增长 75GW，增长率 9%。可再生水电容量增加了 21GW，增长率 2%，生物能源容量增加了 8GW，增长率 5%，地热能增长了 181MW。太阳能和风能加起来占 2022 年所有可再生能源净新增量的 90%。风电在一些地区已经逐步成为最主要的增量能源，太阳能发电在一些地区已成为最具竞争力的电源，新能源革命已经成为全球潮流。

电气化水平在能源供给侧主要体现为一次能源通过电能转化的比重，即一次能源用于发电的比重，在消费侧主要体现为电能占终端能源消费的比重。2020 年，我国煤炭用于发电的比重为 52% 左右，而在美国等发达国家煤炭用于发电的比重超过 90%；我国天然气用于发电的比重为 14% 左右，而世界平均水平为 30% 左右。

（2）清洁低碳化的能源供给技术

低碳清洁的能源供给技术是能源供给系统的最主要特征。应大力发展煤炭清洁高效灵活智能发电技术、先进风电技术、太阳能利用技术、负碳生物质技术、氢能技术以及核能技术等。以风电、太阳能为代表的非碳基能源将持续快速发展，生物质能是目前已知有望实现负碳的能源供给技术，氢能技术有望与电力并重成为世界能源科技战略竞争焦点之一，核能发电技术则是保障能源安全的战略性技术。

（3）多能互补的能源供给技术

多能互补技术是在传统能源供给上进行的拓展，由于传统能源具有一定的局限性，并且化石能源对环境污染巨大，而多能互补系统使得分布式能源的应用可以由点扩展成面，且多能互补都采用清洁能源，对环境的污染几乎为零。多能互补能源系统利用大型综合能源基地的风能、太阳能、水能、煤炭、天然气等多种能源进行相互补充组合，可以合理地利用资源，构成一个能源的互联网，可以根据各地区的能源使用情况进行合理分配，并统筹安排好各种能源的相互转换与配合，从而缓解个别地区能源需求紧缺的这一现状。多能互补技术包括"火电-风（光）电"互补、"水电-风（光）电"互补等。

（4）集中开发与分布式开发技术

新型能源系统最重要的特征是低碳，主要由风电、光伏等间歇性可再生能源组成，这将与传统化石能源构成的能源系统有很大不同。一方面由于风电和光伏的发电特性受天气影响较大，系统灵活性变得更加重要，这是因为供给侧与需求侧的不确定性都大幅提升了。另一方面与传统的以集中式供能方式为主不同，分布式能源将快速增长并逐渐占据主体地位，包括屋顶光伏、渔光互补及海水淡化装置供电等技术。当然，集中式功能也在许多新的场景下起到至关重要的作用，主要应用场景包括荒漠或戈壁光伏电站、海上或陆上风电站、废弃矿区光伏电站。

2. 供给侧能源转型与系统安全

能源供给系统的高度电气化在推进低碳目标的同时，大量新能源的融入也将传统电力系统转变为新型电力系统。新能源出力的随机波动性将导致系统的运行点快速变化，基于特定平衡点得到的传统 Lyapunov 稳定性分析理论将不再适用。新能源发电与传统机组的同步机制及动态特性，使得经典暂态功角稳定性的定义不再适用。高比例的电力电子设备导致系统动态呈现多时间尺度交织、控制策略主导、切换性与离散性显著等特征，使得对应的过渡过程分析理论、与非工频稳定性分析相协调的基础理论亟待完善。

随着新能源大量替代常规电源，维持交流电力系统安全稳定的根本要素被削弱，传统的交流电网稳定问题加剧。例如，旋转设备被静止设备替代，系统惯量不再随规模增长甚至呈下降趋势，电网频率控制更加困难；电压调节能力下降，高比例新能源接入地区的电压控制困难，高比例受电地区的动态无功支撑能力不足；电力电子设备的电磁暂态过程对同步电机转子运动产生深刻影响，功角稳定问题更为复杂。

新能源机组具有电力电子设备普遍存在的脆弱性，面对频率、电压波动容易脱网，故障演变过程更显复杂，与进一步扩大的远距离输电规模相叠加，导致大面积停电的风险增加；同步电源占比下降、电力电子设备支撑能力不足导致宽频振荡等新形态稳定问题，电力系统呈现多失稳模式耦合的复杂特性。远期来看，更高比例的新能源甚至全电力电子系统将伴生全新的稳定问题。

对此，应当遵循交流电力系统的基本原理和技术规律，探索新的手段、加速措施布局，确保系统运行时的充足惯量常数，保障新能源电力系统的调节能力、支撑能力，实现系统安全稳定运行。一是开展火电、水电机组调相功能改造，鼓励退役火电改调相机运行，提高资产利用效率；二是在新能源场站、汇集站配置分布式调相机，在高比例受电、直流送受端、新能源基地等地区配置大型调相机，保障系统的动态无功支撑能力，确保新能源多场站短路比水平满足运行要求；三是要求新能源作为主体电源承担主体安全责任，通过技术进步来增强主动支撑能力。

3. 供给侧能源转型与可持续发展

传统能源在生产和利用过程中排放了大量的二氧化碳及污染物，引发了全球变暖的气候问题、空气污染问题。粗放型的经济增长方式带来了较为严重的环境问题，以及不断增加的社会治理成本。在"碳中和"背景下，能源供给必须高度关注环境与可持续发展。应推进能源清洁高效利用，维护能源安全，保障发展的可持续性。推动建立基于能源利用效率、全生命周期成本及能值可持续指数三个维度的综合评价体系，实现对新型能源供给系统可持续性进行分析。通过推进可再生能源的发展促使新能源系统的发展，表现出较高的可持续发展力。不断加大能源的可持续发展，可推进我国能源可持续发展的政策选择。

在能源供给可持续发展的转型下，应加大国内能源尤其是可再生能源的生产开发力度，建立能源供给新格局，坚定不移地推进我国能源可持续安全，持续降低能源及矿产的对外依赖度。要实现能源供给的可持续性，首先，加快推进清洁煤炭的开发和利用，大力发展煤基替代、生物质替代技术，发展石油替代技术；其次，加大可再生能源的投入和供应，实现风能、太阳能和地热能等清洁能源供给规模化，由可替代能源的开发利用带动整体能源变革。

随着风电的大力发展，目前大量正在使用的风电机组将要面临退役，且风电装机数量逐年剧增，须深入研究风电机组叶片回收技术，研发高值化回收再利用技术。同时，也应针对风电机组叶片生产过程、材料使用、回收应用等环节不断推陈出新，加快风电机组叶片制造走向可持续发展。在风电机组叶片制造时，应减少高能耗材料（如玻璃纤维、碳纤维和热固性树脂）的使用，让天然纤维材料、可回收复合材料与风能有机结合，顺应能源供给可持续发展方向，具有很高的生态效益和经济效益，使风电产业更加绿色。

伴随着太阳能光伏发电产业的突飞猛进，光伏组件的报废量也急剧增加。光伏组件的回收再利用可以避免污染，并且可以使稀有金属重新用于组件制造，使光伏产业成为双效绿色产业。废弃光伏组件经过合理的回收利用，可重新进入生产流通环节，再次发挥作用，推进太阳能发电的可持续性。

4. 供给侧能源转型与市场协调

随着同时参与多个能源市场的市场主体逐渐增多，能源市场间的交互影响越来越显著。不同类型能源市场基础条件不同，主要体现为交易时间尺度、交易空间尺度、市场流动性方面的差别。在交易时间尺度方面，电力市场包含成熟的中长期、日前、实时平衡市场，近年来还引入了日内交易。新能源电力系统势必会接入更多的可再生能源，也必将增加对各能源市场短期灵活交易的需求，因此，须考虑当前市场基础条件，设计针对不同时间尺度交易下各能源市场的协调机制。在交易空间尺度方面，由于各省、各区域能源供给模式及容量的不同，多能源供给市场的协调机制也需要考虑不同空间尺度的能源交易。在市场流动性方面，电力市场发展较为成熟，中长期、日前、实时平衡市场均有较强的流动性，各能源市场流动性的差异可能降低市场效率。市场流动性的差别会影响市场主体行为和市场出清结果，可能削弱多能源系统协同运行的效益。各类能源之间存在互补性和替代性，可以实现灵活的能源供给，在更大的范围内优化配置资源、消纳可再生能源，因此，可在电源侧推进西、北部地区大型新能源基地建设，因地制宜发展东、中部地区的分布式电源，推动海上风电逐步向远海拓展。在新能源电力系统中，风光等新能源出力波动性为电力系统的供需平衡带来挑战，迫切需要扩大可再生能源跨省区市场交易规模、统筹推进电力现货市场，以及辅助服务补偿(市场)机制建设，促进清洁能源更大范围消纳。建设可再生能源跨省区现货交易市场，建立辅助服务补偿机制与分摊机制，逐步实现调频、备用等辅助服务补偿机制市场化。

5.4.2 消费侧的能源转型

1. 消费侧能源转型路径

能源活动是二氧化碳排放的主要来源，能源领域碳排放控制是实现"碳达峰""碳中和"目标的最主要领域。要实现"双碳"目标，能源供给侧与消费侧结构调整均十分重要。推进能源绿色低碳转型道阻且长，能源结构亟待调整。

（1）完善配套支持政策措施

我国能源供给侧已经为消费侧低碳转型创造了条件，能源消费侧市场的竞争性条件日趋成熟，市场主体有了更多的自主性选择，但也不同程度地存在市场规则不完善、市场垄断、监管不到位等问题，影响着能源消费侧低碳转型。

政府部门应根据能源替代潜力与空间、节能环保效益、财政支持能力、体制和市场等因素，完善能源消费侧清洁低碳转型配套政策措施。在总结之前工作的基础上，严格落实能耗"双控"制度，制订精准的清洁能源替代政策措施，特别是在更新、改造设备上要给予财政专项经费支持，在替代目标与时间上要予以明确，在替代工作落实上要严格考核。

（2）坚持效率优先、合理替代

电能是清洁的二次能源，但目前主要是一次能源转换而来，全社会用电量约62%来自煤电，从全产业链看，消费侧电能替代的碳排放量大于天然气。

电能替代的前提条件是电力过剩或可再生能源消纳困难。无论是从能源效率，还是从能源经济性与低碳性看，均应当坚持效率优先、梯级利用的原则，不能"高能低用"。用电供热是典型的高能低用，与天然气分布式能源相比，其效率极为低下。用电供热应是不得已而为之，作为热电联产的补充，用于供热管道到不了的地区，但不能以电取代热电联产(包括自备电厂)供热。

分布式天然气电站多联供是能源消费侧转型最有效的技术方式之一，其发展缓慢，除价格因素外，电网接入也是重要因素。

在低温情况下(如小于0℃)，现有电池充放电能力会降低，当气温低于-20℃时，电池基本不能放电或放电较浅，因此，当冬季气温低于零度或更低时，纯电动汽车在行驶性能上难以与燃油车相比，东北和西北等地区发展电动汽车时应因地制宜。

热泵的性能系数(Coefficient of Performance，COP)随着热区和冷区之间的温差增大而降低，当外部温度下降时，热泵的热效率会显著降低。当外部温度下降足够大，使得COP约等于1时，电阻加热器变得更为实用。清洁取暖的技术方式也要因地制宜。

总之，电能应当用到其他能源无法替代、电能可以产生高经济价值的地方。就当前来说，我国能源消费侧应当坚持宜气则气、宜电则电、以气为先的原则，实施合理替代，而不能错位替代、低效替代。

（3）加大天然气替代煤炭、石油

天然气燃烧的碳排放是煤炭的50%左右，也低于石油制品燃烧的碳排放，是矿物能源中最低碳、清洁，而且利用效率最高的能源。我国《能源发展"十三五"规划》指出，经济合作与发展组织（Organization for Economic Co-operation and Development，OECD）成员国天然气消费比重已经超过30%。2019年我国天然气表观消费量3067亿 m^3，在一次能源消费结构中占比8.4%。可见我国天然气消费仍处于较低水平。

随着我国液化天然气接收能力扩大，加之国内天然气开发力度增大，天然气产量也将快速提升，"十四五"末期，天然气供给能力将达1万亿 m^3 以上。随着我国天然气开发、储运能力持续提升，市场化改革进程不断深入，天然气价格将逐步降低，为提升天然气消费创造了条件。天然气替代煤炭、石油是最现实、可行的低碳措施选项，其中，在供热、交通领域以天然气替代煤炭、石油制品为最优。"十四五"应着力发展天然气发电供热机组，提高现役天然气机组发电利用小时数；着力在交通领域（汽车、船舶）以天然气替代石油；在城市能源系统中提高天然气消费比例，以加快实现能源消费侧结构低碳化转型。

（4）加快推进碳市场建设

碳交易制度设定的排放目标将明确环境资源容量的有限性和稀缺性，通过碳市场交易进行碳定价，使气候变化成本内部化，激励企业开发和应用低成本治理技术的积极性，增强企业消费侧消费低碳能源的动力，实现企业节能减排。但我国碳排放权交易试点已近十年，总体上市场推进不如预期，在实际碳排放控制中的作用较为有限。尽管发挥碳交易市场作用的过程中部分企业的生产成本会受影响，煤电企业和高能耗企业首当其冲，但从促进能源消费侧低碳转型、实现"30碳达峰；60碳中和"目标大局看，这是最有效，也是必需的不二举措。

（5）加强政府监管

在能源消费侧低碳转型中，一方面要通过市场化竞争使消费者能获得合理价格的低碳能源商品和服务；另一方面，更需要政府加强对能源企业的生产成本、交易价格及服务行为进行监管（包括外部成本内部化监管），防止企业处于垄断优势、消极提供低碳能源商品，以加快推动能源消费侧低碳转型和维护消费者合法权益。

2. 消费侧能源转型的意义

我国能源供给侧结构已经并将继续发生深刻变化，无论是可再生能源还是天然气的快速发展，均展现了能源供给结构转型的丰硕成果与强劲发展动力。但是，目前能源消费侧结构调整，实现低碳转型，还存在不少值得关注的问题。在能源低碳转型的关键时期，应当主动谋划对策、措施，在推进能源供给侧结构转型的同时，脚踏实地地推动能源消费侧结构转型，助力"双碳"目标实现。

（1）能源消费侧转型是应对能源供需新形势的必然要求

全球能源市场震荡加剧，供需不稳定、不确定性因素增加。我国能源供需形势也呈现新的特征，一是用能市场规模扩大，能源、电力消费高位增长；二是能源消费结构加速调整，清洁能源消费占比不断提高，能源系统波动性上升；三是用能峰谷差拉大，尖峰负荷攀升，时段性、局地性供需缺口时现；四是电动汽车、数据中心、新型储能等新的需求元素不断涌现，综合、优质、个性化用能需求增加。在这一背景下，亟须更好地发挥能源需求侧的管理作用，对能源消费进行科学合理的引导和调节，与供应侧协调配合，以更好地应对能源供需新形势，维护能源系统安全稳定运行。

（2）能源需求侧管理是推进能源绿色低碳发展的重要抓手

在我国能源发展的不同阶段，供需总量平衡、结构匹配及其与经济社会、生态环境等的关系呈现出不同特点。能源需求侧管理是能源消费革命的重要组成，是全面推进能源消费方式变革，全方位推进"四个革命、一个合作"能源安全新战略走深走实的重要路径。进入新发展阶段，能源领域的碳减排和清洁低碳、安全高效的现代能源体系建设，在坚持以供给侧结构性改革为主线的同时，需要推动需求侧管理与供给侧改革有效协同。能源需求侧管理一方面通过优化能源消费结构和用能方式，完善能源消费总量和强度控制，有效实现节能降耗，减少能源消费环节产生的碳排放；另一方面，通过削峰、移峰、填谷等方式，有效挖掘需求侧资源潜力，提升系统的灵活性和韧性，在保障系统安全的同时助力风、光等新能源消纳，助力能源系统绿色低碳转型。

3. 消费侧能源转型政策体系与发展趋势分析

消费侧是能源领域重要环节，能源消费革命是实现"双碳"目标最重要的原动力之一。促进需求侧管理，促进重点用能领域节能增效，倡导崇尚绿色节约的消费文化，培养用户节约用能意识和习惯，吸引各类用户积极参与"双碳"活动，并确保"双碳"工作成果最终由人民分享，就是坚持以人民为中心发展能源、推进"双碳"工作的核心要义。近年来，在能源消费方面，推进各重点领域节能、增加新能源使用、创新绿色用能场景将成为能源消费侧的重点工作。

（1）提高可再生能源利用比例成为能源消费侧重点任务

2021年2月，国务院公布《关于加快建立健全绿色低碳循环发展经济体系的指导意见》，提出：推动能源体系绿色低碳转型。坚持节能优先，完善能源消费总量和强度双控制度；提升可再生能源利用比例，大力推动风电、光伏发电发展，因地制宜发展水能、地热能、海洋能、氢能、生物质能、光热发电。

2023年8月4日，国家发展改革委办公厅、国家能源局综合司印发《关于2023年可再生能源电力消纳责任权重及有关事项的通知》，规定2023年可再生能源电力消纳责任权重为约束性指标，各省（自治区、直辖市）按此进行考核评估；2024年权重为预期性指标，各省（自治区、直辖市）按此开展项目储备。国家发展改革委、国家能源局将组织电规总院、水电总院、国家发展改革委能源研究所等单位按月跟踪监测各省级行政区域可再生能源电力建设进展及消纳利用水平，按年度通报各省级行政区域消纳责任权重完成情况。

（2）加强重点行业领域节能提效和绿色低碳转型发展

2021年3月，中央财经委员会第九次会议指出，实施重点行业领域减污降碳行动，工业领域要推进绿色制造，建筑领域要提升节能标准，交通领域要加快形成绿色低碳运输方式，新型基础设施领域要加强利用新型基础设施实现节能降碳并优化新型基础设施本身的用能结构。

① 工业领域

2021 年 10 月，国家发展改革委等部门联合印发《关于严格能效约束推动重点领域节能降碳的若干意见》，提出：到 2025 年，通过严格实施分类管理、稳妥推动改造升级和加强数据中心绿色高质量发展等行动，确保钢铁、电解铝、水泥、平板玻璃、炼油、乙烯、合成氨、电石等重点行业和数据中心达到标杆水平的产能比例超过 30%。

2021 年 11 月，国家发展改革委等部门联合发布《高耗能行业重点领域能效标杆水平和基准水平（2021 年版）》，要求加强绿色低碳工艺技术装备推广应用。对需开展技术改造的项目，各地要明确改造升级和淘汰时限（一般不超过 3 年）以及年度改造淘汰计划，在规定时限内将能效改造升级到基准水平上，力争达到能效标杆水平；对于不能按期改造完毕的项目进行淘汰。

② 建筑领域

2022 年 2 月，国家发展改革委和国家能源局印发《关于完善能源绿色低碳转型体制机制和政策措施的意见》，提出：完善建筑可再生能源应用标准，鼓励光伏建筑一体化应用，支持利用太阳能、地热能和生物质能等建设可再生能源建筑供能系统。

2022 年 3 月，住房和城乡建设部印发《"十四五"建筑节能与绿色建筑发展规划》明确，到 2025 年，城镇新建建筑全面建成绿色建筑，建筑能源利用效率稳步提升；全国新增建筑太阳能光伏装机容量 0.5 亿 kW 以上，地热能建筑应用面积 1 亿 m² 以上，城镇建筑可再生能源替代率达到 8%，建筑能耗中电力消费比例超过 55% 等。

③ 交通运输领域

2022 年 1 月，国务院印发《"十四五"现代综合交通运输体系发展规划》明确提出，到 2025 年，综合交通运输基本实现一体化融合发展，智能化、绿色化取得实质性突破；城市新能源公交车辆占比达到 72%，较 2020 年增长 5.8 个百分点；重点推进交通枢纽场站、停车设施、公路服务区等区域充电设施设备建设，鼓励在交通枢纽场站以及公路、铁路等沿线合理布局光伏发电及储能设施。

④ 新型基础设施领域

新型基础设施用电量大，成为新的能耗管理重点之一。近年来，国家围绕数据中心用能出台了一系列政策要求。

2021 年 10 月，国家发展改革委等部门印发《关于严格能效约束推动重点领域节能降碳的若干意见》，提出：加强数据中心绿色高质量发展，鼓励重点行业利用绿色数据中心等新型基础设施实现节能降耗，新建大型、超大型数据中心电能利用效率不超过 1.3，到 2025 年，数据中心电能利用效率普遍不超过 1.5 等要求。

2021 年 10 月，国务院印发《2030 年前碳达峰行动方案》，提出：加强新型基础设施节能降碳，优化新型基础设施用能结构，采用直流供电、分布式储能、"光伏+储能"等模式，探索多样化能源供应，提高非化石能源消费比重等。

2021 年 12 月，国家发展改革委等部门同意贵州、甘肃、内蒙古和宁夏启动建设全国一体化算力网络国家枢纽节点，要求建设内容涵盖绿色低碳数据中心，数据中心电能利用效率控制在 1.2 以下，可再生能源使用率显著提升。2022 年 2 月，国家发展改革委等部门同意京津冀地区、长三角地区、成渝地区和粤港澳大湾区启动建设全国一体化算力网络国家枢纽节点，要求建设内容涵盖绿色低碳数据中心，数据中心电能利用效率指标控制在 1.25 以内，可再生能源使用率显著提升。

（3）重视结合具体场景推进用能绿色转型

2021 年 10 月，国家发展改革委等部门出台《关于严格能效约束推动重点领域节能降碳的若干意见》，提出：对能耗较大的新兴产业要支持引导企业应用绿色技术、提高能效水平；加强数据中心绿色高质量发展；根据实际需要，扩大绿色电价覆盖行业范围，加快相关行业改造升级步伐，提升行业能效水平等要求。

2022 年 1 月，国务院印发《"十四五"数字经济发展规划》，提出：按照绿色、低碳、集约、高效的原则，持续推进绿色数字中心建设，加快推进数据中心节能改造，持续提升数据中心可再生能源利用水平。

2022 年 1 月，国务院印发《"十四五"节能减排综合工作方案》，明确提出：鼓励工业企业、园区优先利用可再生能源；积极推进既有建筑节能改造、建筑光伏一体化建设。

2022 年 2 月，国家发展改革委和国家能源局印发的《关于完善能源绿色低碳转型体制机制和政策措施的意见》提出，鼓励通过创新电力输送及运行方式实现可再生能源电力项目就近向产业园区或企业供电；鼓励各地区建设多能互补、就近平衡、以清洁低碳能源为主体的新型能源系统；大力推进高比例容纳分布式新能源电力的智能配电网建设，鼓励建设源网荷储一体化、多能互补的智慧能源系统和微电网。

（4）能耗控制方面，建立能耗豁免机制，加快由能耗双控向碳双控转变

2021 年 9 月，国家发展改革委印发《完善能源消费强度和总量双控制度方案》，鼓励地方增加可再生能源消费，根据各省（自治区、直辖市）可再生能源电力消纳和绿色电力证书交易等情况，对超额完成激励性可再生能源电力消纳责任权重的地区，超出最低可再生能源电力消纳责任权重的消纳量不纳入该地区年度和五年规划当期能源消费总量考核。

2021 年 12 月召开的中央经济工作会议认为，要科学考核，新增可再生能源和原料用能不纳入能源消费总量控制（以下简称"能耗豁免"），创造条件尽早实现能耗"双控"向碳排放总量和强度"双控"转变等。

2022 年 1 至 2 月，中央国家部委发布了《"十四五"节能减排综合工作方案》《关于印发促进工业经济平稳增长的若干政策的通知》《促进绿色消费实施方案》等文件，都再次强调"十四五"时期认真落实"能耗豁免"政策。

4. 消费侧能源转型重点

（1）深刻理解发展与减排的关系，将减排外部约束转化为发展的内生动力

减排就是划定发展的边界。正确处理发展与减排的关系至少分为两个层次。

首先，正确处理发展与能耗的关系。发展突出以供给侧结构性改革为主线，优化产业

结构；能耗方面就是强调节能优先、能效为重，大力实施科技创新与管理创新，提升产业用能水平，挤出不合理用能，特别是要挤出存量用能的不合理部分，加强能效提升改造、绿色工艺改造，尽力实现控规模与调结构同步发展。

其次，正确处理传统能源与新能源的关系。从用能方面看，正确处理传统能源与新能源关系的突破口在于产业的新增用能。坚持对标国际领先能效标准，在关键行业与领域突出强制性标准或要求的作用，从规划设计、施工运行各环节、各阶段都充分体现提高可再生能源使用率的要求，彻底改变对传统能源的依赖和使用。

（2）我国"双高"行业用能高占比情况还将长期存在，能效控制是关键

工业领域是我国能源电力最大消费者，也是我国"双碳"工作的重点领域。2023年，我国工业领域（第二产业）用电量占全社会用电量的66.01%，同比增长1.2%；我国制造业稳步推进"高端化"，新能源产品引领"绿色化"；中国电力企业联合会有关负责人介绍，2023年，高技术及装备制造业用电量同比增长11.3%，增速领先于制造业整体水平3.9个百分点。工业领域能耗控制如何，将直接关系到我国"双碳"目标能否如期实现。同时必须认识到，我国的产业结构现状以及在全球产业链、供应链中的分工，决定了我国高耗能、高排放行业在用能用电中占比还将较长时期保持高位，降低单位产品能耗、挤出不合理用能的工作任重道远。工业能耗双控与工业发展，乃至国民经济发展息息相关。

（3）能耗豁免政策实现能耗弹性管理，加快从能耗双控向碳排放双控转型

一是该政策增加了我国能耗双控的弹性与灵活性，将增量用能与清洁能源替代紧密结合，将"约束用能"转化为"鼓励用绿能"，促进"能耗双控"转化为"碳排放双控"。这对各地处理好发展与减排，特别是高耗能产业布局等问题将有重大现实指导意义。

二是能耗豁免政策会激发更多的用户参与到用绿电或实现用电绿色化之中。用户可通过挖掘"自己身边"的绿色能源潜力、购买绿色电力或是绿色证书等方式实现用能的绿色化，提升绿色能源消费积极性，做大碳排放权交易市场与绿色电力交易、绿证交易市场规模，增加市场活力。

但是，还需要材料用能与燃料用能之间的市场竞争关系和外溢影响。在产能一定的情况下，这两类用能是此消彼长的竞争关系，经过一定时期过渡后，需要统筹考虑材料用能与燃料用能之间的关系。

（4）重视交通运输、建筑和新型基础设施领域的用能转型

交通运输领域用能转型以电气化和绿色低碳化为主线，至少包含两层内容：第一层是道路、服务区和辅助设施等用能用电要多用绿能绿电，以及建立以节能和能效为基础的用能用电管理系统；第二层是运输工具和代步工具的电气化，减少化石油品的使用，减少直接排放，建立电动汽车与电网之间的协同互动，提高经济、环境和社会效益。

建筑领域用能转型以节能能效、绿色低碳化为主线，至少包含以下内容：一是重视现有建筑的节能改造，特别是墙体保温与门窗密封性改造等；二是重视建筑内暖通、照明等系统的精细化、数字化、智能化控制，首先发挥数据分析、算法优化和流程完善的作用；三是结合各地区气候和建筑用能特点，提倡自然能，宜电则电，绿电优先，制定和完善建

筑用能标准等。

新型基础设施用能方面，应该重视以下方面：一是根据对数据分析计算时限的不同要求，将数据中心集聚于可再生能源丰富、能源开发使用成本较低的地区；二是重视新型基础设施(包括数据中心、基站等)布局与分布式能源、配变电规划的协调性，尽量避免"一对一"的供能形式，鼓励"一对多"、"多对多"的供能形式；三是加强新型基础设施用能标准体系建设，将其能效、绿能使用与市场准入和信用相关联。

统筹能源消费侧资源，通过政策、市场、技术多种手段，使其由分散、混乱、无序状态转型为具有规模化、可调节性、有序特征的灵活性资源，增加新能源消纳，加快实现能源消费与能源供给的高效联动协同，将是我国构建新型电力系统、现代能源体系的关键举措之一。

5.5 促进我国能源结构转型发展需处理的关键问题与措施建议

5.5.1 促进我国能源结构转型发展需处理的关键问题

1. 统筹好转型时期能源发展和安全的关系

能源安全是能源低碳转型发展的前提。随着能源低碳转型逐步推进，能源安全的内涵将发生显著变化，需要未雨绸缪，做好应对，更好地统筹转型时期能源发展和安全的关系。

从战略安全层面看，近中期传统化石能源战略安全风险不减，中长期新能源产业链供应链安全风险将愈发凸显。中国石油和天然气高度依赖进口，对外依存度已分别超过70%和40%，油气进口安全一直是中国能源战略安全问题的核心。从近中期看，受全球能源地缘政治格局复杂演变、化石能源生产企业投资不足等影响，化石能源战略安全存在巨大的不确定性。从中长期看，随着能源低碳转型加速，石油和天然气消费将逐步达峰，传统化石能源战略安全问题将逐步缓解；尽管新能源电力开发利用多为本地化，但产业链供应链是全球性的，其安全风险将不断加大。2021年5月，国际能源署在《2050年净零排放：全球能源行业路线图》中指出，在净零路径中铜、钴、锰和各种稀土等关键矿物的总市场规模将在2020年至2030年期间增加近6倍，能源安全焦点将发生转变，需要建立新的国际机制，确保关键矿物的生产可持续性和供应及时性。可再生能源、储能、电动汽车等领域正成为国际产业竞争以及大国博弈的热点。2021年4月，美国国务卿布林肯在演讲时公开宣称，"如果我们不能领导可再生能源革命，美国恐怕不能在和中国的长期战略竞争中获胜"。维护新能源产业链供应链安全，避免关键领域"卡脖子"，提升技术装备国际竞争力，将逐步成为中国能源战略安全保障的关键。

从运行安全层面看，保障电力和天然气等清洁低碳能源持续稳定供应正面临越来越大的挑战。"十三五"期间，在大气污染防治约束下，"煤改气"力度加大，但出现了冬季供应短缺局面，"以气定改"，在确保供应的基础上推动能源结构调整成为政策基调。风电、光伏发电波动性，间歇性、随机性特征突出，与天然气相比，存储难度更大，调节空间更小。随着风电、光伏发电装机规模快速增加，大面积出力受阻后将对电力系统安全运行构成严峻挑战。再者，居民生活用电、用气占全社会用电、用气量比重已分别增至 15%、17% 左右。而且，居民对电、气等能源供应的连续保障预期也不断提高，特别是取暖用能需求不可中断、刚性更强，若叠加极端天气影响，保障难度更大。因此，健全产供储销体系，补足储备调峰能力短板，对于维护能源系统运行安全尤为重要。

2. 妥善解决化石能源有序退出问题

化石能源基础设施运行周期长，一旦投入将在很长时间发挥作用，如不能合理规划退出路径，有序减少化石能源开发利用，将带来巨大搁浅成本和区域经济代价。

（1）化石能源基础设施必须从全生命周期进行优化布局，以避免潜在的大规模资产搁浅成本。中国已建成全球规模最大的化石能源基础设施体系，在"碳达峰"阶段对化石能源需求还将增加，基础设施也将继续扩大规模。在"碳中和"目标约束下，大量能源基础设施应在这一时期退出服役，资产搁浅成本不能忽视。李政、陈思源、董文娟等以煤电机组为例，分析了其提前退役导致的资产搁浅风险，认为在 2℃ 情景下，中国煤电资产搁浅总成本高达 1500 亿元左右，1.5℃ 情景下甚至超过 6500 亿元。这就要求紧紧围绕"碳中和"目标，从全生命周期角度统筹谋划好化石能源基础设施投资建设、运行和退出的时间路径，让化石能源基础设施物尽其用。

（2）化石能源资源型地区转型之路更为漫长，经济、就业和城市转型压力较大。长期高强度化石能源开发已经塑造了大量资源型城市和经济体。例如，山西煤炭工业增加值长期占全省工业比重达 50% 以上；近年来陕西能源工业发展迅速，增加值占全省规模以上工业增加值比重达 50% 左右；宁夏煤炭、电力、化工等行业增加值占全区规模以上工业增加值的约 2/3。未来一段时期，中国化石能源需求仍将保持较大规模，而开发重心将进一步向西北地区聚集，其化石能源资源型经济将有所强化。同时，又需要使其在未来 30 年实现经济、就业和城市发展的转型。亟待加强能源产业政策和资源型城市转型政策统筹衔接，建立长效机制，更好地促进产-城-人共同转型发展。

3. 推动可再生能源低成本大规模开发利用

2010—2023 年，风电机组价格下降了约 50%，光伏组件价格下降了约 85%，有力推动了中国可再生能源电力大发展。风电、光伏发电已具备与常规火电竞争的优势，"十四五"，中国新增风电、光伏发电项目将全面步入无补贴"平价上网"时代。研究表明，未来可再生能源发电成本仍有较大下降潜力。尽管装备成本持续下降，但推动可再生能源低成本大规模开发利用，仍面临两大重要挑战。

（1）用地问题可能显著推高可再生能源的非技术性成本。未来中国风电、光伏发电装机规模均将由 2020 年的 2 亿多千瓦增至数十亿千瓦。测算表明，实现这些装机目标，将引致数万甚至数十万平方千米的土地需求。除沙漠戈壁荒漠外，现有国土空间规划尚没有明确新能源用地、用海专项规划，也未为新能源大规模开发预留足够空间，使得可再生能源项目用地、用海缺乏稳定性。在农地、草地、林地等建设可再生能源项目时，面临生态保护红线、耕地红线等约束，潜力难以有效发挥。

（2）当可再生能源成为主力电源后，电力电量平衡将面临系统成本上升的挑战。风电、光伏发电具有波动性、间歇性、随机性的特征，随着可再生能源成为主体，电力系统对灵活性调节资源的需求将更加迫切。火电灵活性调节技术、需求响应技术以及大规模储能技术应用，均将带来系统调节成本的增加。国际能源署和经济合作与发展组织核能署评估认为，随着可再生能源电量渗透率的提高，系统调节成本将成比例增加，而且该成本较大。国网能源研究院初步测算表明，当新能源电量渗透率超过15%以后，中国电力系统（调节）成本进入快速增长的临界点，2025年预计是2020年的2.3倍。

4. 构建适应能源供需格局变化的能源输配体系

我国能源生产和消费逆向分布特征明显，中东部地区能源消费量占全国比重超过70%，而重要能源基地主要分布在西部地区。为了保障地区间能源供需平衡，建设了大规模长距离输运基础设施，逐步形成了"西煤东调"、"北煤南运"、"西电东送"、"西气东输"的区域能源调配格局。未来，随着能源开发利用主力由化石能源逐步向非化石能源转变，能源供需格局不可避免将发生深刻调整，对能源输配体系带来深远影响。

（1）西部地区大规模集中式可再生能源发电基地建设，有可能引致能源电力供需格局的重大调整，大规模长距离能源输运体系需做出相应调整。风电、光伏发电的大规模建设，离不开西部地区集中式可再生电力基地的大发展。若要输送数亿千瓦乃至更多的电力，对长距离输电通道的需求将十分巨大，但目前输电通道已面临生态保护红线、城镇人口密集区、土地空间等约束。值得关注的是，西部地区正在利用清洁电力优势，吸引东部地区的高耗电产业转移。如果这一生产力格局调整趋势继续发展，未来长距离能源输送体系必须优化调整。这将是相互反馈、相互影响的过程，跨区域能源电力输运设施建设需与之更好匹配。

（2）分布式可再生电力大发展，带动了能源产消者等新形态的出现，对电网层级体系乃至功能定位提出了新的要求，应成为新型电力系统建设重点关注的内容。新型电力系统建设，既要在电源侧实现新能源发电对传统能源发电的替代，又要确保新能源及可再生能源平稳上网和有效利用，也对电网体系提出了新要求。截至2023年9月底，全国分布式光伏累计装机容量225.26GW，占光伏装机总量的43.29%。未来，分布式光伏发电、分散式风电将发挥更大的作用，特别是在广大中东部地区，建筑屋顶光伏、园区厂房光伏和分散式风电发展潜力很大。由于分布式可再生能源更贴近用户，甚至与用户一体，无论是自发自用还是隔墙售电，尽可能在配网侧实现区域电力电量平衡，成为降低供用电成本、更好推动其发展的重要途径。电网如何适应这一趋势要求，将是未来电网体系建设、电网功能重塑以及深化电力体制改革的重点所在。

5.5.2 促进我国能源结构转型发展的措施建议

1. 建立健全能源低碳转型的目标引导机制

过去十多年间，非化石能源开发利用的目标引导机制有力地推动了中国可再生能源以及清洁能源产业的发展。能源转型涉及能源系统的方方面面，亟待建立健全与之相适应的目标引导机制。一方面，应围绕"碳中和"长远目标要求，加快研究确立能源低碳转型的指标体系，明确各阶段性目标。同时，建立动态更新机制，不断优化和调整目标进度。另一方面，地方是发展非化石能源、逐步减少化石能源消费、推动能源低碳发展的主体，应加快建立地区目标责任制，推动全国目标更好落地，推动各地有序实现"碳达峰""碳中和"。

2. 建立全社会分工协作的低碳能源科技创新体系

国际能源署指出，到 2030 年前全球大部分二氧化碳减排量均可基于现有可用技术实现，但到 2050 年将近一半的减排量须来自目前仍处于演示或原型阶段的技术。这既要求各国加大清洁能源技术的研发、示范和应用方面的投入力度，同时又意味着相关技术和产业竞争将成为未来国际竞争的焦点。能源低碳技术创新将成为中国建设能源强国和创新型国家的一个重要制高点，必须组织全社会力量，加快建设基础研究、重大技术装备、重大示范工程、技术创新平台和技术产业培育于一体、全社会分工协作的低碳能源科技创新体系。一方面，加强政府投入，整合科研院所和高校力量，组建能源低碳技术国家实验室，聚集人才、培养人才，围绕能源低碳基础领域研究和共性关键技术加大研发，力争成为全球新型能源低碳技术的策源地。另一方面，充分发挥企业在技术创新应用的主力军作用，产学研相协同，围绕先进储能电池、氢能、CCUS、智能化数字化能源技术，依托工程试验示范项目，突破技术应用瓶颈，创造应用场景，打造切实满足市场需求、具有国际竞争力的产业链供应链。

3. 深化能源价格形成机制和市场体系改革

能源低碳转型需要供需两侧协同发力，价格机制是协调能源短期供需平衡和促进长期低碳转型的最有效手段，必须更好地发挥市场及价格机制的基础性作用。首先，积极推进能源外部性成本内部化，通过碳定价等手段，将煤炭、石油等能源生产和消费的外部性成本通过价格信号加以有效反映。其次，持续深化电价改革，健全适应新型电力系统的市场机制，包括分阶段分类型建立健全容量电价机制，加快出台煤电应急备用电源容量电价机制，完善需求侧资源市场化补偿定价机制，健全有利于可再生能源优先利用的绿电市场价格机制，建立新型储能价格机制；同时，建立电力灵活传导机制，完善差别电价、阶梯电价、惩罚性电价等政策，将供电成本的变化合理分担给用户。第三，深化全国统一能源市场建设，将支撑和促进能源低碳转型作为前置性要求，打破地区行政壁垒，让低碳能源开发和利用在全国范围内有效配置。第四，深化政府管理体制改革，强化监管职能，加强垄断环节价格成本监审，推动基础设施公平开放，让低碳能源更好地为市场主体接受和利用。

4. 建立促进能源低碳转型的协同推进机制

从国内看，能源低碳转型事关生态文明建设的方方面面，需要从生态文明建设的高度统筹推动能源低碳转型。应强化多规合一、协同推进，推进清洁低碳能源发展规划与国土空间、生态环境、城乡建设等规划相衔接，推进能源清洁低碳利用与产业转型升级、产业布局优化、区域协调发展等政策相协同。

从国际看，能源是全球性商品，能源国际合作是保障全球能源安全的重要内容，能源低碳转型事关全球应对气候变化，必须秉承人类命运共同体理念。在全球能源低碳技术研发中，坚持在竞争中合作，在合作中竞争，更好地发挥知识和技术的外溢性价值。在全球能源贸易和投资中，倡导统一清洁低碳能源技术标准，倡导消除清洁低碳能源投资壁垒，更好地使清洁低碳能源技术得到广泛应用。在全球能源治理体系中，推动能源低碳转型发展合作成为重要议题，发挥全球能源互联网合作组织亚洲基础设施投资银行等新型多边机构作用，与各国一起协同推进能源低碳转型。

5.6　新型能源体系建设

当前我国正在推动能源转型，这是一场"破"与"立"的演进过程。为了实现能源转型，必须建立新型能源体系，这是基本逻辑。

5.6.1　新型能源体系的内涵与特征

1. 新型能源体系的内涵

党的二十大报告第十篇章"推动绿色发展，促进人与自然和谐共生"中指出，加快规划建设新型能源体系是深入推进能源革命的具体举措之一，与煤炭、油气、水电、核电等一次能源生产相关举措并列，结合全文有关表述及英文原版报告翻译，此处语义应为加快新能源等新型能源开发利用体系建设，故可理解为"新型能源的体系"。结合能源系统特征，广义上新型能源体系可理解为"以新型能源为主体的新的能源体系"，它是我国全面建成社会主义现代化强国、实现第二个百年奋斗目标的重要组成，是"双碳"目标下对我国能源转型发展提出的新要求。因此，相比较于过去我国是以传统能源占据绝对主导地位，到目前阶段是传统能源占据主导地位、多种新型能源有序竞争、共同加快的能源体系，今后一段时期要建立新型能源体系，其应有如下要义。

（1）以安全发展为最基本前提

当前国际政治经济形势复杂多变，能源安全可靠供应是我国稳定经济增长、民生保障的基础。加快规划建设新型能源体系，必须要立足我国"富煤、贫油、少气"的能源资源禀赋现实国情，推动新型清洁能源快速发展，逐步降低能源对外依存度，将能源的饭碗端在自己手里，为能源强国奠定基础。

（2）以绿色低碳为最核心要求

坚持生态优先，推进化石能源向非化石能源的平稳更替，推进新型电力系统建设，增强能源弹性；坚持低碳减排，推动碳排放总量和强度"双控"，实施重点行业和居民生活的节能降碳行动，推进煤炭资源清洁高效利用，提升终端用能低碳化、电气化水平。

（3）以加快新型能源开发利用为最关键举措

面对电力供需曲线匹配难度大，系统稳定运行风险增加的局面，应加快新型能源的扩大利用，协同推进传统能源的优化利用，构建多元化清洁能源供应体系和多能互补综合利用模式，是对我国能源体系更加科学、客观、全面的整体谋划，是"碳达峰""碳中和"目标下能源、资源、环境、社会经济等系统深度耦合的关键举措。

（4）以融合发展为最主要方法

坚持系统观念，加强能源系统与互联网等技术深度融合，通过优势互补、提升能源系统的灵活性、适应性、智能化和运营管理水平，大幅降低碳排放量和化石能源消耗量，提高用能效率与经济性，提供安全可靠的绿色能源供应，促进绿色能源利用最大化，环境及社会效益显著。

2. 新型能源体系的特征

新型能源体系是在"双碳"总体目标下对现代能源体系的继承与延伸。现代能源体系建设是新型能源体系建设的阶段性任务，在现代能源体系向未来的演进过程中，新型能源体系的建设将围绕主体能源的变化，实现能源技术、市场、制度、治理的全面更新。在现代能源体系的基本特征之外，新型能源体系还将具备以下新特征。

（1）系统互联，多元融合

发挥传统能源和新型能源各自的禀赋和优势，通过多能互补集成优化形成稳定、可靠、安全的能源系统，突破行业产业界线，融合社会各领域，"能源+"模式不断丰富。

（2）供需互协，智能高效

能源生产侧和消费侧界限不再分明，传统的能源消费侧也能够生产能源，实现能源多边交易和双向流动。数字化信息化程度持续提升，信息技术、计算技术、传感技术、人工智能、互联网等高新技术深度应用，实现能源系统的动态平衡与高效运行。

（3）价值互促，灵活务实

形成开放友好的市场生态，能源的时空属性、环境价值、金融属性得以充分体现，行业壁垒逐步破除，不同主体相互配合，社会良性互动，新型能源得到充分利用，从物理层面的供需时空平衡逐步平稳升级到全社会效益最优的价值平衡。

需要强调的是，新型能源体系、现代能源体系和新型电力系统是能源和电力领域的3个重要概念，它们之间有密切的关系和互动。新型能源体系和现代能源体系相互补充、相互促进，在能源领域的转型过程中，新型能源体系可以逐渐替代现代能源体系，但两者之间也需要互动、交流和协调，以实现能源的可持续发展；新型能源体系和新型电力系统相互依存、相互促进，在新能源和新电力系统的发展过程中，需要从政策、技术等多个维度，协同发展，方能实现新型能源体系的高质量建设。

5.6.2　加快建设新型能源体系的思路与重点举措

1. 建设思路

基于新型能源体系内涵和特征，在"双碳"总体目标下，通过整体谋划、逐步实施，到2050年，我国将全面建成以新型能源为主体，以传统能源为支撑，以绿电、绿氢为主要利用形式的新型能源体系。届时，传统能源将由占据主导地位、决定性作用逐步过渡到主导地位、支撑性作用，最终演变成辅助地位、保障性作用；同时新型能源占比逐级提高，最终占据主体地位，并发挥决定性作用。其具体思路为以下 3 个方面。

（1）加快推动新型能源向主体能源演进

积极推进传统能源的新型利用，全面推动风光新能源的高比例消纳，加快新型能源产能建设，因地制宜、试点先行，培育各具特色的新型能源开发利用新模式。

（2）加快提升传统网输体系兼容开放程度

大力推动传统网输体系兼容新型能源，全面加快新型能源并网的标准化步伐和规模化应用，创新多式多能联运联储的新型能源储运体系，稳步推进多网融合集成发展。

（3）加快引导终端能源消费向电氢氨集聚

全面推动终端领域再电气化进程，积极推广氢能在主要终端领域的低碳化应用，建立完善"电-碳"衔接统一的市场体系，大力提升与新型能源系统相匹配的需求侧响应能力。

2. 重点举措

（1）构建清洁低碳的能源供应体系

持续加大力度规划建设以多能互补模式外送消纳，以源网荷储一体化模式绿色用能的能源基地。坚持以储保供、因需调峰原则，深度挖掘火电调峰能力，合理规划建设一批抽水蓄能与新型储能电站；积极推动核电先进试点示范和综合应用，打造一定规模的核电基地。因地制宜推动煤制氢、煤制气、LNG 冷能利用产业化发展，全面扩大地热能等非电新型能源直接综合利用规模，持续推进海洋能发电、新能源制氢与合成燃料利用。

（2）构建智能高效的能源传输网络

适度超前推动西电东送、北电南送、海电陆送、内电外送的大输电通道格局建设。推动电网主动适应大规模集中式新能源和量大面广的分布式能源发展，推动潮汐能、洋流能、温差能等海洋能发电并网的标准化建设与规模化应用。全面推进地热能送入城市供热管网，氢能注入天然气管网示范工程，因地制宜发展长距离管道输氢与公路运氢，重点攻关大规模储氢技术。稳步推进多网融合集成发展，积极布局油电氢气合建站、制氢加氢一体站，构建面向交通网的绿电绿氢一体化解决方案。

（3）构建绿色环保的能源消费体系

促进能源生产与消费在品位和时空域的精准匹配，积极推广地热能建筑一体化、光伏建筑一体化、新能源公路铁路一体化等发展模式。全面融入气化长江、氢化长江等重大发展战略，打造氢能与交通、工业、建筑融合的零碳解决方案。积极融入"东数西算"等重大新型基础设施建设布局，深入推进绿色数据中心、5G 通信基站等领域节能降耗与绿色供能。加强电力需求侧响应能力建设，积极支持用户侧储能多元化发展，鼓励电动汽车、不间断电源、用户侧储能等参与系统调峰调频，高比例释放用电负荷的弹性。

（4）构建统一开放的能源体制机制

通过市场化和政策引导方式，建立新型能源与传统能源、电网、储能、负荷的协同规划体系，促进新型能源与系统调节性资源和能源输送通道同步落实。推进源网荷储一体化调度与多能源联合调度机制建设,确保高比例新型能源系统安全可靠运行。建立适应新型能源的市场机制,鼓励分布式新型能源就近交易,支持储能设施、需求侧资源提供辅助服务,完善地热能、海洋能等新型能源价格形成机制,探索电力市场与碳市场、绿证市场协调发展模式,充分体现新型能源的价值属性。

5.6.3 我国新型能源体系建设路径与阶段性目标

结合我国发展实际,应分阶段规划建设新型能源体系。从需求端、生产端、供应端及治理端"四端"出发,以"两阶段"(2035年、2050年)发展目标,以及"碳中和"(2060年)作为三个关键节点,谋划构建新型能源体系的阶段性目标,逐步建成以新能源供应为主体、传统能源兜底保障的新型能源体系。其建设路径与阶段性目标如表5.2所示。

表 5.2 新型能源体系建设路径与阶段性目标

路径	当前—2035年	2035—2050年	2050—2060年
需求端	降低能源对外依存度;终端用能领域电气化水平不断提升;引导合理消费,需求侧响应灵活度提升,节能高效	具备独立自主的需求保障能力;终端用"能"向电、氢聚集;需求侧响应向灵活化、智能化变革	安全有力的需求保障体系;全社会各领域电、氢替代广泛普及;需求侧与能源系统高度互联互通
生产端	可再生能源、新型能源逐步成为能源生产增量主体;确保传统能源对能源安全的保障作用,并进行全方位优化利用	新型、可再生能源成为装机主体能源;传统能源支撑多能融合发展;配套大力发展安全高效低成本的氢能技术	多元化低碳能源生产体系,多能融合、多网融合集成发展;电能与氢能等二次能源深度耦合利用
供应端	调节能力、应急储备能力提升;能源供应类型不断丰富;与能源消费新模式相匹配的灵活智能供应方式进入发展期;常态和极端条件下国际合作稳定性增强	现代化能源供应应急体系基本形成;集中式、分布式等多种新型能源供应系统形态融合发展	多品种、多类型能源供应系统深度耦合协同,形成高效调度、可靠有韧性的能源供应体系
治理端	政府层面做到分区域分类有效指导;市场驱动作用在资源有效配置中显著体现;深度广泛应用数字化技术	在政府有效监管下形成配套能源系统发展的法律法规;基本形成开放友好的市场体系;完成产业数字化变革	全面形成科学合理的法律法规体系及规范完备的市场体制机制;能源系统与环境、社会、经济系统深度融合

5.6.4 数智赋能新型能源体系建设

1. 智能化能源生产

数智技术成为推动新型能源体系革新与效率提升的核心动力,这得益于先进数据分析、人工智能(Artificial Intelligence，AI)、物联网(Internet of Things，IoT)等尖端技术的创新融合，促进能源生产流程的全面优化及管理效能的显著提升，尤其在可再生能源如风能与太阳能发电领域，人工智能算法的应用成为提升能源调配效率的关键因素。通过对大规模气候与环境数据的分析处理，AI算法能够精确预测风力和太阳辐射强度，极大地增强了能源产出预测模型的准确度，对于应对可再生能源固有的不稳定性和间断性、平衡电网负荷以及减少能源损耗具有重要意义。物联网技术的运用在实时监测和远程管理能源生产设施方面提供了坚实的技术基础，通过向能源生产基础设施内部署智能传感器及联网设备，持续搜集关于设施性能的关键数据(例如温度、压力和流速等)，运营商得以实施设备状态的实时监控，及时发现并解决潜在问题，从而显著提高运营效能与设备维护的精确度。物联网技术在提升能源生产安全性方面亦发挥着至关重要的作用，特别是通过预测性维护减少设备故障和事故风险，确保生产过程的连续性和安全性。

2. 数字化能源传输与分配

数智技术成为推动新型能源体系效能与可靠性提升的关键动力，特别是在智能电网建设方面，这归功于实时数据分析能力与先进通信技术的融合，实现了能源的高效流通及智能化分配。智能电网的核心优势在于运用先进的数据分析方法，对电网负荷进行精确预测。通过对历史数据、即时消费模式及环境因素(例如气候变化)的综合分析，能够准确预测电网在不同时间段的负荷需求，这对于电网运营商而言极为关键，不仅优化了电力供应管理，还有助于减缓能源浪费，进一步提高系统能效。随着分布式能源资源(如太阳能、风能等)的迅速崛起，智能电网正面临着将多元化能源有效集成的挑战。在此过程中，数智技术通过智能管理系统发挥至关重要的作用，优化能源资源的并网与利用方式，确保电网供应的稳定性与可靠性。智能电网中的实时数据监控与先进通信技术亦使得对电网故障的快速诊断与响应成为可能。智能传感器与监测装置能持续监控电网状况，一旦侦测到任何异常，系统便能迅速定位问题并实施应对策略，如自动路由切换或启动备用系统，以最大限度减少供电中断的影响。此外，智能电网还具备自愈功能，意味着在遭遇故障或异常状况时，系统能够自动采取措施恢复正常运行。这一功能基于数智技术的高度集成和智能化控制，不仅提升了电网的韧性，还降低了对人工干预的需求。

3. 用户侧的能源管理

数智技术的融合与应用能够显著提升新型能源体系的效率与个性化水平，特别体现在智能计量装置和高级用户界面的开发上，使消费者能实时监测和优化能源使用情况。首先，智能计量装置如智能电表与智能水表，为用户提供捕捉实时能源消费数据的能力，通过详尽地收集和传输能源使用信息，使用户能够识别高耗能区域，并采取措施提升能源效率。例如，用户可依据智能电表所提供的数据分析，识别家庭用电的高峰时段，并据此调整电器使用，以期降低成本和减少能源浪费。其次，数智技术还涵盖了先进用户界面的开发，如移动应用程序和网络仪表板，为用户提供一个便于访问和分析能源消费数据的平台，不仅允许用户设立能源使用目标，还能基于用户的消费模式提供节能建议。这些交互式工具的利用，使得消费者能够更加积极和智能地管理其能源消费。此外，智能家居系统的发展，结合物联网技术和人工智能的优势,使其能够依据用户的行为模式和偏好自动调整能源使用。例如,智能照明系统可以根据房间的使用情况调整亮度,而智能恒温器则能根据室内外温度变化自动调节加热或制冷,从而提高能源使用效率并减少浪费。进一步,智能系统还能利用大数据分析和机器学习算法,为用户提供个性化的能源管理建议,这些建议基于用户的历史能源使用数据和行为模式,帮助用户制定更有效的节能计划。

4. 能源数据分析和预测

数智技术能够显著增强新型能源体系中数据分析与预测的精确性,对于预测能源需求、优化能源供应链、制定定价策略以及评估市场风险等方面产生了深刻的影响。大数据技术通过汇聚并分析包括历史能源消费数据、气候变化趋势、经济增长状况及人口增长模式等广泛的数据集,强化对能源需求预测的支持,揭示能源消费的潜在模式与趋势,为精确预测未来能源需求提供了基础。借助于这些分析,机器学习算法能够训练出并以更高准确率预测未来能源需求的模型,对电力公司和能源政策制定者至关重要,能够依据更加可靠的数据进行产能规划和能源分配的决策。此外,数智技术的应用促进了新型能源体系的高效管理与优化。通过分析气候模式和能源消费历史,能源供应商能更有效地预测和管理可再生能源的产出。机器学习模型在制定能源市场定价策略中也起到了核心作用,能够综合考量需求波动、资源可用性和市场竞争等复杂因素,制定出更合理和精确的价格策略。大数据分析在深入了解能源市场趋势和识别潜在风险方面发挥独特的作用。机器学习算法通过分析市场数据,能够识别价格波动和市场变化趋势,为风险管理和战略决策提供坚实的数据支撑,这在变化莫测的能源市场中尤其重要。

5. 绿色能源和碳排放管理

通过集成大数据、人工智能、物联网等技术,数智技术能够为能源生产、分配和消费过程中的决策提供强大的数据分析支持。这一支持不仅能够帮助优化能源组合,提高可再生能源的比例,从而减少对传统化石燃料的依赖,还能够在整个新型能源体系中实现更高效的能源使用和更低的能源浪费。具体而言,数智技术通过精准的数据收集和分析,使能源供应商能够准确预测能源需求,从而优化能源生产和调度计划,不仅提高能源效率,减少过剩生产和能源浪费,还有助于降低碳排放。此外,人工智能算法可以分析各种因素如天气条件、市场价格和能源消费模式,以提出最优的能源组合和调度策略,进一步推动可再生能源的利用和减少碳足迹。数智技术还在促进碳排放管理方面扮演着关键角色。通过实时监控和分析碳排放数据,企业和政府可以更精确地衡量其碳足迹,识别减排潜力,并制定有效的碳减排策略。例如,物联网技术可以用于监控工厂排放,人工智能可以帮助优化运营过程以减少排放,而区块链技术则可以在碳交易中确保数据的透明度和不可篡改性。

6. 能源体系的安全与可靠性

数智技术在增强新型能源体系的安全性与可靠性方面扮演着至关重要的角色,主要体现在采用高级监测与控制系统对潜在的安全威胁进行检测与预防,包括网络攻击和物理故障等,新型能源体系从而能够实现更为精确的实时数据分析与处理,提前识别和应对可能的风险和故障。此外,还能够优化能源分配与利用效率,确保能源供应的连续性和稳定性,对于保障关键基础设施的运行安全至关重要。在此基础上，数智技术的集成还为新型能源体系的可持续发展和环境保护提供支持，通过智能化管理和优化资源使用，降低新型能源体系对环境的负面影响。数智赋能新型能源体系建设的路径分析如图 5.7 所示。

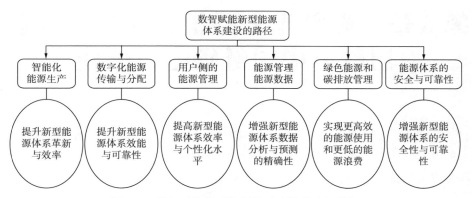

图 5.7　数智赋能新型能源体系建设的路径分析

第6章 新型电力系统实践与"双碳"目标下中国低碳电力展望

在《"十四五"现代能源体系规划》中，"电力"一次出现了78次，比光伏和风电出现次数加起来的总和还要多。新能源实现对化石能源的替代，最终的实现形式是电力，因此，本章对新型电力系统实践与对双碳"目标下中国低碳电力展望进行阐述。

6.1 新型电力系统实践

6.1.1 新型电力系统基本介绍

1. 我国新型电力系统的发展现状

目前我国电力系统发电装机总容量、非化石能源发电装机容量、远距离输电能力、电网规模等指标均稳居世界第一，电力装备制造、规划设计及施工建设、科研与标准化、系统调控运行等方面均建立了较为完备的业态体系，为服务国民经济快速发展和促进人民生活水平不断提高提供了有力支撑，为全社会清洁低碳发展奠定了坚实基础。

我国电力供应保障能力稳步夯实。截至2022年底，我国各类电源总装机规模25.6亿kW，西电东送规模约为3亿kW。全国形成以东北、华北、西北、华东、华中、南方六大区域电网为主体、区域间有效互联的电网格局，电力资源优化配置能力稳步提升。2022年，全社会用电量达到8.6万亿kW·h，总发电量8.7万亿kW·h。电力可靠性指标持续保持较高水平，城市电网用户平均供电可靠率约99.9%，农村电网供电可靠率达99.8%。

我国电力绿色低碳转型不断加速。截至2022年底，非化石能源装机规模达12.7亿kW，占总装机的49%，超过煤电装机规模(11.2亿kW)。2022年，非化石能源发电量达3.1万亿kW·h，占总发电量的36%。其中，风电、光伏发电装机规模7.6亿kW，占总装机的30%；风电、光伏发电量1.2万亿kW·h，占总发电量的14%，分别比2010年和2015年提升13个、10个百分点。

我国电力系统调节能力持续增强。截至2022年底，煤电灵活性改造规模累计约2.57亿kW，抽水蓄能装机规模达到4579万kW，新型储能累计装机规模达到870万kW。新能源消纳形势稳定向好，全国风电、光伏发电利用率达到97%、98%，特别是西北地区风电、光伏发电利用率达到95%、96%，同比提升0.8个百分点、1.0个百分点。

我国电力技术创新水平持续提升。清洁能源装备制造产业链基本完备，全球最大单机容量 100 万 kW 水电机组投入运行，华龙一号全球首堆投入商业运行，全球首个具有四代技术特征的高温气冷堆商业示范核电项目成功并网发电，单机容量 16MW 全系列风电机组成功下线，晶体硅光伏电池转换效率创造 26.8% 的世界纪录。全面掌握 1000kV 交流、±1100kV 直流及以下等级的输电技术，世界首个±800kV 特高压多端柔性直流工程昆柳龙直流工程成功投运。大电网仿真技术广泛应用，新型储能技术多元化发展态势明显，工农业生产、交通运输、建筑等领域电气化水平快速提升。

2. 新型电力系统的定义

新型电力系统指的是以新能源为供给主体，以确保能源电力安全为基本前提，以满足经济社会发展电力需求为首要目标，以坚强智能电网为枢纽平台，以源网荷储互动与多能互补为支撑，具有清洁低碳、安全可控、灵活高效智能友好、开放互动基本特征的电力系统。

3. 新型电力系统的内涵与特征

《新型电力系统发展蓝皮书》对新型电力系统的内涵与特征进行了介绍，具体内容如下。

（1）新型电力系统的内涵

新型电力系统是以确保能源电力安全为基本前提，以满足经济社会高质量发展的电力需求为首要目标，以高比例新能源供给消纳体系建设为主线任务，以源网荷储多向协同、灵活互动为坚强支撑，以坚强、智能、柔性电网为枢纽平台，以技术创新和体制机制创新为基础保障的新时代电力系统，是新型能源体系的重要组成和实现"双碳"目标的关键载体。

（2）新型电力系统的基本特征

新型电力系统具备安全高效、清洁低碳、柔性灵活、智慧融合四大基本特征，如图 6.1 所示，其中安全高效是基本前提，清洁低碳是核心目标，柔性灵活是重要支撑，智慧融合是基础保障，共同构建了新型电力系统的"四位一体"框架体系。

图 6.1　新型电力系统的四大基本特征

安全高效是构建新型电力系统的基本前提。新型电力系统中，新能源通过提升可靠支撑能力逐步向系统主体电源转变。煤电仍是电力安全保障的"压舱石"，承担基础保障的"重担"。多时间尺度储能协同运行，支撑电力系统实现动态平衡。"大电源、大电网"与"分布式"兼容并举、多种电网形态并存，共同支撑系统安全稳定和高效运行。适应高比例新能源的电力市场与碳市场、能源市场高度耦合共同促进能源电力体系的高效运转。

清洁低碳是构建新型电力系统的核心目标。新型电力系统中，非化石能源发电将逐步转变为装机主体和电量主体，核、水、风、光、储等多种清洁能源协同互补发展，化石能源发电装机及发电量占比下降的同时，在新型低碳零碳负碳技术的引领下，电力系统碳排放总量逐步达到"双碳"目标要求。各行业先进电气化技术及装备发展水平取得突破，电能替代在工业、交通、建筑等领域得到较为充分的发展。电能逐步成为终端能源消费的主体,助力终端能源消费的低碳化转型。绿电消费激励约束机制逐步完善,绿电、绿证交易规模持续扩大,以市场化方式发现绿色电力的环境价值。

柔性灵活是构建新型电力系统的重要支撑。新型电力系统中,不同类型机组的灵活发电技术、不同时间尺度与规模的灵活储能技术、柔性交直流等新型输电技术广泛应用,骨干网架柔性灵活程度更高,支持高比例新能源接入系统和外送消纳。同时,随着分布式电源、多元负荷和储能的广泛应用,大量用户侧主体兼具发电和用电双重属性,终端负荷特性由传统的刚性、纯消费型,向柔性、生产与消费兼具型转变,源网荷储灵活互动和需求侧响应能力不断提升,支撑新型电力系统安全稳定运行。辅助服务市场、现货市场、容量市场等多类型市场持续完善、有效衔接融合,体现灵活调节性资源的市场价值。

智慧融合是构建新型电力系统的必然要求。新型电力系统以数字信息技术为重要驱动,呈现数字、物理和社会系统深度融合特点。为适应新型电力系统海量异构资源的广泛接入、密集交互和统筹调度,"云大物移智链边"等先进数字信息技术在电力系统各环节广泛应用,助力电力系统实现高度数字化、智慧化和网络化,支撑源网荷储海量分散对象协同运行和多种市场机制下系统复杂运行状态的精准感知和调节,推动以电力为核心的能源体系实现多种能源的高效转化和利用。

6.1.2 德国能源转型实践

随着全球气候变化问题日益凸显,越来越多的国家将"碳中和"上升为国家战略,其中德国是应对全球气候变化、减少碳排放行动的有力倡导者。2000 年,德国出台了《可再生能源法》(《Eerneuerbare Energien Gesetz》),明确了能源转型的根本目标,且根据实际情况不断调整政策和可再生能源发电占比目标。在过去的 20 年中,其先后 7 次修订《可再生能源法》,涉及新能源上网电价调整、补贴分摊、并网技术管理要求、参与电力市场等多个方面,为新能源快速、健康发展提供了坚实的政策保障,并引入溢价补贴与竞争性招标机制,控制补贴规模,适应电力系统转型形势。2021 年,德国全年新能源发电占比首次超过50%,部分时段甚至超过 90%。2022 年 3 月,德国新一届政府提出立法草案,计划年内再次修订《可再生能源法》,将 100%可再生能源发电的目标由 2040 年提前至 2035 年。德国作为世界上最早启动能源转型的国家之一,在大力发展分布式新能源、推动高比例清洁替代的同时,保障了电网安全稳定运行和电力可靠供应,可为我国构建"以新能源为主体的新型电力系统"、实现"双碳"目标提供很好的借鉴。本节主要从德国的能源互联网、虚拟电厂、分布式光储、分布式新能源并网技术标准、平衡基团机制以及氢能战略几方面介绍德国能源转型的实践经验。

1. 能源互联网

鉴于电能的不易存储性,传统电力供应是"以消耗决定电力生产"的模式,为适应大规模不稳定新能源电源的接入,这种电力供应模式发生了改变。2008 年,德国在智能电网的基础上提出建设创新升级型能源网络——E-Energy(信息化能源),即在整个能源供应体系中实现数字互联以及计算机监控,涵盖了智能发电、智能电网、智能消费和智能储能 4 个方面，旨在推动地区和相关企业积极参与创建基于信息与通信技术的高效能源系统，以最先进的调控手段来应对日益增多的分布式能源与各种复杂用户终端负荷的挑战。E-Energy 开发了基于能量传输系统的信息技术，实现了从发电机到用户消费的电力生产链各个环节的全程智能技术支持，构成全新的电力数据网络。在 E-Energy 下，传统的"以消耗决定电力生产"电力供应模式转变为"以电力生产决定消耗"的新模式。E-Energy 计划包括 6 个试点项目，见表 6.1。

表 6.1 德国 E-Energy 计划的 6 个试点项目

项目名称	项目特点
eTelligence 项目（区域一体化能源市场）	运用互联网技术构建一个复杂的能源调节系统，利用对负荷的调节来平抑新能源出力的间歇性和波动性，提高对新能源的消纳能力，构建一个区域性的一体化能源市场
DeMa 项目（未来分布式能源系统的数字化交易）	将用户、发电商、售电商、设备运营商等多个角色整合到一个系统中，并进行虚拟的电力交易，探索了分布式的能源社区中能源交易如何帮助系统运行和平衡
MeRegio 项目（基于简单信号的需求侧响应）	通过感知每一位用户的负荷，定位配电网中最薄弱的环节，更好地预测、配置资源，从而降低电网的拥堵，提高配电网的运行效率
Moma 项目（城市级别的细胞电网）	提出了细胞电网的概念，将城市根据不同的城区以及卫星城组合成一个个细胞，每个细胞都能独立进行平衡和优化，也能进行交互，相当于一个多级嵌套的微电网模型
SmartWatts 项目（能源互联网下的自调节能源系统）	向用户传达其所用电力的来源以及用户所用电器的电力消耗水平，并将不同口径的数据都统一起来，打通了能源系统内部以及之间所有的信息壁垒
RegModHarz 项目（可再生区域能源系统）	对分散风力、太阳能、生物质等可再生能源发电设备与抽水蓄能电站进行协调，令可再生能源联合循环利用达到最优

（1）eTelligence 项目（区域一体化能源市场）

① 项目介绍

eTelligence 项目选择在人口较少、风能资源丰富、大负荷种类较为单一的库克斯港进行。物理结构上，该项目主要由一个风力发电厂（600kW）、一个光伏电站（80kW）、两个冷库（250kW 和 260kW）、一个热电联产电厂（460kW）和 650 户家庭组成。项目的核心是运用互联网技术构建一个复杂的能源调节系统，利用对负荷的调节来平抑新能源出力的间歇性和波动性，提高对新能源的消纳能力，构建一个区域性的一体化能源市场。

② 实施方案

典型的调节措施如下。

a. 冷库负荷随着电价和风力发电的出力波动进行自动功率调节，真正实现面向用电的发电和面向发电的用电这两者的深度融合。

b. 引入分段电价和动态电价相结合的政策，根据时段、负荷和新能源发电的情况来制定电价。

c. 引入虚拟电厂的概念，对多种类型的分布式电源和负荷情况进行集中管理。

该项目基于 IEC61850(国际电工委员会为变电站制定的一个国际标准)通信标准。

③ 效果分析

经过几年的运行，eTelligence 项目取得了较好的经济效益和社会效益，主要体现在以下几个方面。

a. 虚拟电厂的运用减少了 16% 由于风电出力不确定性造成的功率不平衡问题。

b. 分段电价使家庭节约了 13% 的电能，动态电价使电价优惠期间的负荷增长了 30%，高峰电价时段的负荷减少了 20%。

c. 虚拟电厂作为电能的生产消费者，根据内部电量的供求关系与区域售电商进行交易，可以降低 8%~10% 的成本，以热为主动的热电联产作为电能的生产者实现电力的全量销售，在虚拟电厂的调节下，其利润也有所增加。

d. 基于 eTelligence 项目设计的 Open IEC 61850 通信规约标准已被德国业内所认可。

（2）E-DeMa 项目(未来分布式能源系统的数字化交易)

① 项目介绍

E-DeMa 项目选址于鲁尔工业区的米尔海姆和克雷菲尔德两个城市，侧重于差异化电力负荷密度下的分布式能源社区建设，基本手段是将用户、发电商、售电商、设备运营商等多个角色整合到一个系统中，并进行虚拟的电力交易，交易内容包括电量和备用容量。其探索了分布式的能源社区中能源交易如何帮助系统运行和平衡。E-DeMa 项目共有 700 个用户参与，其中 13 个用户安装了微型热电联产装置。

② 实施方案

E-DeMa 项目的核心是通过智能能源路由器来实现电力管理，既可以实现用电智能监控和需求响应，也可以调度分布式电力到达电网或社区其他电力用户。智能能源路由器由光伏逆变器、家庭储能单元或智能电表组合而成，根据电厂发电和用户负荷情况，以最佳路径选择和分配电力传输路由，然后传输电力。对于接收到的电能，能源路由器都会重新计算网络承载和用户负荷变化情况，分配新的物理地址，对其进行电力传输。对于结构复杂的网络，使用能源路由器可以提高网络的整体效率，保障电网的安全稳定。

③ 效果分析

通过在用户端安装终端设备，售电商可以整合分散的负荷和小型发电设备，互相之间可以进行电力甚至备用容量的交易。虽然这些交易都是虚拟交易，但是互联频繁的"交易"让系统更加稳定，也通过价格信号引导降低了终端用户的电费。

（3）MeRegio 项目(基于简单信号的需求侧响应)

① 项目介绍

MeRegio 项目开展于德国南部格平根和弗莱阿姆特两个乡间小城，那儿有比较发达的工商业。当地已有大量的分布式可再生能源接入配电网，由于配电网的网架结构比较薄弱，分布式电源的接入引起了一系列的电网问题，故此项目旨在通过感知每一位用户的负荷，定位配电网中最薄弱的环节，更好地预测、配置资源，从而降低电网的拥堵，提高配电网的运行效率。共有 1000 个工商业组织和家庭用户参与了此项目。

② 实施方案

主要措施如下。

a. 在电价方面，引入红绿灯电价制度，在这种制度中红色表示高电价，黄色代表中等电价，绿色表示低电价。

b. 在负荷曲线方面，智能电表把用户的实时负荷数据上传到数据中心，建立每个用户的负荷曲线，电网公司将实时负荷数据与负荷预测系统结合，分析出下一阶段整个电网的负荷情况，定位潮流下的可能阻塞节点，再将这一信息解码为用户能够理解的颜色信号并发送到用户端。

③ 效果分析

不同颜色的电价使得用户更加注重自己的用能情况，既节省了成本，也避免了阻塞。在最好的情况下，当电价从红色(高电价)变为绿色(低电价)时，用户会增加35%的用电。

(4) Moma 项目(城市级别的细胞电网)

① 项目介绍

Moma 项目开展于德国南部的工业城市曼海姆，这里有着众多的卫星城市，且能源供给很大程度上来自分布式能源。其主要贡献是提出了细胞电网的概念。

② 实施方案

将城市根据不同的城区以及卫星城组合成一个个细胞，每个细胞都能独立进行平衡和优化，也能进行交互，相当于一个多级嵌套的微电网模型。这些细胞有不同层级，每一级的细胞都可以独立平衡，上层系统尝试减少下级细胞之间的交互，减少无用的能量交换。这个项目构建的不仅仅是设备模型，也是信息模型，这个模型让信息能够真正和设备的物理运行匹配起来。

③ 效果分析

将电网进行细胞划分包括如下优点：

a. 尽量使得能源就近消纳，减小输送损耗。

b. 保障电网的安全，当一个细胞电网崩溃时，不至于大电网崩溃，可以立即拉停细胞电网并快速重新启动。

c. 降低了由大量分布式设备引起的电网管理复杂度，其分区、分层的特点适合未来能源发展的思路。

d. 分布式数据处理与储存提高了数据处理的实时性。

e. 有些细胞有时可保证自给自足，形式上可以与上级网络脱离开来。

(5) Smart Watts 项目(能源互联网下的自调节能源系统)

① 项目介绍

共有250个家庭参与了位于亚琛的 Smart Watts 项目，其目标是运用高端成熟的信息与通信技术来追踪电力从生产到消耗价值链中的每一步，进而向用户传达其所用电力的来源以及用户所用电器的电力消耗水平。

② 实施方案

基于动态电价开发了许多落地的软硬件应用，比如能够查看自家所有设备用电情况的智能 App，能够设定用能策略并自行追踪动态电价来控制家电的运行以及充电桩的运行，将不同家用电器、不同市场数据、不同电网数据和售电公司结算数据都统一起来的信息通用接口与转换装置 EEbus（EEBus 是一种不依赖于制造商且可以免费使用的标准化语言，设备可以使用该语言交换与能源和应用相关的信息），真正打通了能源系统内部以及之间所有的信息壁垒，让所有信息都能够在一个平台上进行优化。

③ 效果分析

实际试验的数据结果表明：在价格最低的时段，负荷上升了 10%；在价格最高的时段，负荷下降了 5%。

（6）RegModHarz 项目（可再生区域能源系统）

① 项目介绍

RegModHarz 项目开展于德国的哈慈山区，其基本物理结构为两个光伏电站、两个风电场、一个生物质发电站，共 86MW 发电能力。RegModHarz 项目的目标是对分散风力、太阳能、生物质等可再生能源发电设备与抽水蓄能电站进行协调，令可再生能源联合循环利用达到最优。

② 实施方案

为了实现区域 100% 的可再生能源供应，引入了虚拟电厂、动态电价和储能技术，并将其整合到一个系统中。虚拟电厂能够帮助管理分散的发、用电设备，甚至可以在市场上交易获得额外收入；动态电价起到了需求侧响应的效果，引导用户用能；而储能利用了电转气技术，将多余绿电转化为氢气并在需要时再转化为电力。

③ 效果分析

实现了一个时间段内的 100% 可再生能源供应。

2. 虚拟电厂

（1）项目介绍

Next-Kraftwerke（虚拟电厂运营商）是德国大型虚拟电厂的运营商，也是欧洲各种能源交易所的认证电力交易商。Next-Kraftwerke 成立于 2009 年，是欧洲建立最早、规模最大的虚拟电厂之一，总共聚合了 11049 台机组，联网容量 9016MW，其中包括沼气电厂、热电联产厂、水电、光伏、电池储能、电转气、电动汽车、参与需求侧响应的工业负荷。

（2）实施方案

可提供的服务如下。

① 接入平台服务。

② 市场准入和电力交易服务，包括各种欧洲电力交易所的日前和日内短期平台、平衡服务和期货平台以及场外交易。

③ 调度服务，优化分布式资产的生产以带来显著的收入增长，调度控制包括装置的启动和停止、装置的功率限制等。

④ 平衡服务，能连续发电、具备远程控制及快速响应能力的装置可以成为提供平衡能量的虚拟电厂的一部分，在不平衡的情况下，虚拟电厂将收到来自输电系统运营商的命令，

执行功率调整以平衡偏差。

对接入装置的控制方式：Next-Kraftwerke 的聚合服务由其控制系统完成，使用基于大数据（如电厂运行情况、天气数据、市场价格信号、电网数据）的智能算法，使可再生能源发电机组和工业用户更加灵活，对价格信号的响应更快。该系统既允许 Next-Kraftwerke、单个资源、输电系统运营商和电力交易所之间进行通信，又能为单独资源制订计划并自动调整。通过就地单元+中央控制系统，将各参与者、各个系统集成到虚拟电厂，参与者可以通过网站、App（application 的简称，即应用软件）查看和管理系统的状态，调用系统的性能值和月收入，并下载重要文件，还可以直接在智能手机上接收来自系统的故障报告或有关平衡能源请求的通知。

（3）效果分析

由于电力供应的迅速变化，市场价格波动很大。可操纵资产的运营商可以利用不断变化的能源价格：在价格高的时候发电，在价格低的时候让设备待运，这样既可以增加利润又可以支持电网的可持续利用。

3. 分布式光储

（1）项目介绍

德国的分布式光储补贴政策历时 6 年，共分为两个阶段，见表6.2。

表6.2　德国分布式光储补贴政策

发布时间	补贴对象	条件要求	补贴标准
2013 年 3 月	与户用光伏配套的储能系统	光伏的峰值功率在 30kW 以下 只能将最高60%的光伏发电送入电网 储能系统具备 7 年以上质保	30%的储能系统安装补贴 德国复兴信贷银行（KfW）的"275 计划"对购买光伏储能设备的单位或个人提供低息贷款 新安装光伏和储能系统的用户，补贴金额最高可达 600 欧元/kWp；对于在原有光伏系统基础上安装储能系统的用户，补贴金额最高可达 660 欧元/kWp
2016 年 3 月	资助对象为与光伏设备配套的固定式电池储能系统（而非光伏设备），并且只能有一个与光伏设备配套的电池储能系统可以获得补贴	储能电池搭配的光伏系统必须于 2012 年 12 月之后安装，且峰值功率不能超过 30kWp 光伏系统回馈到电网的功率不得超过峰值功率的 50% 系统服役年限至少为 20 年 电池系统必须具有 10 年质保期 安装商必须具有相关资质	依据申请年份的不同，银行提供的补助比例也不同： 2016.3—2016.6：借贷补助比例 25% 2016.7—2016.12：借贷补助比例 22% 2017.1—2017.6：借贷补助比例 19% 2017.7—2017.9：借贷补助比例 16% 2017.10—2017.12：借贷补助比例 13% 2018.1—2018.12（KfW 申请截止日）：借贷补助比例 10%

注：KfW 是指德国复兴信贷银行。

第一个阶段是 2013—2015 年。在这个阶段，光储补贴政策主要为户用储能设备提供投资额 30%的补贴，并通过德国复兴信贷银行（KfW）对购买光伏储能设备的单位或个人提供低息贷款，对于新安装的光伏储能系统给予最高 600 欧元/kWp 的补贴，而对于进行储能改造的光伏系统最多可给予 660 欧元/kWp 补贴。该政策还要求补贴对象满足两个必要条件：一是光伏运营商最高只能将其 60%的发电量送入电网；二是只支持具备 7 年以上质保的储能系统。

第二个阶段是 2016—2018 年。新的补贴政策延续了上一期的机制，补贴的形式主要是低息贷款和现金补助，补贴总额约 3000 万欧元。与第一阶段政策不同的是，第二阶段只允许用户最高将光伏系统峰值功率的 50%回馈给电网，以鼓励用户最大限度地自发自用，电网运营商承担核查功率限值的职责。另外，对于不同时间提出的申请，可申请的补贴率（补助资金相对于储能设备价格的比例）随时间递减。补贴项目的资金通过德国复兴信贷银行发放，资金来源于德国联邦经济事务和能源部的拨款。

（2）效果分析

从政策执行效果来看，分布式光储补贴已经推动德国成为全球最大的户用储能市场之一。2013 年，德国家用和商业用储能系统还不足 1 万套，到 2018 年年底，这一数字已经增长至 12 万套，其中，绝大部分来自户用储能，此外，商业储能系统的安装量也在不断增长。虽然光伏规模的不断扩大使光伏上网补贴从 2017 年 7 月 1 日起逐年下降，德国复兴信贷银行也于 2016 年 10 月终止了用户侧光储补贴政策，但由于分布式光伏已规模化接入电网，储能系统成本又在快速下降，加之其他储能补贴政策也在陆续出台，使得德国的用户侧光储能市场在光储补贴取消的情况下依然向前发展。德国联邦政府设计光储补贴政策的初衷是为了帮助分布式储能进入市场、降低储能技术成本、促进储能的商业化应用。从目前的市场表现来看，这一目标已经实现，德国户用储能应用发展迅猛，光-储、光-储-充互补的"分布式"户用已经成为德国户用光储系统的主要构建模式，通过市场机制实现了分布式新能源与电网的灵活、有效互动。

4. 分布式新能源并网技术标准

德国作为世界上最早启动能源转型的国家之一，在大力发展分布式新能源的基础上，出台了严格的分布式并网技术标准和检测认证条例，实现了分布式光伏的可观、可控。

（1）并网技术要求

① 项目介绍

德国可再生能源大部分是以分布式形式接入电网的。德国先后制定发布了发电系统接入中压电网并网规范（VDE-AR-N 4110）和发电系统接入低压电网并网技术要求（VDE-AR-N 4105），分别对接入低压电网和中压电网的分布式光伏提出了明确的技术要求。其中，VDE-AR-N 4110 适用于 1~60kV 电压等级，VDE-AR-N 4105 适用于 1kV 及以下电压等级，技术标准极其严格，各项指标均有详细规定，对于实现分布式电源的快速并网、确保电网的安全稳定运行有重要作用。

② 实施方案

VDE-AR-N 4110 适用于连接至配电网运营商侧中压电网并与该网络并联运行的发电设

备的规划、建设、运行和改造，包含电能质量、频率和电压响应、有功和无功功率调节等技术标准。VDE-AR-N 4105 提出接入低压电网的分布式电源的并网管理要求，包括必须符合的监管规定、电站接入系统申请文件、电站调试验收程序等管理流程，制定了电能质量、频率和电压响应、有功和无功功率调节等技术标准。

德国中、低压标准均要求分布式新能源应具备有功频率响应能力，对响应速度和响应时间有明确要求，比如延迟时间不超过 2s，调节时间不超过 20s。故障穿越包括低电压穿越和高电压穿越：低电压穿越方面，德国标准要求的电压最低跌落深度为 0.15p.u.，故障穿越时间 150ms；高电压穿越方面，德国标准对中低压分布式新能源均提出了高穿要求。

（2）并网检测认证

① 项目介绍

德国实行严格的并网检测认证制度，以确保分布式光伏建设质量和安全运行，对不满足要求的分布式新能源不允许并网。德国在 VDE-AR-N 4105 和 VDE-AR-N 4110 基础上，建立了分布式光伏并网检测认证采信机制，检测认证结果作为并网安全的约束条件，电网对结果具备一票否决权。

② 实施方案

在检测认证过程中，德国要求逆变器企业依据相应标准委托第三方完成产品并网认证。分布式光伏电站业主须在电站并网前提交由第三方检测认证机构出具的电站并网性能静态仿真和动态仿真报告，并由电网公司评估合格后才准许并网，形成了相对完善的检测认证采信闭环机制。

（3）调度控制技术

可观、可控方面，德国已实现容量 100kW 以上分布式光伏的可观、可控。配电网运营商通过脉动控制通信方式实现和分布式光伏的双向互动。

接入承载力评估方面，德国基于热稳定、短路电流、电能质量、电压变化等指标开展分布式新能源接入承载力评估，总体要求高，且配电网运营商有一票否决权。

5. 平衡基团机制

（1）项目介绍

可再生能源的比例越高，系统的波动性越大，系统平衡成本也越高，但德国却是个特例。根据德国联邦网络管理局统计，从 2009 年到 2020 年，德国平衡发电和用电的调频功率非但没有增加反而有所下降。德国的现货市场设计了一种平衡基团的机制，是一种以平衡基团为交易基本单位、交易和调度机构为组织实施主体的分散式市场模式。平衡基团的物理本质为平衡基团责任方代理的一系列机组和用户形成的聚合体，通过中长期、日前、日内市场交易签订物理合同，自行制定发用电计划，实现基团内部电力发用平衡。交易机构为平衡基团参加中长期、日前、日内交易搭建平台，调度机构动态评估日前、日内的电网运行风险，实时环节通过"平衡市场"和"再调度"保障电网平衡和运行安全。

（2）实施方案

平衡基团是一个虚拟的市场基本单元，在此单元中，发电和用电量必须达到平衡，当单元内部达不到自平衡时，就必须买入或卖出电量来保持平衡。平衡基团可大可小，德国任何一个参与电力交易的能源公司，都必须拥有至少一个平衡基团，平衡基团责任方可以是单纯的一家发电厂，也可以是负责给一片小区供电的能源公司。德国的平衡基团主要有四种类型：①发电企业直接代理一系列用户组成市场单元，与用户签订售电合同，以内部净发电能力或净购电需求为基准进行市场交易；②发电企业集合内部各类型机组作为一个市场单元，直接参与市场交易(和我国当前模式类似)；③售电商代理一系列用户组成市场单元，与用户签订售电合同，以用电需求为基准进行市场交易；④代理商代理一系列发电、用户资源组成市场单元，代理商代理各发用电资源参与市场交易并形成发用电计划。

根据平衡指南，每个平衡责任方必须在每个结算周期(15min)内平衡或帮助电力系统达到平衡，同时每天预测自身区域内流入与流出的电量，并制成计划上交给输电网运营商，而输电网运营商会根据这些表格在内部平衡之后做出全区域的计划。德国存在四大输电区域，每个大输电区又由许多平衡基团组成，全国总共有 2700 多个平衡基团，用 2700 多种方式来控制平衡，可以说是一种分而治之的平衡机制。平衡基团的机制是德国电力市场设计的核心，一方面保证了电量可以像证券一样进行交易，另一方面保证了电网发电和用电的平衡，维护了电网的稳定。

（3）效果分析

平衡基团的预测和平衡控制做得越好，系统需要的平衡功率就越少。平衡基团的机制也在很大程度上促进了可再生能源预测的发展，因为每一个平衡基团都必须认真做预测，预测做得不好会直接影响平衡基团的收益。

6. 氢能战略

（1）项目介绍

德国将发展氢能视为促进能源转型、实现深度脱碳目标的手段。2020 年 6 月 10 日，德国发布了国家氢能战略，明确提出将可再生能源电解水得到的氢作为重要能源载体，用于工业、交通等领域实现深度脱碳，同时也可以作为存储可再生能源的媒介，平抑出力波动。德国将氢能战略的实施计划分为两个阶段：第一阶段(2023 年之前)，采取 38 项措施，迅速壮大并夯实国内市场；第二阶段(2024 年起)，在巩固国内市场的基础上，拓展欧洲和国际市场，服务德国经济。预计到 2030 年，德国的电解制氢能力将达到 5GW，用于制造绿色氢气(简称绿氢)的可再生能源发电装机能力为 20TW·h。2035—2040 年，德国将再增建 5GW 的电解制氢设备。德国从其国内氢能供需趋势研判，国际定位为氢能进口国、氢能利用技术出口国。

（2）实施方案

① 氢能的生产

德国设定的制氢能源最为单一，突出强调使用绿氢(可再生能源制氢)和工业副产氢，可再生能源制氢规模世界第一。德国制定这一路线主要是由于德国油气资源匮乏，但可再生能源相对丰富，特别是北海地区的风能资源条件全球最优。2020 年，德国可再生能源发电量已经占到了该国电力消费的 49.1%。南欧还有光伏电力可以供德国进口使用。此外，德国石化工业发达，工业副产氢资源相对丰富。

②氢能的储运

在国际运输方面，德国作为欧洲中部的陆上能源枢纽，强调建立跨欧洲的氢能管道运输系统。

在国内运输方面，近期主要研发氢气和天然气管道混输技术，利用成熟的天然气管网实现运输，后期待氢能需求增加后，再修建独立的氢气运输管道或将天然气管道改造为氢气管道。

③氢能的应用

德国的氢能应用首先是工业领域，其次是交通领域。工业领域强调在化工和钢铁行业替代传统石化原料，交通领域则强调首先发展氢燃料电池飞机和船舶，然后为燃料电池汽车。在氢气应用方面，德国燃料电池供应和制造规模世界第三，建有世界第二大加氢网络（在营加氢站60个），并且拥有全球首辆氢燃料电池列车（续航里程近1000km）。

④电力多元化转换（Power-to-X）理念

围绕深度脱碳和促进能源转型，德国创新提出了电力多元化转换理念，致力于探索氢能的综合应用。具体而言，在氢气生产端，利用可再生电力能源电解水制取低碳氢燃料，从而构建规模化绿氢供应体系；在氢气应用端，将绿氢用于天然气掺氢、分布式燃料电池发电或供热、氢能炼钢、化工、氢燃料电池汽车等多个领域。现阶段，德国政府与荷兰等国正在开展深度合作，重点推广天然气管道掺氢，构建氢气、天然气混合燃气供应网络。其中，依托西门子等公司在燃气轮机方面的技术优势，德国已开展了若干天然气掺氢发电、供热等示范项目。

⑤德国实施氢能战略第一阶段的38项措施

战略为绿氢的制取、运输、使用和再利用制定了协调一致的行动框架。为实现《巴黎协定》的气候目标，促使经济增长从资源利用型到工业模式创新型转变，德国确定了38项具体措施。主要涉及三大方面：一是将氢能确立为替代能源，使氢能可持续地成为工业原材料，增强德国经济实力，保障德国企业在全球市场上的机遇；二是继续开发与之相配套的运输和配送基础设施，促进氢能的科学研究，培养专业人才，保障绿氢产业良性发展；三是抓住全球合作契机，不断完善框架条件，继续扩建氢能制取、运输、储存和应用的高质量基础设施。另外，保证氢能安全，建立国际互信，在开发绿氢技术"本土市场"的基础上，拓宽进口渠道，建立绿氢国际市场和合作框架。

德国实施氢能战略第一阶段的38项措施中，4项为制氢领域，9项为交通运输领域，4项为工业领域，2项为供暖领域，3项为基础设施/供应领域，16项为其他领域，见表6.3。

表6.3 德国实施氢能战略第一阶段的38项措施

领域	行动计划
制氢 （4项）	（1）改善利用可再生能源发电的框架条件，合理设计能源价格构成，研究减免绿氢制取所耗电力的税费；（2）挖掘电解槽运营商与电网、天然气管网运营商开展新型业务模式和合作模式的可能性；（3）加大对电解槽的投资，研究用于生产绿氢的招标模型；（4）对利用海上风能生产绿氢加大投资

175

领域	行动计划
交通运输 (9项)	(5)落实《欧盟可再生能源指令》，利用绿氢代替传统燃料；(6)继续实施国家氢和燃料电池技术创新计划，激活市场对于氢能车辆的投资；(7)至2023年，EKF(能源与气候基金，现已改为"气候与转型基金"，即KTF)提供11亿欧元用于电基燃料(特别是电基煤油和高级生物燃料)的开发和推广；(8)促进以需求为导向的燃料补给基础设施建设；(9)促进欧洲基础设施发展，修订《欧洲替代燃料基础设施指令》，为燃料电池汽车行驶提供更多便利；(10)建立具有竞争力的燃料电池系统供应产业，建立氢能技术中心和创新中心，从而打造燃料电池车辆平台；(11)支持零排放车辆在城市交通中的使用；(12)建立基于碳排放的卡车收费体系；(13)倡导国际统一的交通领域氢能和燃料电池系统标准
工业 (4项)	(14)加强氢能在钢铁和化工领域作为燃料的使用，推动工业领域的过程排放实现温室气体的低排放或零排放；(15)制定"碳差价合约"试点计划，主要针对钢铁和化工行业的过程排放；(16)增加对低排放工业和氢能制造工业产品的需求；(17)为钢铁、化工、物流、航空等能源密集型行业制定基于氢能的长期脱碳战略
供暖 (2项)	(18)继续实施能效激励计划，追加资金，支持高效燃料电池加热系统的采购和使用；(19)联邦政府研究为"氢就绪"设备系统提供财政支持
基础设施/供应 (3项)	(20)全面掌握现有基础设施通过重复利用和改建再利用等方式满足氢能转型需求的可能性与可行性，制定氢能基础设施新建与改扩建的监管框架；(21)协调电力、天然气和供暖基础设施间的耦合；(22)在新建基础设施时，加氢站网络布局须特别注意以需求为导向
其他 (16项)	研究、教育与创新(7项)；欧洲层面的行动(4项)；国际市场与合作(5项)

7. 德国能源转型实践对我国的启示

总体来看，德国能源转型有很多实践案例，成效也十分显著。中德两国在很多方面存在差异，应结合自身国情，学习和借鉴其转型成功的经验。

（1）在政策方面，及时修订可再生能源法等法律法规，提高中国可再生能源法的合理性、可行性和可操作性，推进中国可再生能源立法不断完善，促进可再生能源产业持续发展。合理设定可再生能源中长期发展目标，优化装机布局与投产时序，推动政府统筹做好资源灵活性调节与新能源发电容量协调规划，加快灵活调节电源建设，科学制定消纳目标。适度调整可再生能源的补贴政策，分类实施电价补贴；加强针对可再生能源研发的补贴，尽快降低可再生能源发电成本。

（2）在并网技术方面，不断完善技术标准体系，强化技术标准的技术导向、技术规范和技术措施作用。全面梳理现有分布式新能源接入的相关技术标准，缩短分布式新能源并网技术标准的制定和修订周期；进一步规范接入方式，制定接入主要技术原则和典型接网方案，规范引导科学合理接入。强化功率调节、频率异常响应、电能质量监测、逆变器低电压穿越和防孤岛/防雷接地、并/离网运行、储能配置与运行等技术和安全要求。提高检测、并网、技术监督等的执行力度，提高新能源的电压、频率等涉网性能，实现与常规电源同质化管理。建立分布式新能源有序发展的评估预警机制，引导分布式新能源与电网、负荷协调发展。

（3）在电力系统建设方面，加强"源网荷储"一体化，提高"源网荷储"协同主动规划、控制及管理水平，电源侧、电网侧、负荷侧、储能侧同时发力，以能接入、可消纳、可互动为目标，不断提升电力系统的综合承载力。

① 在电源侧，提升新能源发电主动支撑能力。应用电压源型新能源主动支撑技术，降低宽频带振荡及暂态过电压风险，减少因稳定问题带来的弃风弃光电量，和常规电源一起保障高比例新能源电力系统稳定运行；提升海量分布式新能源全景感知及发电状态估计水平，提高分布式新能源自治-协同控制水平，挖掘分布式新能源对新型电力系统的友好支撑作用。

② 在电网侧，加强输配微电网协同发展。应用特高压柔性直流、新型柔性交流、柔性低频交流输电技术，加强跨区跨省骨干电网建设。加强分布式智能电网建设，利用中低压柔性互联技术，构建配电网"闭环设计、闭环运行"模式，提高配电网一次网架灵活性；采用统一物联终端及数据平台，提高配电网可观、可测、可控能力；构建集群自治、群间协调、输配协同的分层控制体系，简化系统复杂度，提高分层、分级、分群协同控制能力。

③ 在负荷侧，挖掘灵活性资源调节潜力。充分发挥需求响应及虚拟电厂在保障供电安全、提升电网灵活调节能力、促进新能源消纳、提升用户能效和服务水平等方面的重要作用。精准挖掘负荷资源可调节潜力，建立分层、分级、分类需求侧灵活资源池，建立需求侧资源互动平台；构建规模化灵活资源虚拟电厂，适应由于新能源出力波动带来的电网平衡调节需求；探索需求侧资源参与电力市场的交易等机制、商业模式，促进电力市场向用户进一步开放。

④ 在储能侧，推动新型储能技术应用，坚持推进分布式新能源采取"新能源+储能"的开发模式，引导、鼓励社会投资建设大容量电网侧独立储能电站，并通过电力市场疏导成本。

（4）在市场机制方面，不断进行机制创新和突破，建设充分适应高比例新能源电力系统特征的电力市场。完善新能源参与市场的机制，有序放开新能源参与市场，推动新能源参与电能量、辅助服务等市场，完善新能源参与市场的交易机制，以绿电交易为主要方式推动新能源参与中长期交易。完善需求侧资源参与互动机制，增强用户侧调节效果的电价优化机制，完善需求响应资金补贴和成本疏导政策，推动需求侧资源参与电力市场。健全储能配套市场及价格机制，建立抽水蓄能及电网侧储能成本疏导机制，推动储能参与各类电力市场，探索适合新型储能的辅助服务市场机制。建立"电-碳"市场协同体系，建立碳排放权交易、可再生能源配额制等多种绿色交易协调机制。

（5）在氢能发展方面，氢能是一种来源丰富、绿色低碳、应用广泛的二次能源，是加快能源转型升级、培育经济新增长点的重要战略选择。我国发展氢能产业需要结合我国实际国情，综合考虑我国的资源禀赋、产业基础、技术发展、实际需求等多方面因素，明确我国发展氢能产业的目标、模式及路径。一是明确产业定位，利用氢能的特点和优势，发挥其在可再生能源消纳、增强能源系统灵活性等方面的作用，更好地与既有的各种能源品种互动，促进能源转型；二是逐步构建绿色低碳的多元化应用场景，逐步构建在交通、储能、工业、建筑等领域的多元化应用场景；三是推动技术与市场、供应与需求共同发展。遵循"需求导向、安全至上、技术自主、协调推进"原则，布局生产、储运及相关基础设施建设，推动氢能供应链各环节协同发展。在新型电力系统建设中，可以把氢能作为理想的电力能源载体，通过电制氢、氢储能、氢发电等，为电力系统发、输、配、用各环节提供支撑，促进可再生能源消纳，参与电力系统长周期(跨季节)电力电量平衡，结合氢能交通、工业用氢等场景，推动氢能分布式生产和就近利用；探索电制氢、氢发电参与需求响应、辅助服务等电网互动的运营模式。

6.1.3 中国新型电力系统实践

1. 配电侧新型电力系统实践

下文主要介绍镇江扬中整县光伏接入配网先导示范工程。

扬中是全国高比例可再生能源示范城市，有"绿色能源岛"之称，光伏发展基础好。2021年，扬中电网最大负荷为39.6万kW，光伏装机为24.5万kW，装机渗透率达61.9%，为江苏省第一。台区与中压线路光伏倒送现象普遍，节假日期间存在220kV变压器倒送主网现象。

该工程选取扬中新坝镇城镇场景与油坊镇农村场景下各2km²典型光伏倒送区域，开展"近区消纳型"、"绿电存储型"新型电力系统建设，试点应用柔性互联、分布式储能等新技术，深化融合终端、光伏开关等设备应用，解决区域内光伏消纳难、能效低等技术问题，打造整县接入配网样板工程。

（1）低压柔性互联工程

扬中新坝镇建新村光伏安装条件优越，单台区光伏容量远景可超400kW，届时配变将存在倒送超容风险。该工程在村内的典型光伏高渗透率台区与邻近的高负荷台区之间建设低压柔性互联装置，实现各台区的负载率均衡控制，可使光伏高渗透率台区配变午间最大倒送负载率由107%降低为70%，有效削减了倒送高峰，在避免增容改造的同时实现光伏近区消纳，如图6.2所示。

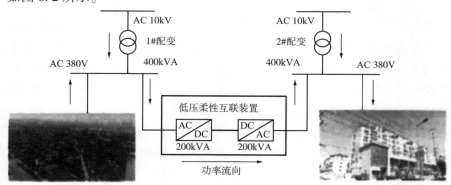

图6.2 扬中低压柔性互联工程

注：AC为Alternating Current，交流电；DC为Direct Current，直流电

（2）光储充直柔微电网工程

随着扬中光伏与电动汽车规模快速扩大，直流源荷分布更加密集。针对这一问题，在扬中电气工业品城建设光储充直柔高效微电网，微电网包含分布式光伏发电系统、直流充电桩、钛酸锂电池储能系统和低压柔性互联装置，保障光伏、储能、充电桩的直流接入与就地消纳，实现绿电存储，平抑快充尖峰，支撑电网一次调频，如图6.3所示。

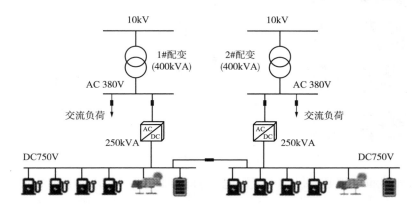

图6.3　扬中电气工业品城光储充直柔微电网工程

注：AC为Alternating Current，交流电；DC为Direct Current，直流电

（3）三端口中压柔性互联工程

扬中10kV联南线大量光伏倒送，未来最大倒送负载率可达45%。在110kV新坝变电站内建设3MW/1.5MW/1.5MW三端口中压柔性互联装置，连接来自110kV联合变的10kV联南线和10kV联春线末端与来自新坝变的10kV新江线首端，通过线路间功率互济，缓解光伏溢出线路的倒送压力，避免线路增容，降低倒送电能跨多个电压等级传输造成的损耗。依托中压互联与线路配电自动化配合，还可实现故障隔离后的负荷快速转供，进一步提升系统供电可靠性。

（4）台区分散式储能示范工程

扬中部分台区光伏渗透率超过80%，配电网运行时潮流倒送问题严重。该工程在3个典型光伏倒送台区建设50kW/60kW·h的两套磷酸铁锂分散式储能系统和1套固态电池分散式储能。台区分散式储能可以通过存储白天盈余光伏，减少台区倒送10kV线路的功率，在夜间对负荷供电，实现台区全"绿电"消纳。当中压线路发生故障或停电检修造成台区外部电源缺失时，分散式储能可进入离网运行状态，保障台区3~5h的供电，提升台区供电可靠性。

（5）分布式资源管控系统

建成分布式光伏可观可测平台，选取扬中调度管辖的光伏电站为基准站，根据基准站的出力实时监测数据，估算扬中县域分布式光伏实时出力并进行短期/超短期预测，预测精度可达90%。开展基于融合终端的台区分布式光伏分钟级监控方案试点，包括"集中器-融合终端"本地交互方案、新型融合终端直接采集方案、光伏智能开关方案和即插即用单元方案等。逐步实现分布式光伏"可观、可测、可控、可调",支撑系统安全运行与台区安全检修,如图6.4所示。

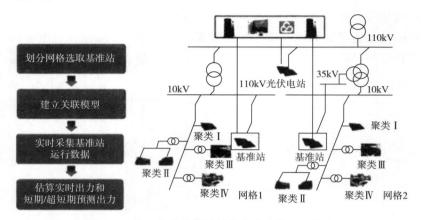

图6.4 基于基准站的县域分布式光伏观测技术

除了上述镇江扬中整县光伏接入配网先导示范工程之外,配电侧新型电力系统实践工程还包括苏州吴江中低压直流配用电系统示范工程、苏州四端口柔性互联主动配电网、同里综合能源小镇、连云港连岛微电网工程和大江东三端口柔性互联工程等,下文进行简单介绍。

苏州吴江中低压直流配用电系统示范工程是世界规模最大、涵盖应用场景最多、直流配电网设备种类与数量最多的直流配用电系统示范工程。工程通过一个半桥型 MMC (Modular Multilevel Converter,模块化多电平变换器)和一个混合桥型 MMC 的交直流换流器将两个 10kV 交流系统进行柔性互联,并通过多台混合式直流断路器/负荷开关和 DAB(Dual Active Bridge,双有源全桥)型直流变压器组成±10kV 的中压直流配电网与±375V 的低压直流用电网。各换流器间的协调控制与故障恢复是整个工程的控制大脑。中压交、直流配电网的控制分为区域运行控制和协调控制,根据系统运行方式及功能需求,通过区域运行控制和协调控制的策略配置实现中压直流骨干网架运行方式自动识别、启停控制与切换,以及合解环控制、检修控制、故障恢复等运行控制操作。

苏州四端口柔性互联主动配电网位于苏州工业园区,采用柔性直流互联技术实现中压配电网花瓣式接线瓣间合环运行,实现能量多向柔性控制、均衡负荷和连续负荷转供,提升供电质量和供电可靠性,实现系统结构可靠建设目标。该工程还助力园区资源高效利用,对多样性能源建立适用于工业园区的多能互补集成微电网系统,结合灵活可靠的系统结构,充分协调利用地区多种能源,大大提升多能利用效率,推动资源高效利用。它针对园区的绿色能源,规划并预留基于模块化、规范化、标准化的分布式电源、多样性负荷及储能等设备的交直流即插即用接口,实现可利用资源的合理接入,体现环境影响绿色的示范意义。

同里综合能源小镇是江苏省政府和国家电网公司共同打造的未来城市能源示范园,2 台 3MVA 电力电子变压器(PET,Power Electronic Transformer)灵活组网、高效运行。其中 1 台 3MVA 硅基电力电子变压器采用大容量集中式技术方案,适用于高密度、集中型能量调配场景,并首创了开关时序优化、零序电压注入的损耗抑制技术,效率达到 97.11%;1 台 3×

1MVA 碳化硅电力电子变压器采用了小容量分体式技术方案，适用于低密度、分散型能量调配场景，并首创了分体式电力电子变压器高效运行控制技术，效率达到98.50%。2 台电力电子变压器的效率均为目前国际最高水平。

同里工程提供了基于电力电子变压器的交直流灵活组网方案，实现了清洁能源100%消纳，促进了多类型负荷的高效利用，推动了能源变革，可广泛应用于轨道交通、船舶、建筑等行业，对构建清洁低碳、安全高效的现代能源体系具有重要价值。

2019 年，连云港连岛微电网工程建成了基于四端口 500kVA 电力电子变压器的交直流微电网，实现了海岛源网荷储协调互动。工程推动了沿海旅游、渔民等多应用场景的绿色电气化改造，促进了分布式光伏、潮汐能等多类型能源的接入，实现了岛区清洁能源的自发自用，为偏远海岛提供了经济、高效的供电方案，实现了电动汽车快充桩接入，促进了服务互动化、运营可视化、充电便利化，实现了经济效益和环境效益双赢。

杭州市萧山区东北部的沿钱塘江区域，包括"三城一区"，总面积为 500km^2。大江东新城坐落于此，它是杭州市乃至浙江省实现产业转型升级、推进科学发展的重要平台，现有产业以工业为主。随着各种新能源的接入及各类大型工业园区的兴建，大江东新城对供电容量、供电可靠性、电能质量的需求不断上升。为综合提升该区域的供电可靠性、供电质量，解决产业升级、工业发展带来的存量配网供电容量不足问题，浙江电网建设了江东新城智能柔性直流示范工程，实现了 2 个 10kV 和 1 个 20kV 的中压配网系统柔性互联，解决了 20kV 配网增容扩建难题，为不同电压等级的柔性互联提供了技术支撑。柔性互联实现了 3 条存在电压差和相位差的供电区域互联互供，提高了 20kV 供区向高负荷率 10kV 供区的转供能力，通过与现有配网调控措施的有机结合，进一步实现了潮流的主动精准控制以及周边分布式光伏的最优利用。

2. 清洁能源技术开发与应用

（1）多能互补协调控制技术

① 技术介绍

以新能源和负荷短期、超短期功率预测为基础，实施水、风、光多能协调控制，水电快速跟踪响应，实现新能源优先发电。利用多能互补协调 AGC（Automatic Generation Control，自动发电控制）系统，通过对调度区域内发电机组有功出力的自动调节，使得系统频率和（或）联络线交换功率维持在一定的目标范围内，以满足电力供需的实时平衡。嵌套断面下的光伏有功控制策略根据大规模光伏送出断面的树状、多层嵌套和有功功率单向性的特点，在给定断面分层结构的条件下，采用广域分配光伏调节功率、深度优先搜索越限断面和发电能力转移的方法实现多层次断面调节功率的分配，根据电网的运行状态实时调节各个光伏电站的有功出力，使各个光伏断面功率维持在设定限值附近，不仅可以提升电网断面利用率和电网运行经济性，而且可以减轻实时调控压力。青海电网嵌套断面简要结构示意图如图 6.5 所示。

② 实施方案

a. 断面受限出力转移。当底层断面受限，而全网对新能源仍有接纳空间时，系统会将底层断面受限部分的调节量转移给全网其他有送出空间的断面，在保证各层断面均在安全

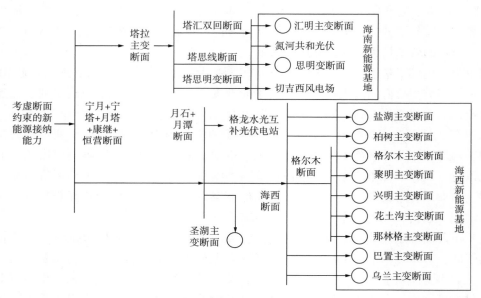

图 6.5　青海电网嵌套断面简要结构示意图

限值内运行的同时，最大限度避免了不必要的限电。

b. 场站发电能力转移。当某个场站不具备发电能力时，为充分利用断面裕度，应及时将其剩余调节空间转移给其他有能力的场站。系统在一个控制周期内会对各场站的指令进行多轮计算，保证最终的指令值既能满足所有相关断面的安全约束，又能使该场站的发电能力得以充分利用。

c. 计算新能源接纳空间时还引入了西北分调机组的调频容量参数，实现了根据网调机组总有功及地理联络线计划实时调整新能源最大接纳能力的功能，确保新能源出力增加不会侵占网调的安全调频备用。

上述方案的控制策略通过发电能力转移、限电控制等方式保证了全省新能源的最大化消纳，极大提高了断面的功率利用率。实时柔性控制的突出特点是"实时"，实现对电网断面潮流、负荷、新能源出力的实时监控，根据各电站上送的最大发电能力，在满足电网安全稳定运行的前提下，在线实时评估各断面的传输裕度，优化调整新能源电站出力计划并实时执行，使得新能源出力最大化。

③ 效果分析

根据断面裕度实时调整光伏电站出力指令，使光况好的光伏电站尽量多发电，从而在保证断面潮流不越限的基础上尽可能多地接纳光伏，在新能源大发时段，省内及省间送出通道利用率达到 99.5%，同比提升 1.5 个百分点。

（2）市场化共享储能技术

① 项目介绍

坚持以共享推动共建，以共建促进发展，以发展实现共赢，通过积极引导共享储能市场化交易模式，应用区块链技术，省内新能源企业和符合准入条件的储能电站可以参与市场化交易，在光伏超发即将产生弃电时进行储能，在用电高峰和新能源出力低谷时释放电能，提升新能源消纳能力和电网调峰能力，促进资源优化配置。

② 实施方案

a. 创新提出共享储能理念

秉持"开放共享、全员参与"理念，创新提出"共享储能"理念，将源、网、荷各端储能资源整合起来，以电网为枢纽进行全网配置，共同吸收弃风弃光电量，促进新能源消纳。

b. 规范共享储能市场化运营机制

提出市场化交易和电网调峰调用两大运营模式，首次将共享储能作为主体纳入市场，在传统的网侧、发电侧和用户侧储能之外提出了一条储能参与辅助服务市场的全新路径。

市场化交易指新能源和储能通过市场竞价形式达成交易时段、交易电力、电量及交易价格等交易意向。新能源批复电价为每度(kW·h，下同)1.15元，储能按每度0.8元帮助其存储原本弃掉的电，新能源每度还可获得0.35元，在降低弃风弃光的同时，双方共同获利。电网调峰调用模式指当市场竞价交易未达成且新能源调峰受限时，电网直接对储能进行调用，在电网有接纳空间时释放，以增发新能源电量。按每度0.7元支付的储能费用由受益新能源分摊。在青海的积极推动下，两种运营模式均获得能源监管局批准，写入青海电力辅助服务市场运营规则并对外正式发布。

c. 搭建共享储能市场化运营交易平台

交易平台运用区块链技术构筑能源公平交易与安全管控，通过市场化分配实现多方共赢。智能发电控制平台根据交易平台的出清结果实现储能和新能源点对点精准功率及电量交易控制。区块链平台针对共享储能交易数据、电量充放数据进行分布式存证，形成交易"大账本"，为交易结果的日清分、月结算提供安全可信的结算依据。

③ 效果分析

a. 构建了国内首个完整的储能市场化运营体系。青海省首创的储能辅助服务调峰市场化机制，为共享储能盈利奠定了坚实的政策基础，为未来储能运营和发展提供了政策支持。

b. 首次在国网系统内实现了共享储能双边市场化交易实践应用。共享储能双边市场化交易，以及分钟级的市场化交易出清、点对点精准实时控制，为共享储能双边市场化交易提供了坚实的技术支撑。如图6.6所示为共享储能双边市场化交易框图。

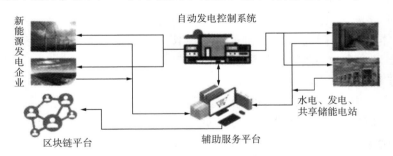

图 6.6　共享储能双边市场化交易框图

c. 在国内首次将区块链技术引入共享储能辅助服务交易，形成交易全过程的"大账本"，保证了交易数据的安全性和公信力，将电力市场化交易推向更加安全、透明、共享、开放的市场环境。

d. 自储能市场运行以来，截至 2021 年 2 月底，共享储能累计增发新能源电量已突破 1 亿 kW·h。

（3）双碳监测分析平台

① 项目介绍

依托青海省能源大数据中心，发挥电力数据覆盖面广、实时性强、准确性高的优点，全面融合能源消费、行业产量、宏观经济等多源数据，首创基于高频电力数据的碳排放、碳减排测算模型，形成"助力政府看碳、服务居民识碳、量化能源降碳"的双碳监控体系，实现了全省地域、时域、产业、居民碳排放的高频测算和清洁能源碳减排贡献度量化分析，对内辅助电网进行低碳调度能源转型，对外为政府"双碳"精准决策提供有力支撑。

② 实施方案

a. 企业碳排放监测分析。以用电数据为驱动，基于企业历史能耗和产能数据，面向重点企业构建专属电–碳模型，折算出企业在能源消耗与生产过程中的碳排放情况，形成工业企业的碳账户碳排放总量与强度指标体系，辅助政府、企业制定节能减排策略。

b. 绿电清洁能源碳减排分析。发挥省级碳排放监测平台的优势，围绕发电、输送、消费三个方面，深化碳减排监测分析模型，开展省域、地区碳减排监测，量化分析清洁能源碳减排成效，体现全清洁能源供电促进全省降碳减排的重要作用。

③ 效果分析

利用高频数据碳排放智能监测分析平台，首次向社会发布基于电力高频数据碳排放监测报告，实现对青海全省重点行业、产业以及居民用户碳排放的日频度监测分析，打开了从能源数据看"双碳"目标的新视角，实现碳排放"全景看、一网控"，精准"导航"全省碳减排。

（4）新一代调度技术支持系统

① 项目介绍

为适应特高压交直流混联大电网一体化安全运行、大规模清洁能源高效消纳、电力市场化运营以及源网荷储协同互动等新形势，引入"互联网+"理念和云计算、大数据、人工智能等新技术，建设具有"智能、安全、开放、共享"特征的新一代调度技术支持系统，促进电网调度的深度自动化、广泛智能化和全景可视化，支撑电网安全运行和电力生产组织。新一代调度技术支持系统的建成，全面服务"双高"电网一体化运行控制目标，有效支撑"绿色低碳、安全高效"的能源体系运转。

② 实施方案

a. 建立支持多轨迹滚动推演的预调度应用。针对青海新能源强随机性和高波动性对调度运行的影响，通过 3min 内完成电网未来 4h 内多种可能运行方式的滚动决策推演与分析预警，实现电网未来演变轨迹的预测、分析、决策、推演、评估一体化在线集成。

b. 建立重大天气预测手段。提出基于气象要素时空特征挖掘的重大天气辨识及重大天气过程中新能源出力量化分析方法，解决寒潮等极端天气过程新能源功率预测偏差大、准确率低，影响范围难以量化分析的难题。

c. 建立考虑通道约束的分区预测应用。建立考虑通道约束、以集群为预报对象的新能源分区预测应用，实现"青豫直流"工程、海西、海北等新能源集中区域 13 个层级 90 个断面的新能源预测，解决青海省内断面多、嵌套深，各断面下新能源出力特性复杂、潮流无法精准评估的难题，支撑新能源发电计划编制。

③ 效果分析

a. 实现了支撑大规模新能源接入的对象化、层次化新能源监视。青海接入新能源场站多、断面多、嵌套深，现有 D5000 难以满足大规模新能源接入监视要求。新一代新能源监视通过自动生成新能源机组、厂站、层次化断面及接入路径等监视画面，极大地减轻了运维工作量，并使调度员更加清晰、直观、快速地掌控断面越限、路径受阻状况。

b. 考虑预测误差分布的新能源预计划系统部署应用。利用基于预测误差分布的购售电交易决策方法，解决了青海电力电量"峰丰外送、谷枯外购"形势下的日前现货申报难度高、收益稳定性低等问题。基于 2021 年 12 月以来的运行数据，日间新能源送出电力提升幅度最大超过 50 万 kW。

c. 应用了考虑气候变化的新能源中长期电量预测模型。实现了未来 12 个月电量的滚动预测，解决了青海电网跨省、跨区新能源交易计划编制困难、交易结果难以全量执行等难题。2021 年 9 月试运行以来，电量预测准确率达到 90% 以上，支撑提升跨区新能源交易电量超过 18 亿 kW·h。

d. 应用了基于误差条件概率分布的新能源概率预测功能。实现了不同概率置信度下的新能源出力水平预测，解决了新能源传统预测准确率不足、绝对偏差大及新能源纳入平衡困难的问题。基于 2021 年 12 月 7 日的概率预测结果评估，可减少西北为青海预留的开机备用 135 万 kW。

e. 应用了多维度的新能源预测结果评价系统。将气象输入、预测算法与预测结果进行解耦，解决了海西、海南地区单场站预测误差大、成因定位不清晰、精度提升困难等问题。以华益紫薇锡铁山风电场为例，2021 年 12 月 7 日以来，预测精度平均提升超过 8 个百分点。

3. 打造贯通源网荷的能源大数据平台

适应新形势下能源技术与数字技术深度融合的发展趋势，青海电网平台发展将秉持开放共享、共生共赢的理念，发挥电网平台型、枢纽型、共享型的优势，充分挖掘电源侧、负荷侧等各方需求，坚持以数据为基础、以创新为驱动、以服务为载体，建设汇集源、网、荷、储数据，融合能源生产与消费全产业链的跨区域、跨产业能源大数据平台。

（1）集成融合多领域大数据实现信息共享

① 项目介绍

综合应用大数据、云计算、物联网等现代信息技术，集约整合数据资源，制定统一标准，规范涵盖光伏、风电、水电等电源侧新能源以及负荷侧数据接入，解决数据"汇聚、融通、分享、应用"难题。通过光纤和电力无线专网，提升各系统运行数据的采集和控制效率。变电站之间的通道基于光纤传输技术、采用双路由配置实现稳定可靠的通信传输；变电站与用户之间的通道综合运用无线和光纤通信技术，针对大型火电厂、清洁能源电厂等具备光纤通信条件的终端采用光纤专线通信方式，针对负荷、新能源电站、储能等用户提供专网通信方式，实现信息流互动的灵活泛在、安全高效，为能源大数据平台构建提供数据基础支撑。

② 实施方案

a. 打造相互促进、双向迭代的良性生态，激发各方创新活力，产生新业务、新业态、新模式。

b. 为包括发电企业、电网公司、装备制造企业、金融服务企业等在内的新能源产业链所有相关方提供服务。

c. 打造开放的平台能力，支撑第三方研发团队挖掘数据价值，构建创新的应用和服务模式。

d. 通过集中监控、能耗监测等各种服务形式，汇集包括设备运行、环境资源等各种类型的数据。

③ 效果分析

a. 核心平台层方面，在网络资源、计算资源等基础设施服务的基础上，提供了以物联网技术为核心的数据采集服务。在物联接入部分，平台的数据接入速度可以达到每秒2500条左右，累积接入数据已经超过46亿条，每日接入的数据量超过60GB。提供了92个计算节点的物理集群支撑。

b. 基础设施服务方面，运行了14个虚拟计算节点。

c. 通用平台服务方面，运行了17个服务实例。

d. 在数据服务方面，运行了16个模型，平台预制了50种以上的主流算法。

e. 服务提供是创新平台的基本业务形态。基于开放的平台支撑，大数据创新平台将聚集、转化甚至培育大量研发团队作为服务提供方，挖掘数据价值。平台目前提供了21类应用和服务。

f. 生态层面，以海量数据和平台开放能力吸引更多的服务提供方，以更多有业务价值的服务吸引更多的服务使用方，积累更为海量的数据，目前已经聚集来自全国不同地区的开发团队超过10个，包括政府部门、发电集团、金融机构等不同类型的29家企业客户正在使用这些应用和服务。

（2）应用"大云物移智链"现代信息技术

① 项目介绍

推进云平台运营机制建设，统筹业务系统迁移上云，构建云端大数据，形成绿色电力发展水平年度分析报告。

② 实施方案

a. 通过推进云平台运营机制建设，实现云端设备、上云系统的统一纳管，统筹开展业务系统迁移上云，构建云端大数据。

b. 完善"绿电指数"内涵，用大数据感知、分析、评估青海清洁能源开发水平、利用效率、消纳能力、技术发展、节能减排和发展趋势，对青海绿色电力发展进行深度分析与评价。

c. 打造扶贫监管、提高收益、风险防控的基础平台，实现光伏扶贫业务全链条政策文件、电量、资金等数据上链，深度挖掘海量电力用户用电消费数据和光伏扶贫项目数据潜在价值，精准评估光伏扶贫效果，为政府扶贫管理决策提供支撑。

③ 效果分析

应用大数据系统分析历年青海清洁能源从生产到消费的全产业链绿电发展程度，通过青海绿色电力发展水平年度分析报告客观反映了青海电网在清洁能源传输、转换、利用方面的努力与成果，为提升青海清洁能源发展水平而服务。

（3）建设网源协调互动智能管控系统

① 项目介绍

青海电网已完成网源协调互动智能管控平台建设，其主要功能模块包括构建网源协调数据中心、流程管理、统计分析、厂网信息共享、可视化导航首页五大模块。目前，各项功能均已部署上线，并遵循实施性强、实用性高、用户操作方便的原则不断进行应用平台优化完善。

② 实施方案

为推进青海电网网源协调管理工作更加科学、系统、高效地开展，保障电网的安全稳定运行，青海电网开展了网源协调互动智能管控系统建设。通过建设网源之间安全化、智能化以及双向交互的集中管控系统，动态建立网源基础数据和公共资源大数据中心，并实现数据的国、分、省、地、厂五级纵向贯通，各种调控应用系统间横向数据互联。通过多维度数据分析，指导、强化网源协调互动管理，有效提升对并网发电厂涉网相关业务的流程化、标准化、精细化管控能力，为提升新能源安全并网与消纳提供了技术支撑。

③ 效果分析

a. 通过源端化参数维护和精细化管理，确保了数据的正确性和实用性。平台数据管理以源端机组、场站精细化数据为主线，以标准规范为依据，形成了结构化场站参数模型库、非结构化文档资料库，做到了数据完整、资料齐全。

b. 通过对业务流程的规范化闭环管理，实现了多业务、多单位的有序协同配合。建立了网源协调业务流程闭环管理机制，实现了所有业务流程在线流转存档，保证流程标准、多方监管。

c. 以构建网源协调数据中心为基础，实现了对各专业数据的模块化统计分析。平台建立了网源协调大数据中心，创建了自定义条件的灵活统计分析模式，可以通过用户自定义的统计数据源和统计分析结果需求，实现各类用户统计分析结果的灵活展示和输出。

d. 完善的网源协调管理机制，为电网安全智能运行提供了有力保障。加强了新机并网管理，通过对电厂参数和文档资料的源端维护和流程闭环控制以及建立排名机制，提高了各级调度机构以及电厂对涉网数据参数完整性的重视程度。

e. 建立厂网信息共享机制，提高了厂网间的业务沟通效率。搭建了厂网信息共享平台，建立了厂网信息共享管理机制，实时更新网源协调信息并在平台中发布提示。

4. 建立全清洁能源供电市场机制

（1）完善需求侧响应机制

① 项目介绍

落实蓄热式电锅炉与新能源发电联动的价格机制，按照"先试点、后推广"的总体思路优先在果洛玛多县启动试点，推进蓄热式电锅炉与新能源弃电交易。

② 实施方案

遵循"清洁能源支持清洁取暖，清洁取暖助力清洁能源发展"的思路，根据气候特点、蓄热式电锅炉工艺，研究分时段蓄热式电锅炉与光伏直接交易方案，通过绿电实践，摸索出利于清洁能源供电的清洁取暖电能替代负荷发展直接交易新机制。利用价格杠杆促使蓄热式电锅炉主动参与电网调峰辅助服务，使负荷曲线与光伏发电曲线一致，解决夜间新能源供电不足问题。依托清洁取暖发展规划，推动用户侧储能技术应用新突破。通过客户精细管理，促请政府出台促进清洁能源稳定供电的铁合金峰谷时段电价调整政策，持续挖掘新能源供电水平。

③ 效果分析

优化了三江源及海西地区蓄热式电锅炉与新能源弃电交易方案，完成了玛查理镇二片区蓄热式电锅炉与新能源弃电交易，为玛多震后取暖提供保障，累计交易电量 18.1 万 kW·h，降低电采暖用电成本 1.45 万元。

（2）建立火电调峰补偿机制

① 项目介绍

实施火电调峰补偿机制，开展发电权交易，推进辅助服务交易市场建设，使火电调峰由计划向市场方式转变，促成火电企业主动参与电网调峰，拓展新能源消纳空间 5%。

② 实施方案

建立火电调峰补偿机制，推进辅助服务交易市场建设，组织在运火电机组参与深度调峰，加大火电机组调峰经济补偿力度，对停运火电机组按照发电权交易方式予以经济补偿。在实践中，补偿费用由新能源企业共同分摊，以市场化方式鼓励发电企业参与调峰，提升光伏发电能力。着眼挖掘省内用电市场，采用经济手段调整负荷曲线，刺激空闲产能和引导负荷错峰，增加电网白天时段的用电量，减少光伏调峰受限。制定全清洁能源供电期间火电调峰补偿专项方案，期间青海电网四个火电企业机组全停，由于电网安全运行约束，仅保留一定容量火电运行。为进一步实施节能减排和调峰，在全清洁能源供电期间，运行火电机组参与深度调峰，并网机组实施调峰补偿，推动火电调峰手段逐渐由计划方式向市场方式转变。

③ 效果分析

如图 6.7 所示，灰色曲线为 2017 年绿电 7 日期间火电上网出力平均值，黑色曲线为绿电 9 日期间火电上网平均出力，可以看出火电机组深度调峰后，出力下降最大 35 万 kW，提升了新能源消纳空间。

（3）建立负荷参与调峰机制

① 项目介绍

采用经济手段调整负荷曲线，挖掘省内用电市场，刺激空闲产能和引导负荷错峰，增加电网白天时段的用电量，减少光伏调峰受限，提升光伏发电能力 5%。

② 实施方案

充分挖掘市场交易客户调峰潜力，创新建立负荷参与调峰机制，探索互换新型制造企

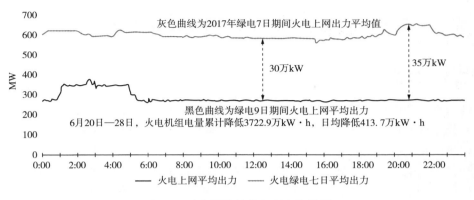

图 6.7　火电调峰补偿机制实施效果

业峰谷时间段，实现用户负荷曲线与光伏发电曲线对应，增加光伏消纳，提高调峰灵活性，为消纳清洁能源腾出调峰空间。以铁合金企业为例，鉴于铁合金负荷具有可灵活中断调峰以及快速响应的特性，青海电力组织受限新能源（直购除外）与铁合金增量（直购除外）企业开展省内现货交易，对白天时段（8：00—20：00）铁合金用电电价进行大幅折让，引导企业调整负荷曲线，刺激白天铁合金负荷避峰或增加产能，参与电网调峰，扩大新能源消纳空间。在实践中，与 22 家新型制造企业签订用电峰谷时段调整协议，白天平均可增加负荷 30 万 kW，相当于白天增加光伏消纳空间 30 万 kW。通过源网荷协调友好互动，实现新能源、用户、电网三方共赢。

③ 效果分析

如图 6.8 所示，灰色曲线为 2017 年 5 月 1 日—31 日新型制造业的负荷平均值，可以看出 5 月份正常生产负荷为 100 万 kW 左右，每天 9：00—21：00、18：00—23：00 避峰生产负荷降至 80 万 kW 以下。黑色曲线为绿电 9 日新型制造业负荷平均值，通过对 22 家新型制造企业用电峰谷时段进行调整，避峰生产负荷恢复，全天总负荷电量基本不变，提升午间新能源消纳空间近 30 万 kW，负荷调峰效果明显。

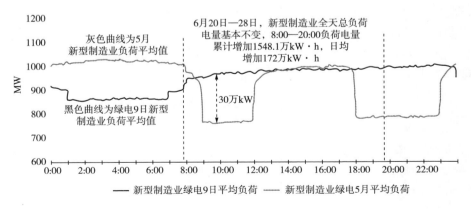

图 6.8　负荷参与调峰机制实施效果

6.2 "双碳"目标下中国低碳电力展望

6.2.1 发展趋势

总体来看，中国经济社会长期向好的基本面没有改变，电力作为支持经济社会发展的基础性、公用性产业也将持续增长。电力需求方面，以国内大循环为主体、国内国际双循环相互促进的新发展格局将带动用电持续增长，新动能、新业态、新基建、新型城镇化建设将成为拉动用电增长的主要动力，提高电气化水平已成为时代发展的大趋势，也是能源电力清洁低碳转型的必然要求。电力供给方面，可再生能源将成为能源电力增量的主体，清洁能源发电装机与发电量占比持续提高；风电、光伏发电等新能源保持合理发展；煤电有序、清洁、灵活、高效发展，煤电的功能定位将向托底保供和系统调节型电源转变；储能技术在电力系统各环节中的应用更加广泛；电网在消纳非化石能源发电、保障电力系统安全稳定运行、灵活性调节等方面的能力将进一步提升。安全、低碳、智能、经济既是电力发展特征的体现，又是电力转型的约束性要求。

6.2.2 目标路径

根据中电联《电力行业碳达峰碳中和发展路径研究》，综合考虑电力安全、低碳、技术、经济等关键因素，电力需求方面，预计"十四五"时期中国全社会用电量年均增速保持在4.8%，到2025年全社会用电量达到9.5万亿 kW·h；"十五五"时期全社会用电量年均增速约3.6%，到2030年将达到11.3万亿 kW·h；2020~2035年年均增速为3.6%，到2035年全社会用电量将达到12.6万亿 kW·h。电力构成方面，考虑以发展新能源发电为主要拉动力以及新能源发电在参与电力平衡中的特点，非化石能源发电比重将持续大幅提高；在发展初期，为保障电力系统安全稳定运行，仍需要新增一定规模煤电发挥"托底保供"作用；煤电在"十五五"后期达到峰值后将缓慢下降，随着电力系统调节能力的提高，煤电替代规模和速度将持续提升；随着储能技术逐步成熟与成本更加经济，电力系统调节能力得到提升，进一步加快新能源发展。预计到2025年、2030年、2035年中国非化石能源发电装机比重分别达到52%、59%、67%。

主要年份中国电力需求与电力构成预测情况见表6.4。

表6.4 主要年份中国电力需求与电力构成预测

电力构成	2020 年	2025 年	2030 年	2035 年
全社会用电量/万亿 kW·h	7.5	9.5	11.3	12.6
总装机容量/亿 kW	22.0	29.0	38.5	50.4
非化石能源发电装机比重/%	45	52	59	67
常规水电/亿 kW	3.40	3.8	4.4	4.8
抽水蓄能/亿 kW	0.31	0.65	1.2	1.5

续表

电力构成	2020 年	2025 年	2030 年	2035 年
核电/亿 kW	0.50	0.8	1.3	1.8
风电/亿 kW	2.82	4.0	9.0	10.0
太阳能发电/亿 kW	2.53	5.0	9.0	15.0

如图 6.9 所示,2030 年前处于平台期阶段,电力碳排放总量进入平台期并达到峰值。"十四五"期间我国用电增速较快,新增用电需求主要由非化石能源发电满足,化石能源发电增速放缓,碳排放增速亦放缓;"十五五"期间电力行业碳排放达到峰值,电力增长开始与碳排放增长脱钩。稳中有降阶段持续 5~10 年,储能技术全面成熟、电动汽车广泛参与调节、电力需求侧管理能力进一步提升,电力系统调节能力实现根本性突破,为支撑更大规模新能源发电奠定了基础,化石能源替代达到"拐点",带动电力行业碳排放下降。

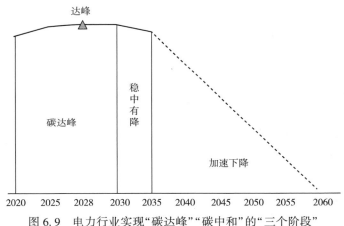

图 6.9　电力行业实现"碳达峰""碳中和"的"三个阶段"

6.2.3　主要措施

(1) 大力发展非化石能源发电

在新能源发电方面,保持风电、光伏发电合理发展,在风能、太阳能资源富集区加快建设清洁化综合电源基地,实现新能源集约、高效开发;在用电负荷中心地区稳步发展分散式风电、低风速风电、分布式光伏,在东部沿海地区大力推动海上风电项目建设,在中西部地区有序建设光热发电项目。积极推进风电、光伏平价上网示范项目建设,控制限电严重地区风电、光伏发电建设规模。

在常规水电方面,统筹优化水电开发利用,坚持生态保护优先,妥善解决移民安置问题,积极稳妥推进西南水电基地建设,严控小水电开发。完善流域综合监测平台建设,加强水电流域综合管理,推动建立以战略性枢纽工程为核心的流域梯级联合调度体系,实现跨流域跨区域的统筹优化调度。

在核电方面,统筹兼顾安全性和经济性,核准建设沿海地区三代核电项目,做好内陆与沿海核电厂址保护。根据市场需求，适时推进沿海核电机组实施热电联产，实现核电合理布局与可持续均衡发展。

（2）推动煤电高质量发展

按照"控制增量、优化存量、淘汰落后"的原则，管理好煤电项目。以安全为基础、需求为导向，发挥煤电"托底保供"和系统调节作用，服务新能源发展。严格控制煤电新增规模，在布局上优先考虑煤电一体化项目，有效解决煤炭与煤电协调发展问题；优先考虑发挥特高压跨区输电通道作用，有序推进西部、北部地区大型煤电一体化能源基地开发；采取等容量置换措施或通过碳排放总量指标市场化交易方式，在东中部地区严控煤电规模的同时，合理安排煤电项目；统筹区域供热需求和压减散煤消费要求，稳妥有序发展高效燃煤热电联产。

推动煤电机组延寿工作，科学推进运行状态良好的 30 万 kW 等级煤电机组延寿运行评估工作，建立合理煤电机组寿命评价机制，对煤电机组的延续运行进行科学管理。根据机组所在区域煤炭消费总量控制、系统接纳新能源能力等因素，结合机组技术寿命和调峰、调频、调压性能，开展煤电机组寿命差异化评价，拓展现役煤电机组的价值空间，充分发挥存量煤电机组的调节作用，有序开展煤电机组灵活性改造运行。

（3）提高电力系统调节能力

在煤电灵活性改造方面，大容量、高参数机组以承担基本负荷为主、适度调节为辅，充分提供电量保障。重点对 30 万 kW 及以下煤电机组进行灵活性改造，作为深度调峰的主力机组，部分具备条件的机组参与启停调峰。在新能源发电量占比高、弃风弃光较严重的地区，提高辅助服务补偿费用在总电费中的比重，激励煤电机组开展灵活性改造。优化煤电灵活性改造技术路线，确保机组安全经济运行。

在抽水蓄能建设方面，提升重点地区已核准的抽水蓄能电站建设。结合新能源基地开发，在"三北"地区规划建设抽水蓄能电站。统筹抽水蓄能在电力系统的经济价值与利益分配机制，理顺抽水蓄能电价机制，调动系统各方的积极性，充分发挥抽水蓄能电站为电力系统提供备用、增强系统灵活调节能力的作用，促进抽水蓄能良性发展。

在储能技术发展方面，加大先进电池储能技术攻关力度，提升电储能安全保障能力建设，推动电储能在大规模可再生能源消纳、分布式发电、微电网、能源互联网等领域示范应用，推动电储能设施参与电力辅助服务，研究促进储能发展的价格政策，鼓励社会资本参与储能装置投资和建设，推动电储能在电源侧、电网侧、负荷侧实现多重价值。

在优化运行调度方面，充分利用大电网统一调度优势，深挖跨省跨区输电能力，完善省内、区域、跨区域电网备用共享机制。构建调度业务高度关联、运行控制高度协同、内外部信息便捷共享的一体化电力调控体系，充分发挥各类发电机组技术特性和能效作用，提高基荷机组利用效率。构建电网系统和新能源场站两级新能源功率预测体系，提升新能源功率预测准确率，全面提升清洁能源消纳水平。

在电网稳定运行方面，深入推进工业、建筑、交通领域的电能替代工作，积极推进源网荷储一体化和多能互补的发展，充分发挥城镇和乡村的"光储直柔"和有序用电的作用，大力发展虚拟电厂，提供用户聚合服务，深度挖掘需求侧响应能力，构建可灵活调节的多元负荷资源，推动电力调节由"源随荷动"转变为"源荷互动"。

（4）优化电网结构消纳清洁能源

优化电网主网架结构。构建受端区域电网 1000kV 特高压交流主网架，支撑特高压直流安全运行和电力疏散，满足大容量直流馈入需要；优化 750kV、500kV 电网网架结构，确保骨干电网可靠运行，总体形成送受端结构清晰、各级电网有机衔接、交直流协调发展的电网格局。

稳步推进跨区跨省输电通道建设。科学规划建设跨区输电通道，持续提升系统绿色清洁电力输送和调节能力，为更大规模输送西部新能源做好项目储备。配套电源与输电通道同步规划、同步建设、同步投产，建立新能源跨省跨区消纳交易机制，确保跨区输电工程效益的发挥，提高电力资源配置效率。

（5）发挥多元市场主体的减碳效用

理顺多元市场衔接机制，完善绿色用能认证机制。随着国家"双碳"目标的提出，可再生能源电力消纳保障机制实施，能耗"双控"政策的重大调整和碳排放总量、强度"双控"目标的实施，用户自主减排与绿色电力消费意愿将不断增强。电力市场、碳排放权交易市场、绿色电力市场、可再生能源消纳责任权重市场等通过优化调整，发挥更为有效的作用。碳市场机制具有坚实的理论基础和实践经验，通过市场竞争形成的碳价能有效引导碳排放配额从减排成本低的排放主体流向减排成本高的排放主体，激发企业和个人的减排积极性，有利于促进低成本减碳，实现全社会范围内的排放配额资源优化配置。同时，电力市场化改革同步推进，有利于进一步激发市场活力、畅通电价传导机制。

未来包括电力市场、碳市场在内的能源市场体系必将逐步融合，实现电力资源在全国更大范围内的共享互济和优化配置，形成统一开放、竞争有序、安全高效、灵活完善的能源市场体系，充分发挥市场在气候容量资源配置中的决定性作用，加快构建以新能源为主体的新型电力系统，推动全社会逐渐形成减少碳排放意识，推动节能减碳的技术创新和技术应用，推动我国经济发展和产业结构低碳转型。

参 考 文 献

[1] 安琪.新形势下构建能源技术创新体系思路与措施[J].中国能源,2020,42(11):40-43.

[2] 曹勇,程诺,罗大清.能源转型大势下的氢能产业新角色[J].石油石化绿色低碳,2022,7(01):1-5.

[3] 范玮.数智赋能新型能源体系建设路径探析[J].煤炭经济研究,2023,43(12):61-66.

[4] 方国昌,王庆玲.双碳目标导向下能源低碳转型路径探索[J].煤炭经济研究,2021,41(07):4-12.

[5] 顾兵.能源结构转型研究:基于智慧城市产业升级视角[M].北京:人民出版社,2018.

[6] 胡烨,武彦婷,熊娜,等.新型能源体系研究[J].电力勘测设计,2024卷,(04):1-6+23.

[7] 黄晶,孙新章,张贤.中国碳中和技术体系的构建与展望[J].中国人口·资源与环境,2021,31(09):24-28.

[8] 黄婉婷,刘佳琪,郑孟媛,等."双碳"目标下电力行业低碳转型发展路径研究——基于淮北市电力企业发展实践[J].现代工业经济和信息化,2022,12(07):12-15.

[9] 黎灿炜,王子煊,宋璇.基于"双碳"视角对我国建筑降能减排的研究[J].工程建设与设计,2022(11):261-263.

[10] 李金泽,张国生,梁英波,等.中国新型能源体系内涵特征及建设路径探讨[J].国际石油经济,2023,31(09):21-27.

[11] 李其乐.中国能源转型中电能替代政策研究[D].华北电力大学(北京),2021.

[12] 李世峰,朱国云."双碳"愿景下的能源转型路径探析[J].南京社会科学,2021(12):48-56.

[13] 刘萍,杨卫华,张建,等.碳中和目标下的减排技术研究进展[J].现代化工,2021,41(06):6-10.

[14] 陆till泉.对能源转型的5个思考[J].中国石油和化工产业观察,2024(01):82-83.

[15] 马佳.以能源电力科技创新推动绿色低碳转型[N].国家电网报,2024-03-11(001).

[16] 马志霞,廖贵彩."双碳"战略背景下实现人与自然和谐共生的价值与路径研究[J].未来与发展,2023,47(08):7-12+6.

[17] 聂子勋.我国实现双碳战略的阶段性目标及路径[J].商业经济研究,2023(23):181-183.

[18] 潘迪.可再生能源在生态住宅设计中的重要意义[J].工程建设与设计,2006(04):61-64.

[19] 冉小庆.新型电力系统中新能源的应用以及实践探讨[J].电气技术与经济,2023(06):92-94.

[20] 任晨星,任清洁,高翔."双碳"背景下我国低碳电力发展研究[J].热力发电,2024,53(02):1-7.

[21] 苏铭."双碳"目标下能源转型发展研究[J].中国能源,2022,44(04):13-20.

[22] 王超,孙福全,许晔.碳中和背景下全球关键清洁能源技术发展现状[J].科学学研究,2023,41(09):1604-1614.

[23] 王敏.我国双碳目标的背景、产业逻辑与政策原则[Z/OL].北大国发院,2022-07-11[2024-07-22].https://mp.weixin.qq.com/s/aCZXziuIggobUS34wRYn3Q.

[24] 王震,李强,周彦希.中国"双碳"顶层政策分析及能源转型路径研究[J].油气与新能源,2021,33(06):1-5.

[25] 王志轩,张建宇,潘荔.碳达峰碳中和下中国低碳电力行动与展望:中国电力减排研究2021[M].北京:中国环境出版集团,2022.

[26] 向征艰,王利宁,朱兴珊,等.大变局下中国能源转型发展研究[J].国际石油经济,2023,31(02):15-22.

[27] 新型电力系统发展蓝皮书编写组.新型电力系统发展蓝皮书[M].北京:中国电力出版社,2023.

[28] 许莎莎. 促进清洁能源消纳的市场机制实践与策略研究[J]. 工程建设与设计，2020(02)：241-242.

[29] 杨华磊，杨敏. 碳达峰碳中和：中国式现代化的能源转型之路[J]. 经济问题，2024(03)：1-7.

[30] 杨凯. 碳达峰碳中和目标下新能源应用技术[M]. 武汉：华中科技大学出版社，2022.

[31] 易昌良，唐秋金. 中国碳达峰碳中和战略研究[M]. 北京：研究出版社，2023.

[32] 曾胜，靳景玉，张明龙. 双碳目标下我国能源结构调整与绿色能源发展研究[M]. 北京：经济科学出版社，2022.

[33] 翟桂英，王树堂，崔永丽，等. 碳达峰与碳中和国际经验研究[M]. 北京：中国环境出版有限责任公司，2021.

[34] 张宝凤，蔡林美. 数字经济是否影响能源结构转型？[J]. 中国矿业大学学报(社会科学版)，2024，26(01)：153-168.

[35] 张晋宾. 双碳战略下的能源转型与数字化转型[J]. 自动化博览，2022，39(11)：36-39.

[36] 张梦楠，曹楠楠，朱雪莲. 典型国家"双碳"目标实现路径解析及中国借鉴[J]. 河北地质大学学报，2024，47(01)：119-126.

[37] 张万洪，宋毅仁. 中国式现代化背景下能源正义与公正能源转型的新思考[J]. 江汉论坛，2024(03)：36-43.

[38] 张秀彬，赵正义. 节能与新能源科技导论[M]. 上海：上海交通大学出版社，2022.

[39] 张燕龙. 碳达峰与碳中和实施指南[M]. 北京：化学工业出版社，2021.

[40] 赵小林. 低碳节能与绿色能源的现代工程应用[J]. 工程建设与设计，2011(06)：78-82.

[41] 郑文静. "双碳"政策对能源结构转型的影响及对策优化[D]. 山西财经大学，2023.

[42] 郑志鹏，黄诚硕，唐萍，等. "双碳"目标下福建省能源转型评价分析[J]. 低碳世界，2024，14(01)：19-21.

[43] 周勤勇，何泽家. 中国能源革命与先进技术丛书　双碳目标下新型电力系统技术与实践[M]. 北京：机械工业出版社，2022.

[44] 邹才能，熊波，李士祥，等. 碳中和背景下世界能源转型与中国式现代化能源革命[J]. 石油科技论坛，2024，43(01)：1-17.

后 记

我国当前正在积极地推动能源的低碳清洁转型，争取早日实现"碳达峰""碳中和"这一战略目标。能源结构转型升级过程非常复杂，涉及经济社会发展的方方面面，同时需要投入大量的资金方能实现。因此，作为驱动经济高质量发展新引擎的数字经济，在未来将对实现能源领域碳减排起着至关重要的作用。

我国政府多次在工作报告中强调了数字经济、数字中国建设以及产业数字化转型的重要性，数字经济已成为继农业经济和工业经济之后的主要经济形式。数字经济具有节能减排、绿色环保、无限共享等优势，所以对具有长期回报、高风险约束特点的清洁能源市场而言至关重要。在这一发展趋势下，精准把握我国数字经济对能源结构转型的影响关系、传导机制和作用规律，对加快我国能源结构绿色低碳转型、实现经济增长与碳排放的绝对"脱钩"以及如期完成"双碳"目标具有重要意义。首先，各省份应继续推进数字化进程，大力发展数字经济，并在能源结构转型过程中发挥其突出作用，可以通过各种方式改变技术运营，从而更好地适应集中式能源系统，促进分布式能源和可再生能源的快速发展。其次，加快我国产业结构升级进程，重视相关产业的新兴技术创新，摆脱传统产业发展路径依赖，使数字经济更好地服务现代工业；创造新的产业发展环境，激发更多新业态、新模式，促进产业结构向低能耗、低碳化、低污染的方向转型。最后，扩大省份间的合作，实施有区域特色的数字经济战略，并使数字经济赋能能源结构转型。鼓励数字经济水平较高的东部地区充分发挥其优势，打造数字经济特色产业，建立具备大型数据资源共享功能的数字经济服务数据库，将资源适当向周围数字经济较落后的地区倾斜，带动数字经济落后地区发展，逐步消除"数字鸿沟"。

另外，围绕低碳电力系统的未来发展目标和发展场景，新型电力系统构建需要重视以下几个方面：首先，安全仍然是重中之重，为实现"双碳"目标，电力将从过去的二次能源转变为其他行业事实上的基础能源，除了系统本身的安全，还有网络安全和信息安全将成为新型电力系统安全面临的新的重大挑战；其次，电力电子技术是关键，在新型电力系统的构建中将发挥主导作用；在数字化兼具方向、挑战与措施等多重属性上，新型电力系统的构建离不开数字化、信息化、网络化、智能化等特点；最后，构建新型电力系统，应优先重视市场法规与标准规范研究，保障系统建设和相关技术的健康发展。